河西走廊中草药
高效栽培技术

陈叶 詹文 主编

中国农业科学技术出版社

图书在版编目(CIP)数据

河西走廊中草药高效栽培技术 / 陈叶，詹文主编. --北京：中国农业科学技术出版社，2023.7

ISBN 978-7-5116-6342-9

Ⅰ.①河… Ⅱ.①陈…②詹… Ⅲ.①药用植物-栽培技术 Ⅳ.①S567

中国国家版本馆 CIP 数据核字(2023)第 120989 号

责任编辑 倪小勋 徐定娜
责任校对 马广洋
责任印制 姜义伟 王思文

出 版 者 中国农业科学技术出版社
北京市中关村南大街 12 号 邮编：100081
电 话 (010) 82105169 (编辑室) (010) 82109702 (发行部)
(010) 82109709 (读者服务部)
网 址 https://castp.caas.cn
经 销 者 各地新华书店
印 刷 者 北京建宏印刷有限公司
开 本 185 mm×260 mm 1/16
印 张 22.75
字 数 430 千字
版 次 2023 年 7 月第 1 版 2023 年 7 月第 1 次印刷
定 价 48.00 元

版权所有・翻印必究

《河西走廊中草药高效栽培技术》

编委会

主　编 陈　叶　詹　文

副主编： 华　军　韦志金　张　博

编　者（按姓氏拼音排序）：

陈　叶（河西学院）

贺正业（张掖市金葵花种业有限责任公司）

华　军（张掖市植保植检站）

李　海（张掖市金葵花种业有限责任公司）

罗　天（河西学院）

秦晓霞（甘州区小满镇农业农村综合服务中心）

王立军（张掖市金葵花种业有限责任公司）

韦志金（张掖市甘州区农村经营指导站）

詹　文（张掖市金葵花种业有限责任公司）

张　博（民乐县乡村振兴学院）

赵芸晨（河西学院）

前　言

中医又称国医、汉医，它起源于汉族，由古代汉族学者创立，其本身也是汉族文化的组成部分。中国除了有中医外，还有藏医、苗医、傣医、维医、蒙医、朝医等。后将包括汉族和少数民族在内的我国各民族医学统称为中医，它反映了中华民族对生命、健康和疾病的认识，是具有悠久历史传统和独特理论及技术方法的医学体系。

中药知识是我们的祖先在长期的医疗实践中积累起来的，是我国古代优秀文化遗产的重要组成部分。中药是中医重要的组成部分，主要由植物药和矿物药组成。中药是中医预防治疗疾病所使用的独特药物，也是中医区别于其他医学的重要标志。中药的疗效在当今世界上越来越被重视，像中国的针灸、中药的炮制都深入世界各地，而中药的可研究性带给我们很多不同的可塑性。中国是中药的发源地，中国大约有12 000种药用植物，这是其他国家所不具备的，在中药资源上我国占据垄断优势。特别是古代先贤对中药和中医药学的深入探索、研究和总结，使得中药得到了世界各地广泛的认同与应用。近年来，中医行业一直是国家重点扶持行业，从“十一五”“中药复兴”到“新医改”深入，再到16部委联合发布《中医药创新发展规划纲要（2006—2020年）》，以及国家“十四五”规划中6个中医药发展重点方向的明确，无不彰显了国家要大力发展中医药产业和事业的信心和决心。我国中药资源地带性分布非常明显，其中北方地区中药材资源蕴藏量相对较大，特别是甘肃省中药材人工种植面积位居全国第一，道地药材规模化种植优势明显。近些年，甘肃省政府又布局了“陇南山地亚热带、暖温带药区”“陇中陇东黄土高原温带半干旱药区”“青藏高原东部高寒阴湿藏药区”及“河西走廊温带荒漠干旱药区”四大生态区域，使中药材发展规模也从重数量向重质量、重绿色发展；从野生资源的开采向集约化栽培发展；从资源单一利用向综合利用稳步发展；从无序化向规范化生产发展。2021年甘肃省出台《甘肃省“十四五”中医药发展规划》，提出到2025年，中药材种植面积达500万亩（1亩≈667平方米）、静态仓储力达160万吨；进一步提升中药材标准化种植水平，加强当归、党参等道地中药材质量标准体系建设；打造道地药材优势产区，建成集中连片规模化、绿色化、标准化示范基地，实施高端化、智能化、绿色化升级改造，提高中药产业现代化水平。加快中药产业发展，不仅发展了中医药事业，有效解决了身体健康问题，而且能很好地解决“三农”问题，壮大了企业和农村经济。为此，中医中药振兴发展将迎来天时、地利、人和的大好时机。

中药材的选地、品种选择、栽培管理、采收时间、采收方法和贮藏等与中药材的品质有着密切的关系，是保证药材质量的重要环节。如果某一环节出现问题，势必造成减产减收，甚至出现绝产绝收的惨境。为此，编写组成员结合多年的理论和实践经验，编写了《河西走廊中草药高效栽培技术》一书。

本书首先对中草药的发展史进行了简单介绍。其次，对中草药的分类、繁殖方法和规范化栽培进行了知识普及。再次，重点对甘肃河西走廊种植的37种中草药从概述、分类地位、植物学特征、生物学特性、繁殖方法、栽培管理、病虫害防治、药材采收和加工等方面进行了系统介绍。最后，增加了编者在药材方面的研究论文。全书语言通俗易懂，技术可操作性好，对药农的指导作用强，且地方特色浓郁、实用性强。相信对广大中草药推广人员也有一定的帮助和启示。

在本书的编著过程中，陈叶主要完成了第二章和第五章及统稿工作，詹文主要编写了第一章和第二章中的部分内容；华军主要编写了第三章部分内容、第四章、第五章等章节，共计完成12.8万字；韦志金编写了第三章的部分内容；李海、贺正业、王立军、罗天、张博、赵芸晨主要进行了资料的收集、整理和校正工作。书中图片由河西学院谢志春和韩多红老师拍摄。本书得到了张掖市金葵花种业有限责任公司的资金支持，在此表示衷心感谢！

由于编写时间短，编写水平有限，书中难免有疏漏和不妥之处，谨请各位专家、读者不吝赐教。

编著者

2023年3月25日

目　录

第一章

中草药栽培概述

中草药作为中华民族传统文化的瑰宝，几千年前就已经在我国应用，并且为华夏人民预防和治疗疾病发挥着非常重要的作用。近年的临床研究发现，中草药在治疗癌症和糖尿病等疑难症上具有较好的作用。中草药因效果良好、源于天然、毒副作用小、价格相对低廉等特点，引起人们的关注，在西药无法克服毒副作用同时，人们开始探索中药药性，以期从根本上治疗疾病。目前，中医药的优越性也逐渐被世界所认识并接受。

药用植物指医学上用于防病、治病的植物。其植株的全部或某一部分供药用或作为制药工业的原料，用于防病、治病、强身健体。广义而言，药用植物包括用作药品、农药、兽医用药、营养剂、某些嗜好品、调味品、色素添加剂等植物资源。中国是药用植物资源最丰富的国家之一，也是最大的药用植物出口国之一，对药用植物的发现、使用和栽培，有着悠久的历史。古代著作中，对医药的起源、发展记述很多。如《帝王世纪》曰："（伏羲氏）……画八卦以通神明之德，以类万物之情，所以六气、六腑、五脏、五行、阴阳、四时、水火、升降得以有象，百病之理得以有类。乃尝味百药而制九针，以拯夭枉焉"。《帝王世纪》载，黄帝时代"帝使岐伯尝味草木，典主医病，经方、本草、素问之书咸出焉"[1]。中国古代有关史料中曾有"伏羲尝百药""神农尝百草，一日而遇七十毒"等记载。虽都属于传说，但说明药用植物的发现和利用，是古代人类通过长期的生活和生产实践逐渐积累经验和知识的结果。到春秋战国时，已有关于药用植物的文字记载。《神农本草经》总载药物 365 种，整理有镇痛作用中药 19 味；《日华子本草》收载药物 600 多种，有镇痛作用中药 21 味；《蜀本草》收载药物 900 余种，整理得有镇痛作用中药 37 味；《食物本草》收载药物 1 682种，有镇痛作用中药 21 味；《本草纲目》收载药物 1 892种，有镇痛作用中药 128 味；《本草纲目拾遗》收载药物 900 余种，整理得镇痛中药 14 味[2]。到明代时，《本草纲目》收载的植物类药已达 1 200多种。

中药学的发展，至秦汉时期《神农本草经》已基本形成。此书虽然原始著作早已失传，现在所见均为后人之辑佚本，但其基本内容已继承下来。其中论述了365种中药，分述其分类、配伍、药性、炮制、贮藏方法，注明了产地、采取时间、药质优劣、真伪鉴别及主治病症。它总结了东汉以前的药物知识，是第一部较系统的中药专著，从此奠定了中药学的基础，标志着中药学将进入一个新的发展阶段。其对后世影响很大。如南北朝的《神农本草经集注》，唐代的《新修本草》，宋代的《证类本草》，明代的《本草纲目》等重要药学著作中，都著录了它的内容。它流传下来的药，绝大部分是现代重点引著、讨论、研究的内容。中药学发展至明代，李时珍《本草纲目》对明代以前的药物学成就进行了全面的总结。随着医药学和农业的发展，药用植物逐渐成为栽培植物。北魏贾思勰著《齐民要术》中，已记述了地黄、红花、吴茱萸等药用植物的栽培方法。隋代太医署下设“主药”“药园师”等职务，专职掌管药用植物的栽培。据《隋书经籍志》记载，当时已有《种植药法》《种神芝》等药用植物栽培专书。到明代时，《本草纲目》中载有栽培方法的药用植物已发展到180余种。1949年后，研究者对药用植物资源进行了有计划的调查研究、开发利用和引种栽培，在成分的测定、分离和提取以及药理实验方面也进行了大量工作。在此基础上整理编写出版了《中国药用植物志》《中药志》《药材学》《中药大辞典》《全国中草药汇编》《中华人民共和国药典》等多种药物专著，收载的药用植物达5 000多种，已栽培的有200多种[1]。

参考文献

［1］ 李永谦. 试论古代中医药的发明与传播［J］. 湖北中医学院学报，2002，4（2）：15-16.

［2］ 余莉萍，何永恒，刘丽兵. 古代中草药镇痛的主要学术思想及其发展脉络研究［J］. 亚太传统医药，2010，6（11）：146-147.

第一节　药用植物栽培理论

一、药用植物生长与生态因子的关系

药用植物在生态因子的作用下，经过长期的演化和适应，在地理的水平方向和垂直方向构成了有规律的区域化分布，形成了各自特有的与环境相适应的生理学特性。

（一）光 照

光是植物进行光合作用的必需因子，它为植物生长提供能量，是植物赖以生存的必需条件之一。药用植物由于对光强的反应不同，可以分为阳生植物、阴生植物以及耐阴植物。阳生植物对光的需求较高，如甘草、枸杞、黄芪、红花等，要求生长在阳光充足的地方，若缺乏阳光，则植株生长发育不良；与阳生植物相比，阴生植物能在较低的光照强度下充分地吸收光线，对光的要求低，如真菌类药用植物；耐阴植物对光的需要处于阴生植物和阳生植物之间，它们既可在全光照下生长，同时又可以耐受一定程度的荫蔽，如黄精喜欢阴湿的环境条件。

药用植物的生长和分化也受到光的控制。红光促进茎的伸长，蓝紫光能使茎粗壮，紫外光对植物的生长具有抑制作用。此外，植物对自然界昼夜长短规律性变化的反应（即光周期现象）也不同。根据植物开花对日照长度的反应，又可分为长日植物、短日植物、中日植物和中间植物。短日性的南方植物在北方生长，营养期增长，往往要到深秋短日来临时才能开花，生长期延长；长日性的北方植物生长在南方的短日照条件下，常常会早熟或因温度不合适而不能开花。因此，药用植物栽培必须根据药用植物的光周期的特点制定相应的栽培措施，有些植物要促进开花，有些要抑制开花，要确定适宜的播种期。此外，药用植物在不同生长时期对光照的要求也不一样，如黄连有“前期喜阴，后期喜光”的现象，西洋参春季和秋季的透光度就比高温的夏季的透光度稍大。

（二）温 度

植物的生长过程存在最低温度、最适温度和最高温度，即三基点温度。温度直接影响植物体内各种酶的活性，从而影响植物的代谢即合成和分解的过程。在最适温度时，各种酶最能协调完成植物体内的代谢过程，最利于生长；当温度低于或高于最适温度时，酶活性受到部分抑制；当温度低于最低温度或高于最高温度时，酶活性受到强烈的抑制，同时高温和低温对植物的细胞产生直接的破坏，蛋白质变性，植物致死。温度影响光合作用和呼吸作用，但呼吸作用更易受温度的影响。低温对于一年生冬性植物的开花有促进作用（即春化作用），如 2001 年张掖市种植的板蓝根，30%~40%的植株开花，开花的植株不能药用。此外，许多药用植物种子的萌发需要低温处理，有的甚至需要温度交替作用才能萌发，如西洋参的种子需要经过较高的温度完成形态后熟，再经过低温完成生理后熟才能发芽。因此，在生产上多采用层积处理、遮阴等措施来满足药用植物在不同生长时期对温度的要求。同时，根据植物的生活习性选择种植区，如防风应种在浅山地区冷凉地带。小麦、油菜有冬性和春性品种之分，播种时间的选定至关重要，有些药材如益母草也有冬性、春性之分，冬性品种产量低，质量也低；春性品种产量高，质量好，栽培时不能混淆。

（三）水　分

水分是植物生长的关键因子。在光合作用、呼吸作用、有机质的合成与分解过程中都有水分子的参与，水还可以作为植物矿质营养吸收和运输的媒介。植物的供水状态会直接或间接影响植物的光合作用，如植物缺水时，植物根系吸收功能下降，叶片出现萎蔫，气孔关闭，影响二氧化碳进入，光合作用下降，如决明子喜高温潮湿的环境条件，一些地方盲目发展，结果不结籽；水分过多，植物根系缺氧，抑制根系呼吸作用，厌氧细菌会产生有毒物质，不利于根系的生长，许多深根类药用植物生长在水分过多的土壤中会引起根茎腐烂，如黄芪、孜然的根腐病。植物水分的供应状况也影响药用植物的代谢，如金鸡纳树在雨季并不形成奎宁，羽扇豆种子和其他器官中生物碱的含量在湿润年份较干旱年份少。一般来讲，干旱等逆境可以促进药用植物的次生代谢，这些代谢产物往往是药用成分的主要来源。张掖市民乐县水资源不是很丰富，因此要选择耐旱药材种植，如柴胡、孜然、苦豆子、甘草、芍药等。

（四）土　壤

土壤是植物赖以生存的物质基础，土壤的结构、pH 值、肥力、水分等与植物生长密切相关。一般根茎类药用植物以有机质含量高、团粒结构、保水保肥好、排灌方便的土壤为宜。砂质土壤一般质地过分疏松、缺乏有机质，蒸发量大，保水性能差，只宜种植北沙参、莨菪（天仙子）、王不留行、麻黄、孜然、紫苏等适合砂质土壤的中药。瘠薄黏重，缺乏有机质、通透性很差的土壤，可以种植杜仲、银杏等木本药材。盐碱土壤可以种植甘草、苦豆子、沙棘等。栀子、佛手喜酸性土壤。

（五）地　势

海拔、坡度、坡向、地形外貌等都影响当地气温、太阳辐射、湿度等因子的变化，从而影响植物生长。如海拔升高，引起太阳辐射增强、气温下降和雨量分布增加，药用植物的分布也就随着海拔的升高形成垂直分布带，一般喜温的植物海拔达到一定高度会逐渐被耐寒植物所代替。海拔高度不仅影响植物的形态和分布，而且影响植物有效成分含量的变化。坡度和坡向与药用植物的种植也有很大关系，如黄连喜冷凉气候，但是高山寒冷地带易造成冻害，要选东北向和西北向、坡度缓又避风的地段。又如益母草在低海拔地区种植，生长良好，但在高海拔地区种植，生长非常缓慢；广东省培植砂仁的地区，在坡度30°以下三面环山，一面空旷，坡向东南的斜地，首先修成梯田，保持水土，这种条件下砂仁花多、果多、授粉昆虫多，结实率高。

二、药用植物的繁殖

药用植物的繁殖可分为有性繁殖与无性繁殖两大类。有性繁殖主要指种子繁殖；无性繁殖则是利用植物的营养器官（根、茎、叶），用常规或生物技术手段进行的繁殖方法。

（一）种子繁殖

药用植物大多用种子进行繁殖，如红花、麻黄、当归、板蓝根、党参、黄芪、甘草、益母草等，具有繁殖技术简便，繁殖系数大，利于引种驯化和新品种培育等特点。但是，种子繁殖的后代容易产生变异，尤其是木本药用植物，种子繁殖所需年限也长。

1. 种子特性

（1）种子休眠。种子是一个处在休眠期的有生命的活体，种子休眠受内在或外在因素的限制，是植物对外界条件长期形成的一种适应性。种子收获后在适宜发芽条件下由于未通过生理后熟阶段，暂时不能发芽的现象称为生理休眠；由于种子得不到发芽所需的外界条件，暂时不能发芽的现象称为强迫休眠。生理休眠的原因，一是胚尚未成熟；二是胚虽然在形态上发育完全，但贮藏的物质还没有转变为胚发育所能利用的状态；三是胚的分化已完成，但胚细胞原生质出现孤离现象，在原生质外包有一层脂类物质，使透性降低。上述三种情况均需经过后熟作用才能萌发。种子休眠的原因还有两种情况：一是在果实、种皮或胚乳中存在抑制发芽的物质，如氧化物、氮、植物碱、有机酸、乙醛等，阻碍胚的萌发；二是种皮太厚、太硬或有蜡质，透水、透气性能差，影响种子萌发。种子休眠在生产实践上有重要意义，可应用物理方法和化学方法来调控种子发芽。

（2）种子活力。种子是有一定寿命的，种子的寿命就是指种子的活力在一定环境条件下能保持的最长年限。各种药用植物种子的寿命差异很大，寿命短的只有几日甚至几小时。种子寿命与贮藏条件有直接关系，适宜的贮藏条件可以延长种子的寿命。生产上一般采用新鲜的种子，因隔年的种子发芽率均有降低。如桔梗的种子寿命只有一年，但在低温、干燥条件下，可达两年。

2. 种子的萌发过程

解除休眠的种子在适宜的水分、温度和氧气条件下，经过以下过程萌发。

（1）吸胀。干种子大量吸水，鲜重急剧增加的阶段称为吸胀。种子吸水后，种皮膨胀软化，种子与外界气体交换得以进行，同时，通过水合作用，原生质由不活跃的凝胶状态变化为活跃的溶胶状态，为第二阶段的各种转化提供条件。

（2）鲜重增加的停顿期。从外表看种子表现静止，没有变化，但内部生理活动极为活跃，进行着种子萌发最重要的生理过程。

（3）幼根突破种皮。由于根和茎的生长，鲜重再次增加，幼苗出土生长。

种子须在一定的外界条件作用下才能萌发，萌发所需的条件，主要是水分、氧气和温度。

3. 播　种

常用的药用植物种子播种方法有以下几种。

（1）直播。根据不同药用植物种子发芽所需温度条件和生长习性，结合当地气候，确定各种药用植物的播种期。一般春播为 3—4 月，秋播为 9—10 月，有些寿命短的种子，宜采后当年或第二年即播，如防风、柴胡、甜叶菊等。

播种方法：一般分为条播、点播、撒播 3 种。条播是按一定行距在畦面开沟，将种子均匀播入沟内，盖土、踩压，条播易于中耕、施肥等管理工作；点播又称穴播，适用于大粒种子或生长快的苗木，即按一定的行株距在畦面上挖穴播种数粒，盖土、踩压，发芽后选壮苗，保留 1 株；撒播适用于小粒种子，将种子均匀撒在畦面，切忌过密，否则发芽后幼苗生长不良，撒播后用土覆盖，厚度以盖没种子为度，此法常在苗床育苗时应用，其缺点是不便于管理。

播种深度：所谓播种深度即种子播下后覆土的厚度，应依植物的种类和种子的大小而异。凡种子粒小、发芽率低的应浅播；颗粒大、发芽率高的应深播。

播种后管理：主要是指掌握田间的干湿度，尤其是经催芽的种子不耐干旱，出苗以后应适当控制水分，以便幼苗根系向下伸展。

（2）保护地育苗。为了延长生长期，提高产量、质量，往往提前用保护地育苗，待田间气温上升或幼苗生长到一定时期后定植到大田。常用的育苗设施有改良阳畦、塑料大棚和玻璃温室等。

改良阳畦：在拱形覆盖基础上，于覆盖的北侧筑一土墙，骨架一端固定在土墙上，呈半拱形，防寒性能比拱形的塑料棚更好。

塑料大棚和玻璃温室：有加温和不加温两种。热源可就地取材，如煤、柴油、汽油或铺设热水管等。近年来，工厂化育苗推行电热线并用控温仪加温。由于地温得到保证，大大缩短了育苗时间。方法是在地热线上铺放床土，床土的配比根据所育幼苗的特性而定，小粒种子如毛地黄、穿心莲等厚度约 1 厘米；大粒种子可相应增加厚度。

（二）无性繁殖

1. 分割繁殖

分割繁殖就是把某些药用植物的鳞茎、球茎、块根、根茎以及珠芽等部分从母株上分割下来，另行栽植，培育成独立的新植株。

（1）鳞（球）茎繁殖。如百合、贝母、大蒜及天南星、半夏、番红花等。在鳞茎或球茎四周常发生小鳞茎、小球茎，取下做种繁殖。

（2）根茎繁殖。如款冬、薄荷、甘草、麻黄等。可将横走的根茎按一定长度或节数分成若干小段，每段保留 3~5 个芽，做种繁殖。

（3）块茎或块根繁殖。如地黄、山药、何首乌等。按芽和芽眼的位置分割成若干小块，每小块必须保留一定表面积和肉质部分，做种繁殖。

（4）分根繁殖。如芍药、玄参、牡丹等多年生宿根植物，地上部分枯死后，萌芽前将宿根挖出地面，按芽的多少、强弱从上往下分割成若干小块，做种繁殖。

（5）珠芽繁殖。如百合、半夏、山药、黄独的叶腋部常生有珠芽，取下也可繁殖。分株时间一般在休眠期，植株开始生长前为好。栽植深度除注意繁殖材料大小外，还必须注意植物特性、土壤、气候等诸因素。新割的块根和块茎，分割后先晾 1~2 日，使创口稍干，或拌草木灰，加强伤口愈合，减少腐烂。栽种球茎、鳞茎类的材料，使芽头向上。牡丹、芍药的根栽种时要求根部舒展。入沟后覆土，踩压，倘若土壤干燥需及时浇水。

2. 压条繁殖

压条繁殖是使连在母株上的枝条形成不定根，然后再切离母株成为一个新生个体的繁殖方法。压条时，为了中断来自叶和枝条上端的有机物如碳水化合物、生长素和其他物质向下输导，使这些物质积聚在处理的上部，供生根时利用，可进行环状剥皮。在环剥部位涂 IAA 类生长素可促进生根。

3. 扦插繁殖

即取植株营养器官的一部分，插入疏松润湿的土壤或细沙中，利用其再生能力，使之生根抽枝，成为新植株。按取用器官的不同，又有枝插、根插、芽插和叶插之分。扦插时期，因植物的种类和性质而异，一般草本植物对于插条繁殖的适应性较强；除冬季严寒或夏季干旱地区水源限制不能露地扦插外，凡温暖地带及有温室或温床设备条件者，四季都可以扦插。木本植物的扦插时期，又可根据落叶树和常绿树而决定，一般分为休眠期扦插和生长期扦插两类。

（1）休眠期扦插。即将开始落叶的时候，或经过几次轻霜以后，生长完全停止，这时枝条内含蓄的养料最多，剪取的枝条容易产生愈伤组织，生根迅速，如核桃、银杏等。

（2）生长期扦插。常绿植物发根比落叶植物需要较高的温度，一般采用生长期扦插。在南方，梅雨时期温度较高，湿度较大，扦插成活率较高。常绿树种如杜鹃、黄杨、卫矛、冬青、甜叶菊、鼠李、小檗、常春藤等一般在生长期扦插。

4. 嫁接繁殖

嫁接繁殖是将一株植物上的枝条或芽等（接穗）组接到另一株带有根系的植物（砧木）上，使它们愈合生长在一起而成为一个统一的新个体。常用嫁接繁殖的药用植物有辛夷、胖大海、罗汉果、猕猴桃等。根据嫁接植物的部位，可分为枝接和芽接两大类。

（1）枝接。是用母树枝条的一段（枝上须有 1~3 个芽），基部削成与砧木切口易于密接的削面，然后插入砧木的切口中，注意砧穗形成层对体吻合，并绑缚覆土，使之结合成活为新植株。枝接一般在树木萌发的早春进行，此时砧木和接穗组织充实，温度和湿度也有利于形成层的旺盛分裂。

（2）芽接。是从枝上削取一芽，略带或不带木质部，插入砧木上的切口中，并予绑扎，使之密接愈合。芽接宜选择生长缓慢期进行，因此时形成层细胞还很活跃，接芽的组织也已充实。当年嫁接愈合，翌春发芽成苗，非常适宜。嫁接过早，接芽当年萌发，冬季不能木质化，易受冻；嫁接过晚，砧木皮不易剥离。气候条件对嫁接也有影响，形成层和愈伤组织需在一定温度下才能活动，空气湿度接近饱和时最适宜愈合，在室外嫁接，更要注意天气条件。

三、药用植物的栽培管理规程

田间管理是保证药材生产使其获得高产优质的一项重要的技术措施。由于各种药用植物的生物学特性及人们对药用部位需求不同，其栽培管理工作有很大差别，要尽力做到及时而充分满足各种药用植物不同生育阶段中对温度、水分、光照、空气、养分的要求，综合利用各种有利因素，克服自然灾害，以确保优质高产。

（一）选地、整地

土壤是植物赖以生存的物质基础，土壤的结构、pH 值、肥力、水分等与植物生长密切相关。药用植物一般喜欢在土壤结构良好、疏松肥沃、酸碱度呈中性、排水良好的壤土上种植生长。但有些药用植物喜欢生长在腐殖质含量高的土壤中，如人参、黄连等；有些药用植物喜在酸性或微酸性土壤中生长，如栀子、白术、茶花、贝母、肉桂等；有些药用植物喜在碱性或偏碱性土壤中生长，如柽柳、枸杞、甘草、白刺、锁阳等；有些药用植物喜在河边沙滩上生长，如大黄、蔓荆子、北沙参等。砂质土壤一般质地过分疏松、缺乏有机质，蒸发量大，保水性能差，适宜种植北沙参、莨菪、王不留行、麻黄、孜然、紫苏等适合砂质土壤的中药。瘠薄黏重，缺乏有机质、通透性很差的土壤，可以种植杜仲、银杏等木本药材。因此，种植什么药材？在什么地方种？要根据植物本身的生长习性和生物学特性而定，因地制宜，选择适宜的土壤种植。种前要精细整地，对整地质量的要求，可以归纳为“墒、平、齐、松、碎、净”六字标准，其具体要求如下：①墒：土壤有充足的底墒，适宜的表墒，地表干土层厚度不超过 2 厘米。②平：地表平整，无高包或洼坑，能达到墒度均匀。③齐：作业到头到边，边成线，角成方。④松：表层疏松无板结，上虚下实。⑤碎：表土细碎，无土块（黏土地无大土块）。⑥净：田间清洁，无草根、残茬、废膜、杂物。在这六字标准中，最重要的是“平、碎、净”。然后根据作物特点，做畦或做垄。提倡适当深耕，能增加产量，特别是对深根性药材尤其重要。深耕要与施肥相结合，特别是施有机肥，既能改良土壤理化性状，又能加速土壤熟化，提高土壤肥力。

（二）选用优良品种

优良品种是指能够比较充分利用自然、栽培环境中的有利条件，避免或减少不利因素的影响，并能有效解决生产中的一些特殊问题，推广利用价值高，表现为高产、优质、稳产、低消耗、抗逆性强、适应性好，能获得较高的经济效益，受群众欢迎的品种。第一，要选择经营证照齐全的门店购买种子，不要购买散装或已打开包装、标识模糊、标注不全、来路不明的种子。第二，要选择高产稳产品种。要根据品种特性和生产表现，选择种植品种。第三，要选择抗逆性强品种。针对药材生育期间灾害天气、病虫为害等逆境，必须选择抗病性、抗寒性、稳产性、适应性好的品种。

（三）合理灌溉

1. 灌溉原则

灌溉量、灌溉次数和时间要根据药用植物需水特性、生育阶段、气候、土壤条件而定，要适时、适量合理灌溉。

2. 灌溉方法

灌溉方法主要有沟灌、畦灌、喷灌、滴灌、浇灌等。

（1）沟灌。即在垄间行间开沟灌水，灌水沟的距离、宽度应根据植物的行距和土壤质地确定。沟灌适用于条播行距宽的药用植物，如颠茄、紫苏、白芷等。沟灌的优点是侧向浸润土壤，土壤结构破坏小，表层疏松不板结，水的利用率高。

（2）畦灌。即将灌溉水引入畦沟内，使水流逐渐渗入土中。畦灌法适用于密植及采用平畦栽种的药用植物，如红花、北沙参等。缺点是灌水不均匀，灌后蒸发量大，容易破坏表层土壤的团粒结构，形成板结，空气不流通，影响土壤中好气微生物的分解。因此，灌后要结合中耕松土。

（3）喷灌、滴灌。是近年来发展的新型灌溉方式，优点较多，如喷灌雾点小，均匀，土壤不易板结，能节水和节约劳力；滴灌是使灌溉水缓缓滴出，浸润作物的根系土壤，能适应复杂地形，尤其适用于干旱缺水地区。

（4）浇灌。用喷壶或皮管浇水，仅适用于栽培小面积药材使用，在阳畦育苗时使用广泛。

（四）排　水

排水是以人工的方法排除土壤孔隙中的多余水分和地面积水，改善土壤通气状况，加强土壤中好气微生物的作用，促进植物残体矿物化，避免涝害。

（1）明沟排水。即在田间地面挖沟排水。此法简单易行，但占耕地较多，肥料易流失，沟边杂草丛生，容易发生病虫害，影响机械化操作。

（2）暗沟排水。即挖暗沟或装排水管排水。暗沟排水可节省耕地，在大面积生产时可采用。

（五）中耕、除草、培土

中耕除草是药用植物经常性的田间管理工作，其目的是消灭杂草，减少养分损耗，防止病虫的滋生蔓延；疏松土壤，流通空气，加强保墒；早春中耕可提高地温；可结合除草切断一些浅根以控制植物生长。中耕除草一般在封垄前、土壤湿度不大时进行。中耕深度要看根部生长情况而定。根系多分布于土壤表层的宜浅耕，根系深的植物可适当深耕。中耕次数根据气候、土壤和植物生长情况而定。苗期杂草易滋生，土壤易板结，中耕宜勤；成株期枝叶繁茂，中耕次数宜少，以免损伤植物。此外，气候干旱或土质黏重板结，应多中耕；灌水后，为避免土壤板结，待地表稍干时中耕。培土能保护植物越冬过夏，避免根部裸露，防止倒伏，保护芽苞，促进生根。培土时间视不同植物而定，一、二年生植物，在生长中后期可结合中耕进行，多年生草本和木本植物，一般在入冬结合越冬防冻进行。

（六）间苗、定苗

为避免植物幼苗幼芽拥挤、争夺养分，要拔除部分幼苗，选留壮苗。如发现杂苗和生有病虫害的幼苗，也要及时拔除，这些均称间苗。间苗宜早不宜迟。间苗的次数应根据药用植物种类而定，小粒种子间苗次数一般可多些，最后一次间苗后即为定苗。

（七）覆　盖

利用枝叶、稻草、麦秆、谷糠、土壤等撒铺在地面上，叫覆盖。覆盖可改善畦面的生态环境，防止土壤水分蒸发，使土壤不易板结，改善土壤肥力，并有保温、防冻、防止鸟害和杂草等作用，有利于出苗、移植后的植株成活和生长。

（八）遮阴与支架

对阴生植物如西洋参、人参、三七等以及苗期喜阴的植物如党参、黄连、秦艽，为避免高温和强光危害，需要搭棚遮阴。由于药用植物种类不同及不同发育时期对光的要求不一，因此还必须根据不同种类和生长发育时期对棚内透光度进行合理调剂。至于棚的高度和方向，则应根据地形、气候和药用植物生长习性而定。荫棚材料应就地取材，做到经济耐用。有些药用植物具有缠绕茎、攀缘茎或茎卷须，不能直立，栽培时需给以支架，以利植物正常生长，如金银花、党参等。

（九）整　枝

整枝是通过修剪植株枝叶来控制植物生长的一种管理措施。整枝后，可以改善通风条件，加强同化作用，调节养分和水分的运转，减少养分的无益消耗，提高植物的生理活性，从而增加植物的产量和改善药材品质。整枝主要应用于木本药用植物。

四、药用植物病虫害及其防治

（一）病　害

药用植物在栽培过程中，受到有害生物的侵染或不良环境条件的影响，正常新陈代谢受到干扰，从生理机能到组织结构上发生一系列的变化和破坏，在外部形态上呈现反常的病变现象，如枯萎、腐烂、斑点、霉粉、花叶等，统称病害。

引起药用植物发病的原因，称为病原，包括生物因素和非生物因素。由生物因素如真菌、细菌、病毒等侵入植物体所引起的病害，有传染性，称为侵染性病害或寄生性病害；由非生物因素如旱、涝、严寒、养分失调等影响损坏生理机能而引起的病害，没有传染性，称为非侵染性病害或生理性病害。在侵染性病害中，致病的寄生生物称为病原生物，其中真菌、细菌常称为病原菌，被侵染植物称为寄主植物。侵染性病害的发生不仅取决于病原生物的作用，而且与寄主生理状态以及外界环境条件也有密切关系，是病原生物、寄主植物和环境条件三者相互作用的结果。

植物得病后表现症状不同，主要类型有变色、出现斑点、萎蔫、腐烂、畸形等。

侵染性病害根据病原生物不同，可分为下列几种。

（1）真菌性病害。由真菌侵染所致的病害，其种类最多，为害也最广，如人参锈病，西洋参斑点病，三七和红花的炭疽病，延胡索的霜霉病等。真菌性病害一般在高温、多湿时易发病，病菌多在病残体、种子、土壤中过冬。病菌孢子借风、雨传播，在适合的温度、湿度条件下孢子萌发，长出芽管侵入寄主植物内为害。可造成植物倒伏、死苗、斑点、黑果、萎蔫等病状，在病部带有明显的霉层、黑点、粉末等症状。

（2）细菌性病害。由细菌侵染所致的病害，如浙贝软腐病，人参烂根病，佛手溃疡病，颠茄青枯病等。侵害植物的细菌大多是杆状菌，具有一至数根鞭毛，可通过自然孔口（气孔、皮孔、水孔等）和伤口侵入，借流水、雨水、昆虫等传播，在病残体、种子、土壤中过冬，在高温、高湿条件下易发病。细菌性病害症状表现为萎蔫、腐烂、穿孔等，发病后期遇潮湿天气，在病部溢出细菌黏液，是细菌病害的特征。

（3）病毒病。由病毒引起的病害，如颠茄、缬草、白术的花叶病及地黄黄斑病；人参、澳洲茄、牛膝、曼陀罗、洋地黄的一些病害等。病毒病主要借助于带毒昆虫或通过线虫传染。病毒在杂草、块茎、种子和昆虫等活体组织内越冬。病毒病主要症状表现为花叶、黄化、卷叶、畸形、簇生、矮化、坏死、斑点等。

（4）线虫病。植物病原线虫体积微小；多数肉眼不能看见。线虫寄生可引起植物营养不良而生长衰弱、矮缩，甚至死亡。根结线虫造成寄主植物受害部位畸形膨大，如人参、西洋参、麦冬、川乌、牡丹的根结线虫病等。胞囊线虫则造成根部须根丛生，地下部不能正常生长，地上部生长停滞黄化，如地黄胞囊线虫病等。线虫以胞囊、卵或幼虫等在土壤或种苗中越冬，主要靠种苗、土壤、肥料等传播。

（二）虫　害

为害药用植物的动物种类很多，其中主要是昆虫，另外有螨类、蜗牛、鼠类等。昆虫中虽有很多属于害虫，但也有益虫，对益虫应加以保护、繁殖和利用。因此，认识昆虫，研究昆虫，掌握虫害发生和消长规律，对于防治虫害，保护药用植物获得优质高产具有重要意义。

各种昆虫由于食性和取食方式不同，口器也不相同，主要有咀嚼式口器和刺吸式口器。咀嚼式口器害虫，如甲虫、蝗虫及蛾蝶类幼虫等，它们都取食固体食物，为害根、茎、叶、花、果实和种子，造成机械性损伤，如缺刻、孔洞、折断、钻蛀茎秆、切断根部等。刺吸式口器害虫，如蚜虫、椿象、叶蝉和螨类等，它们是以针状口器刺入植物组织吸食食料，使植物呈现萎缩、皱叶、卷叶、枯死斑、生长点脱落、虫瘿（受唾液刺激而形成）等。此外，还有虹吸式口器（如蛾蝶类）、舐吸式口器（如蝇类）、嚼吸式口器（如蜜蜂）。了解害虫的口器，不仅可以从为害状况去识别虫害种类，也为药剂防治提供依据。

（三）病虫害防治方法

1. 农业防治法

农业防治法是通过调整栽培技术等一系列措施以减少或防治病虫害的方法。大多为预防性措施，主要包括以下几方面。

（1）合理轮作和间作。在药用植物栽培制度中，进行合理的轮作和间作，无论对病虫害的防治或土壤肥力的维持都是十分重要的。许多土传病害对孜然、黄芪为害较严重，种过的地块在短期内不能再种，须经过一定时期的轮作，否则病害严重，会造成大量死亡或全田毁灭。轮作期限长短一般根据病原生物在土壤中存活的期限而定，如孜然的根腐病轮作期限为3~5年。此外，合理选择轮作物也至关重要，一般同科属植物或同为某些严重病、虫寄主的植物不能选为下茬作物。间作物的选择原则与轮作物的选择基本相同。

（2）耕作。耕作是重要的栽培措施，耕作不仅能促进植物根系的发育，增强植物的抗病能力，还能破坏蛰伏在土内休眠的害虫巢穴和病菌越冬的场所，直接消灭病原生物和害虫。如人参、西洋参在播种前，要求土地休闲一年，进行耕翻晾晒数遍，以改善土壤物理性状，减少土壤中致病菌数量，这已成为重要的栽培措施之一。

（3）除草、清洁田园。药用植物收获后，受病虫为害的残体和掉落在田间的枯枝落叶，往往是病虫隐蔽及越冬的场所，是翌年的病虫来源。因此，除草、清洁田园和结合修剪将病虫残体和枯枝落叶烧毁或深埋处理，可以大大减轻翌年病虫为害的程度。

（4）调节播种期。某些病虫害的发生常和栽培植物的某个生长发育阶段密切相关。如果设法使这一生长发育阶段错过病虫大量侵染为害的危险期，可达到防治目的。

（5）合理施肥。合理施肥能促进药用植物生长发育，增强其抵抗力和被病虫为害后的恢复能力。例如白术施足有机肥，适当增施磷、钾肥，可减轻花叶病。但使用的厩肥或堆肥，一定要腐熟，否则其中的残存病菌以及害虫虫卵未被杀灭，易使地下害虫和某些病害加重。

（6）选育和利用抗病虫的品种。药用植物的不同类型或品种往往对病虫害抵抗能力有显著差异。如有刺型红花比无刺型红花能抗炭疽病和红花实蝇等。因此，如何利用这些抗病虫特性，进一步选育出较理想的抗病虫害的优质高产品种，是一项十分有意义的工作。

2. 生物防治法

生物防治法是利用各种有益的生物来防治病虫害的方法。主要包括以下几方面。

（1）利用寄生性或捕食性昆虫以虫治虫。寄生性昆虫，包括内寄生和外寄生两类，经过人工繁殖，将寄生性昆虫释放到田间，用以控制害虫虫口密度。捕食性昆虫的种类主要有螳螂、草蛉、步行虫等。这些昆虫多以捕食害虫为主，对抑制害虫虫口数量起着重要的作用。大量繁殖并释放这些益虫可以防治害虫。

（2）微生物防治。利用真菌、细菌、病毒寄生于害虫体内，使害虫生病死亡或抑制其为害植物。

（3）动物防治。利用益鸟、蛙类、鸡、鸭等消灭害虫。

（4）不孕昆虫的应用。是通过辐射或化学物质处理，使害虫丧失生育能力，不能繁殖后代，从而达到消灭害虫的目的。

（5）利用昆虫信息素。如用性激素诱导，灭杀昆虫。

3. 物理、机械防治法

物理、机械防治法是应用各种物理因素和器械防治病虫害的方法。如利用害虫的趋光性用灯光诱杀；根据有病虫害的种子质量比健康种子轻，可采用风选、水选淘汰有病虫的种子，使用温水浸种等。近年利用辐射技术进行病虫害防治取得了一定进展。

4. 化学防治法

化学防治法是应用化学农药防治病虫害的方法。主要优点是作用快，效果好，使用方便，能在短期内消灭或控制大量发生的病虫害，不受地区季节性限制，是目前防治病虫害的重要手段。化学农药有杀虫剂、杀菌剂、杀线虫剂等。杀虫剂根据其杀虫功能又可分为胃毒剂、触杀剂、内吸剂、熏蒸剂等。杀菌剂有保护剂、治疗剂等。使用农药的方法很多，有喷雾、喷粉、种子包衣、浸种、熏蒸、土壤处理等。昆虫的体壁由表皮层、皮细胞和基底膜三层所构成，表皮层由内向外依次分为内表层、外表皮和上表皮。上表皮是表皮最外层，也是最薄的一层，其内含有蜡质或类似物质，这一层对防止体内水分蒸发及药剂的进入都起着十分重要的作用。一般来讲，昆虫随幼虫虫龄的增长，体壁对药剂的抵抗力也不断增强。因此，在杀虫药剂中常加入对脂肪和蜡质有溶解作用的溶剂，如乳剂由于含有溶解性强的油类，一般比可湿性粉剂的毒效高。药剂进入害虫身体，主要是通过口器、表皮和气孔三种途径。所以针对昆虫体壁构造，选用适当药剂，对于提高防治效果有着重要意义。如对咀嚼式口器害虫玉米螟、凤蝶幼虫、菜青虫等应使用胃毒剂敌百虫等，而对刺吸式口器害虫则应使用内吸剂。另外，要掌握病虫发生规律，抓住防治有利时机，及时用药。还要注意农药合理混用，交替使用，安全使用，避免药害和人畜中毒。

由于化学农药对环境的污染，在药用植物病虫防治中应提倡以农业防治和生物防治为主，不要使用高残留的农药，以免给环境和药材都造成污染。近年从一些有毒植物中提取的高效、低残留植物农药正逐渐得到人们的青睐。

五、药用植物的引种驯化

（一）引种的意义及其主要内容

药用植物的引种驯化，就是通过人工培育，使野生植物变为栽培植物，使外地植物（包括国外药用植物）变为本地植物的过程。也就是人们通过一定的手段（方法），使植物适应新环境的过程。

（二）引种驯化的步骤和方法

1. 引种驯化的步骤

（1）鉴定引种的种类。中国药用植物种类繁多，其中不少种类存在同名异物或同物异名的情况。因此，在引种前必须进行详细的调查研究，对植物种类加以准确的鉴定。

（2）掌握引种所必需的资料。首先要掌握药用植物原产地和拟引种地区自然条件资料，根据引种的药用植物生物学与生态学特性，创造条件，使之适应于新的环境条件。有些药用植物对外界环境要求不太严格，原产地和引种地区条件差别不大，引种驯化就比较容易。不同气候带之间相互引种时，则需通过逐步驯化的方法，使之逐渐地适应新的环境。

（3）制订并实施引种计划。根据调查所掌握的材料和引种过程中存在的主要问题来制订引种计划。如南药北移的越冬问题，北部高山植物南移越夏问题，以及有关繁殖技术等，提出解决上述问题的具体步骤和途径，然后付诸实施。

2. 引种驯化的基本方法

（1）简单引种法。在相同的气候带（如同为温带、亚热带、热带），或环境条件差异不大的地区之间进行相互引种，包括以下几个方面。①不需要经过驯化，但需给植物创造一定的条件，可以采用简单引种法，如向北京地区引种牛膝、牡丹、洋地黄、玄参等，冬季经过简单包扎或覆盖防寒即可过冬；另一些药材如苦楝、泡桐等，第一、第二年可于室内或地窖内假植防寒，第三、第四年即可露地栽培。②通过控制生长、发育使植物适应引种地区的环境条件的方法也属于简单引种法，如一些南方的木本植物可通过控制生长使之变为矮化型或灌木型，以适应北方较寒冷的气候条件。③把南方高山和亚高山地区的药用植物向北部低海拔地区引种，或从北部低海拔地区向南方高山和亚高山地区引种，都可以采用简单引种法，例如，云木香从云南海拔 3 000米的高山地区直接引种到北京低海拔（50米）地区；三七从广西和云南海拔 1 500米山地引种到江西海拔 500~600 米地区，人参从吉林海拔 300~500 米处引种到四川金佛山海拔 1 700~2 100米和江西庐山海拔 1 300米的地区，都获得了成功。④亚热带、热带的某些药用植物向北方温带地区引种，变多年生植物为一年生栽培，也可以用简单引种法，如穿心莲、澳洲茄、姜黄、蓖麻等。⑤亚热带、热带的某些根茎类药用植物向北方温带地区引种，采用深种的方法，也可以用简单引种法获得成功。同样，从热带地区向亚热带地区引种也可采用此法，如三角薯蓣和纤细薯蓣引种到北方，将根茎深栽于冻土层下面，可以使其安全越冬，黑龙江省从甘肃省引种当归，播种后当年生长良好，但不能越冬，采用冬季窖藏的方法，第二年春季取出栽培，秋季可采挖入药，这也属于简单引种法。⑥采用秋季遮蔽植物体的方法，使南方植物提早做好越冬准备，能在北方安全越冬，也属于简单引种法。此外，还有秋季增施磷钾肥，增强植物抗寒能力的方法等。

总之，上述引种情况都是属于简单引种法的范畴，不需要使植物经过驯化阶段，但并不是说植物本身不发生任何变异。事实上，在引种实践中，很多种药用植物引种到一个新的地区，植物的变异不仅表现在生理上，而且明显地表现在外部形态上，特别是草本植物表现更为突出。例如东莨菪从青海高原或从西藏高山地区引种到北京，其地上部几乎变为匍匐状。

（2）复杂引种法。在气候差异较大的两个地区之间，或在不同气候带之间进行相互引种，称复杂引种法，亦称地理阶段法。如把热带和南亚热带地区的萝芙木通过海南、广东北部逐渐驯化移至浙江、福建落户，把槟榔从热带地区逐渐引种驯化到广东内陆地区栽培等。主要包括：①进行实生苗（由播种得到的苗木）多世代的选择。在两地条件差别不大或差别稍稍超出植物适应范围的地区，多采用此法。即在引种地区进行连续播种，选出抗寒性强的植株进行引种繁殖，如洋地黄、苦楝等。②逐步驯化法。将所要引种的药用植物，按一定的路线分阶段地逐步移到所要引种的地区。这个方法需要时间较长，一般较少采用。

第二节　药用植物的种类

医学上一般按药物性能和药理作用分类，中医学常按药物性能分为解表药、清热药、祛风湿药、理气药、补虚药等类别；现代医学常按药理作用分为镇静药、镇痛药、强心药、抗癌药等。药用植物学按植物系统分类，可以反映药用植物的亲缘关系，以利形态解剖和成分等方面的研究。中药鉴定学、药用植物栽培学常按药用部分分类，分为根类、茎类、全草类、花类、果实和种子类、菌类等，便于药材特征的鉴别和掌握其栽培特点。

1. 根　类

根类（根及根茎类）中药来自植物的根、变态根（主要是贮藏根）和变态茎（主要是地下茎），由于根和根茎都生长在地下，其外形有些相似，并且不少药材如人参、仙茅、甘草、龙胆等，根和根茎一起入药，因此常将这两类药材统称为“根类药材”。这类药材品种繁多，在整个中药范畴中有着举足轻重的作用，因此如何正确鉴别这类药材饮片，十分重要。如秦艽为龙胆科植物秦艽、粗茎秦艽、麻花秦艽或小秦艽的干燥根。紫草为紫草科植物新疆紫草或内蒙紫草的干燥根。

2. 茎　类

茎类药材是以植物的地上茎或茎的某一部分入药，包括木本植物的枝条、木质藤本的茎、草本植物的茎或茎髓等。如关木通、川木通、大血藤、鸡血藤等以藤茎入药；桂枝、桑枝等以茎枝入药；皂角刺等以茎刺入药；灯心草、通草等以茎髓入药；鬼箭羽等以茎的附属物入药。

3. 全草类

全草类中药通常是指以植物地上部分或全株入药的药材总称。常见的有草本植物全株入药的蒲公英，具有清热解毒、消肿散结、利湿通淋的功效；荷花全身皆是宝，藕和莲子能食用，莲子、根茎、藕节、荷叶、花及种子的胚芽等都可入药。甜叶菊、麻黄、薄荷、紫苏、蒲公英、灯心草等中药都是比较常见的全草类中药。

4. 花　类

指医学上用于防病、治病的花或花序。即植物的花的部分可作为药用材料的中草药。如玫瑰花、白梅花、菊花、佛手花、金花茶、桂花、木槿花、红花、菩提树花、枇杷花、百合花、槟榔花、葛花、杜鹃花、扁豆花、金银花、槐花等。

5. 果实和种子类

果实和种子类中药是以植物的果实或其一部分入药的药材总称。药用部位包括果穗、完整果实和果实的一部分。完整果实有成熟和近于成熟的果实、幼果之分，果实的一部分包括果皮、果核、带部分果皮的果柄、果实上的宿萼、中果皮的维管束、种子等；药用的种子均为成熟品，包括完整的种子及假种皮、种皮、种仁、去掉子叶的胚等种子的一部分，有的种子发芽后或经发酵加工后入药。如药用干燥成熟果实有：五味子、山楂、补骨脂、巴豆、小茴香、连翘、枸杞子、栀子、瓜蒌、牛蒡子、豆蔻。以种子命名却是果实入药的药材有：牛蒡子、栀子、女贞子、金樱子、蛇床子、地肤子、五味子等。以种子入药的药材有：酸枣仁、桃仁、苦杏仁、牵牛子、马钱子、葶苈子、沙苑子、决明子、槟榔等。

6. 菌类药用植物

广义指一切可以用于制药的菌物，狭义指用于医药的大型真菌。野生的有冬虫夏草、灵芝、银耳、金针菇、荷叶离褶伞、榆生离褶伞、木耳、蜜环菌、假蜜环菌等；人工栽培的有灵芝、茯苓、猪苓、桑黄、木耳、云芝等。虽功效不同，无毒副作用。医学研究表明，药用菌有益气、强身、祛病、通经、益寿、增强人体免疫力、抗肿瘤抗癌的功效。

第三节　药用植物规范化栽培

药用植物的栽培虽历史悠久，取得的成效也举不胜举，然而在中草药产业发展中，由于人们认识不足，对天然中药材资源不合理开采、掠夺式经营，致使中药材资源严重枯竭，产地环境破坏，紧缺的药材只开发，不保护，使资源数量锐减，分布范围减小，致使野生的柴胡、秦艽、锁阳、肉苁蓉濒临灭绝。由于缺乏专业技术人员指导，种植技术不到位，专业化程度低，多为凭经验种植；种质混杂，滥用农药，种植分散，在很大程度上制约着中药材的开发利用，产品还处于原料、粗产品阶段，深层次的加工明显滞后。另外，由于缺乏市场信息，不善经营，种植中药材存在着严重的盲目性。一些农户看到当年某种药材价格好，次年便一哄而上，轻视种植结构调整，大宗药材比例过大，特种药材比例过小，一旦造成产品不对路，供过于求，价格下滑，农民对种植药材的信心就大打折扣。再加上产品质量差，产品缺乏竞争力，因而也就无法造福地方经济。因此，开展药用植物规范化栽培是大势所趋，是中药产业化发展的必由之路。

药用植物规范化栽培就是按国家有关法规的要求，制定出药用植物栽培规范化生产标准操作规程，在产地环境、品种鉴定、生产技术、采收加工、运输及产品质量等方面都要制定出明确的技术实施方法和标准。使药用植物栽培技术系统化、科学化、规范化。生产出来的中药材达到无公害、无污染、绿色药材的标准。药用植物规范化栽培的内容包括中药材规范化种植的内容和意义、中药材规范化基地的建设、良种选育与繁育、引种驯化、田间管理、病虫害防治、药用植物的繁育方式以及采收加工等知识。

为规范中药材生产，保证中药材质量，促进中药标准化、现代化，2002 年 4 月 17 日国家药品监督管理局发布《中药材生产质量管理规范》（简称 GAP），内容包括产地、生态环境、种质和繁殖材料、栽培管理、采收与加工、包装、运输、贮藏；质量管理；人员和设备；文件管理。2022 年 3 月，国家药品监督管理局、农业农村部、国家林业和草原局、国家中医药管理局联合发布了新版 GAP 及其公告。

第四节　中草药的栽培特点

药用植物的栽培对环境条件要求严格。药用植物受环境的影响，在不同的环境下，同种药用植物其形态结构、生理、生化及新陈代谢等特征是不一样的。相同环境，对不同药用植物的作用也不相同。其中光照、温度、水分、养分、空气等是药用植物生命活动不可缺少的，这些因子称为药用植物的生活因子。除生活因子外，其他因子对药用植物也有直接或间接的影响作用。气候和土壤是影响药用植物生长发育的主要环境条件。各种药用植物对光照、温度、水分、空气等气候因子及土壤条件的要求不同。如薄荷喜阳光充足，蓓蕾开花期天气晴朗，可提高含油量；槟榔、古柯、胡椒在高温多湿的地区才能开花结实；泽泻、菖蒲在低洼湿地才能生长；锁阳、甘草、麻黄、芦荟、肉苁蓉的抗旱力强，多分布于干燥地区；柽柳、麦冬和宁夏枸杞喜碱性土壤，厚朴和栀子喜酸性土壤；葱、山药、百合以根及地下茎入药的种类，宜在肥沃疏松的砂壤土或壤土中种植等。因此，不少药用植物只能分布在一定的地区，如当归产于甘肃岷县，人参产于吉林，黄芪产于甘肃定西，三七产于广西和云南等，这些产区的产品质量好、产量高，用于临床疗效也好。在扩大生产进行引种驯化时，新引种地的环境条件与原产地差异不大易于获得成功；如差异大则须通过野生种的逐年驯化才能成功。我国省区间进行引种及野生变家种成功的有地黄、红花、红芪、薏苡、天麻、桔梗、丹参等药材达百余种；从国外引种成功的有颠茄、洋地黄、番红花、槟榔、金鸡纳树等数十种，引种驯化工作方兴未艾。

药用植物的栽培特点主要表现在：①栽培季节性强。大多数种类的栽种期只有半个月至一个月左右，川芎、黄连等栽种期只有几天到半个月。②田间管理要求精细。如人参、三七、黄连需搭荫棚调节阳光，忍冬、五味子等需整枝修剪。③须适时采收。如黄连需生长 5~6 年后采收、草麻黄生长 8~9 个月后采收的有效成分含量高，红花开花时花冠由黄色变红色时采收的质量最佳。此外，药用真菌类植物如银耳、茯苓、灵芝等，还要求特殊的培养方法和操作技术。

一年生苗木最好在春季进行移栽，以后每隔 1 年栽 1 次。移栽时树穴要深，施足基肥。小苗期为防日灼需适当遮阳。生长过程中，不需要修剪整形。天气干旱时，应注意多浇水。成年树每年冬季落叶后应开沟施肥，以利翌年多发枝叶，多开花。幼苗多喜湿润，喜肥。小苗移植的株行距可视苗木在圃地留床的时间而定，留床时间长的株行距可以大一些，一般为 1.5 米×1.5 米。小苗移植和大苗移栽前都应施足基肥，七叶树一般在土壤融化解冻后苗木抽芽前或者秋季落叶后至土壤封冻前移植最佳。大苗移植前需疏枝，疏去树冠过密枝、叠合枝、交织枝、病枯枝、短截折损枝，疏枝量约 1/3，必要时为减少蒸发量，需摘除部分叶片。

第五节　药用植物的发展趋势

药用植物在中医药中占有重要地位，其资源的保护和开发利用将进一步受到社会重视。植物化学分类方法的进一步应用有利于寻找和扩大药用植物的新资源。在现有人工选种和杂交育种的基础上，单倍体、多倍体、细胞杂交、辐射等育种方法将在培育新品种方面起更大作用。组织培养为药用植物的工业化生产提供了新的途径，并可作为新的生物活性物质的来源。此外，药理筛选与植物化学相结合的方法的应用，将为研究不同药用植物类群在成分和疗效方面的差异，以及扩大范围寻找有效药物、探求药用植物内在质量和进行药用植物综合研究等开辟新的领域。为此，中草药生产在以下四个方面将得到更大的发展。

一、加强道地性药材的生产

道地药材是人们在长期医疗实践中证明的质量优、临床疗效高、地域性强的一类常用中药材，集地理、质量、经济、文化概念于一身，是我国几千年文明史及中医中药发展史形成的特殊概念。由于前些年，一些不具备药材生产条件的地区盲目引种，劣质药材进入市场，刺激了道地药材的生产。

为加强道地药材的生产，建立道地药材生产基地，是保持中药材生产稳定发展、保证药材质量的关键，如东北人参、甘肃黄芪、岷县当归、云南三七、陕北甘草、江浙元胡等药材生产基地。

二、因地制宜进行中药材原料基地的建设

中药材原料基地的建设是中药材生产的一个发展方向，建立药材生产原料基地是中成药产品进入国际市场的需要，也是中药材生产的一条出路。目前，全国有许多企业建立或正在建立自己的原料生产基地，如甘肃黄芪生产基地、江苏草珊瑚生产基地，南京金陵药厂在四川建立石斛生产基地等。

三、建设 GAP 中药材生产基地

我国是中药材生产和出口大国，但药材质量不过关、药材商品不规范、包装差、药材中农药残留与重金属含量超标等问题还普遍存在，影响到药材产业及中医的发展。因此建立道地药材生产基地、优质药材生产基地和绿色药材生产基地，不

仅十分必要，而且刻不容缓。

四、加大野生种的引种驯化力度

据统计，我国至今发现的药用植物有 5 812 种，药用植物园和植物园引种的有 4 000多种，而驯化栽培的药材仅 200 多种，占总药用植物的 5%左右，大面积生产的大宗药材也只有 100 多种，占总药用植物的 2%～3%。常用中药材中有很多品种仅依靠野生获得。长时期、无限度地采挖有限的资源，已使部分药材资源枯竭，有的品种已濒临灭绝。因此，开展野生种的驯化栽培既是保护野生药材资源的有力举措，又可很好地解决市场供需矛盾，是一种行之有效的持续发展之策，同时也可为当地的药农、药企带来较好的经济效益。

药用植物在中药中的地位得到强化，野生资源环境的保护和资源开发利用将进一步受到重视。植物化学的进一步应用将扩大药用植物的研究和应用领域。同时，品种的开发和利用将得到突飞猛进的发展，在现有人工选种和杂交育种的基础上，单倍体、多倍体、细胞杂交、辐射等育种方法将在培育新品种方面起更大作用。组织培养为药用植物的工业化生产提供了新的途径。

此外，药用植物中的次生物质的发现和疗效方面的研究，以及分子遗传学的飞速发展，将会使药用植物的研究范围扩大，有效药物得到进一步挖掘，药用植物综合研究将开辟新的领域。

第二章

根及根茎类中草药

第一节　甘　草

一、概　述

甘草，中药名。为豆科植物甘草、胀果甘草或光果甘草的干燥根和根茎。药用部位是根及根茎，气微，味甜而特殊。在中医中，甘草有“百草之王”之称，因其药性温和，味甘而得名。《神农本草经》中将其列为上品，并赋予“蜜甘”“美草”的别称[1]。现代研究表明，甘草含有黄酮类、三萜皂苷类、香豆素类成分，具有镇痛、抗炎、抗病毒、抗癌、抗糖尿病、抗溃疡、保肝、免疫调节等作用[2-3]。除了药用，甘草提取物可作为天然食品添加剂应用于食品行业，起到增味、抗氧化、抗菌等作用[4]。现诸多医家认为甘草在药方中的作用为“补中焦，调和诸药”[5]。甘草分布于东北、华北，陕西、甘肃、青海、新疆、山东等地。

二、别　名

甘草又叫甜草根、红甘草、粉甘草、粉草、皮草、棒草等。

三、分类地位

甘草属植物界、被子植物门、双子叶植物纲、蔷薇目、豆科、甘草属，主要有甘草、胀果甘草、光果甘草三种。

四、特征特性

（一）植物学特征

1. 甘　草

多年生草本；根与根状茎粗壮，外皮褐色，里面淡黄色，具甜味。茎直立，多分枝，高30~120厘米，密被鳞片状腺点、刺毛状腺体及白色或褐色的绒毛，叶长5~20厘米；托叶三角状披针形，两面密被白色短柔毛；叶柄密被褐色腺点和短柔毛；小叶5~17枚，卵形、长卵形或近圆形，两面均密被黄褐色腺点及短柔毛，顶端钝，具短尖，基部圆，边缘全缘，或微呈波状。总状花序腋生，具多数花，总花梗短于叶，密生褐色的鳞片状腺点和短柔毛；苞片长圆状披针形，褐色，膜质，外面被黄色腺点和短柔毛；花萼钟状，密被黄色腺点及短柔毛，基部偏斜并膨大呈囊状，萼齿5，与萼筒近等长，上部2齿大部分连合；花冠紫色、白色或黄色；子房密被刺毛状腺体。荚果弯曲呈镰刀状或呈环状，密集成球，密生瘤状突起和刺毛状腺体。种子3~11粒，暗绿色，圆形或肾形，长约3毫米。花期6—8月，果期7—10月。

2. 胀果甘草

多年生草本；根与根状茎粗壮，外皮褐色，被黄色鳞片状腺体，里面淡黄色，有甜味。茎直立，基部带木质，多分枝，高50~150厘米。叶长4~20厘米；叶柄、叶轴均有密被褐色鳞片状腺点，幼时密被短柔毛；小叶3~7（~9）枚，卵形、椭圆形或长圆形，先端锐尖或钝，基部近圆形，上面暗绿色，下面淡绿色，两面被黄褐色腺点，沿脉疏被短柔毛，边缘或多或少波状。总状花序腋生，具多数疏生的花；总花梗与叶等长或短于叶，花后常延伸，密被鳞片状腺点，幼时密被柔毛；苞片长圆状披针形，长约3毫米，密被腺点及短柔毛；花萼钟状，密被橙黄色腺点及柔毛，萼齿5，披针形，与萼筒等长；花冠紫色或淡紫色。荚果椭圆形或长圆形，二种子间膨胀或与侧面不同程度下隔，被褐色的腺点和刺毛状腺体，疏被长柔毛。种子1~4粒，圆形。花期5—7月，果期6—10月。

3. 光果甘草

多年生草本；根与根状茎粗壮，根皮褐色，里面黄色，具甜味。茎直立而多分枝，高 0.5~1.5 米，基部带木质，密被淡黄色鳞片状腺点和白色柔毛。叶长 5~14 厘米；托叶线形，早落；叶柄密被黄褐腺毛及长柔毛；小叶 11~17 枚，卵状长圆形、长圆状披针形、椭圆形。总状花序腋生，具多数密生的花；总花梗短于叶或与叶等长（果后延伸），密生褐色的鳞片状腺点及白色长柔毛和茸毛；花冠紫色或淡紫色，旗瓣卵形或长圆形，顶端微凹；子房无毛。荚果长圆形，微作镰形弯，有时在种子间微缢缩，无毛或疏被毛，有时被或疏或密的刺毛状腺体。种子 2~8 粒，暗绿色，光滑，肾形。花期 5—6 月，果期 7—9 月。

（二）生物学特性

当年生甘草以营养生长为主，幼苗的出土能力弱，生长缓慢，无分枝。根系以主根生长为主，侧根细小而且少，主根和侧根鲜重之比约为 2∶1。二年生甘草进入营养生长的高峰期。一般 4 月中旬返青，返青后生长迅速。甘草第三年进入生殖生长时期。返青期与二年生甘草相同，7 月中旬部分甘草开始开花，9—10 月种子成熟。株高可达 70~100 厘米，且分枝较多，主根可达 90 厘米以上，根上部直径达 1.45 厘米，侧根逐渐发达，已具药用价值。

甘草种子萌发的适宜温度为 15~30℃，低于 5℃不能萌发，高于 40℃易造成霉烂。甘草多生长在干旱、半干旱的荒漠草原、沙漠边缘和黄土丘陵地带。喜阳光充沛，日照长、气温低的干燥气候。在干旱、日照长、阳光充足、降水量少的条件下生长较好。耐寒性较强，可正常越冬。在排水良好、地下水位低的砂质壤土栽培为好。忌地下水位高、涝洼地和酸性土壤。

五、繁　殖

甘草为豆科甘草属多年生草本，根与根状茎粗壮，繁殖时采用有性繁殖和无性繁殖均可，生产中通常采用种子繁殖、根茎繁殖和分株繁殖三种。

1. 种子繁殖

于 3 月下旬至 4 月上旬播种，覆土浇水，播后半月可出苗。起垄种植比平畦种植好，便于排水，通风透光，根扎得深。每亩播种量 2.5 千克。

2. 根茎繁殖

甘草根茎繁殖宜在春秋季采挖甘草，选其粗根入药，将较细的根茎截成长 15 厘米的小段，每段带有根芽和须根，在垄上开两条 10 厘米左右的沟，按株距 15 厘米将根茎平摆于沟内，覆土浇水，保持土壤湿润。每亩用种秧 75~100 千克。

3. 分株繁殖

在甘草母株的周围常萌发出许多新株，可于春季或秋季挖出移栽。

六、栽培技术

（一）选地和整地

甘草是豆科甘草属多年生草本植物，根茎发达，入土深，适宜旱作，耐盐碱，强阳性，喜钙，怕涝，生命力很强。应选择地下水位 1.5 米以下，排水条件良好，土层厚度大于 2 米，内无板结层，pH 值在 8 左右，灌溉便利的砂质壤土较好。前茬最好是玉米、小麦、瓜菜类等。杂草多的荒地、干旱地、涝洼地、盐碱地不宜种植甘草。耕深达 35 厘米以上，结合整地每亩施入有机肥 3 000~4 000千克，复合肥 25 千克，氯化钾 15 千克。整好地后做畦，畦面宽 1 米为宜。

（二）选种和种子处理

在甘肃河西地区一般选用乌拉尔甘草和胀果甘草为当家品种。甘草的选种以优质高产为基准，选取籽粒饱满，色泽好，出苗率高，抗病能力强，抗逆性能高，商品价值高的种子为宜。特别强调应选无霉变、成熟度高、种子来源正规的健康种子。种子质量的级别应达到三级及以上标准，即纯度≥96%、净度≥80.0%、千粒重≥10.0 克、发芽率（种子处理后）≥70.0%。

甘草的种子外皮壳硬，催芽前将种子用石碾快速碾数遍，使外种皮由棕黑色、有光泽变为灰棕色、表皮粗糙时为度；或将种子置于碾米机中快速磨一遍，以种皮起毛刺为度；或用80%的硫酸溶液浸种 10~15 分钟，捞出，反复多次冲洗，待种子表面无残留硫酸时，放到湿纱布袋中在室温 25~30℃的温室里催芽，大约 24 小时后即可露白，出芽率达到80%即可播种。

（三）播　种

1. 种子直播

将种子催芽后，掺入 3 倍细沙搅拌后均匀撒播或条播；也可以穴播，每穴撒入 3~5 粒种子，株距 15 厘米，行距 40 厘米，深度 3 厘米为宜；播后要立即浇足水分，如果土壤湿度大，可不灌水。为了避免杂草横生，在播种前要适当喷洒除草剂进行除草，喷药后1周左右再播种。

2. 育苗移栽

首先应该选择肥力充足、土质松软、排灌正常的土壤。深翻35厘米左右，结合深翻，每亩土壤施入4 000~4 500千克的农家肥，将土壤镇压，并根据当地实际，对土壤进行消毒工作，消灭土壤内的病菌害虫，以防甘草在播种之后受到病虫害的为害，影响发芽出苗率。春季的播种时间一般在清明节之后，夏季播种在立夏后，秋季播种则在封冻前进行。首先，在垄面上开5厘米的沟，然后将其整平，将杀菌消毒的种子播于沟内。播种后适当覆土，然后进行镇压。每亩的播种量为10~15千克，播种后如果土壤墒情好，10天左右便可全苗。在幼苗成功破土之后，经常观察幼苗的情况，注意是否有死苗现象。如果有的话，要注意喷洒甲基硫菌灵或多菌灵等药剂，加水溶解，喷洒到叶片上，避免幼苗死亡。如果有缺苗则要及时补种，保证全苗率。育苗地当年秋季或第二年春季可挖出甘草根，进行移栽，挖出的根芦头以上要留5厘米的茬，并用“甘草专用保根剂”浸蘸30秒，以防止烂根。移苗时边挖边栽，1亩甘草可栽5~8亩地。移栽方法如下：开20厘米深的沟，沟间距40厘米，将甘草的根斜摆在沟内，株距15~20厘米，然后再盖土，芦头在土下2厘米处，用脚踩实即可。每亩可栽1.0万~1.5万株，如果是秋季移栽，上冻前要浇一次定根水。

在幼苗长出5片真叶的时候，要追施一次尿素，每亩约10千克。并做好除草工作，避免杂草影响甘草幼苗的生长。育苗后第一年秋季土壤解冻前或第二年春季土壤解冻后即可起苗移栽。首先进行起苗分级，优质苗的根头直径应在0.8厘米以上，根长30~40厘米。起苗至移栽的过程中应严格控制幼苗过多失水。移栽采用平栽或斜栽两种移栽方法，平栽是将幼苗首尾与地面呈水平方向平放在植苗沟中，斜植是将幼苗根头向上根尾向下与地面呈一定角度（10°~20°）斜放在植苗沟中，然后覆土镇压。植苗深度一般以根头埋入土层5~10厘米为宜，秋季移植覆土厚度宜适当增加，壤质土覆土厚度较砂质土宜稍浅。移植密度应视土壤肥力等条件而定，在日照充足土壤肥沃的立地条件下，植苗密度一般为行距40厘米，株距15厘米。在干旱瘠薄的土地上移栽密度可适量降低。在土壤干旱的条件下，移栽后应及时灌足透水，特别是秋季移栽应确保移栽至出苗前幼苗体内的水分平衡。在移栽的时候，要保留甘草根芦头大约5厘米的横茎，以随挖取幼苗随栽为原则。一般每亩栽植1.0万~1.5万株。

（四）田间管理

1. 第一年田间管理

（1）播种后第二天立即每亩施“甘草专用除草剂”200毫升+杀虫剂100毫升+100千克水混匀，地面全封闭喷雾。一般30天左右不进入田间。

（2）甘草幼苗长出2片真叶时，应施保苗药剂；配方如下：“专用保苗剂粉剂”100克/亩+水50千克/亩，充分溶解，喷施在甘草幼苗的叶片上。如出现断垄现象，应及时补种。

（3）甘草幼苗长出3片真叶时，人工拔掉田间杂草，不要用锄铲草，以免破坏专用除草剂的效果。

（4）甘草长出4~6片真叶时，人工顺垄开沟追施一次尿素，每亩地5~15千克。

（5）甘草长出6片真叶时，直播地需要间苗，每亩保苗1.0万~1.5万株即可；育苗地一般不间苗，留苗8万~10万株即可。

（6）甘草长出6~10片真叶时，气温较高，田间杂草开始旺长，此时田间机械铲草或人工铲草1~2次。结合铲草再追施5~10千克尿素，使甘草幼苗迅速成长起来，尽早封垄。

（7）甘草长出6~15片真叶时，此时甘草生长旺盛即将封垄，应加紧追施一次尿素，每亩5~10千克，并用人工或机械铲一次草。可能发生蚜虫，一旦发生应马上施用药剂。

（8）甘草长出15~20片真叶时，甘草苗高达30~40厘米，甘草封垄。如果杂草多，还要及时拔除，雨季要及时排水，不能浸泡防止烂根。

（9）茎叶枯萎期。直播地到秋季，当地上茎叶干枯时可将其烧掉或割掉，有条件的地块可浇一次封冻水。

2. 第二年田间管理

（1）开春后，直播地甘草开始返青，苗高5厘米时，可一次性追施磷酸二铵15~20千克，尿素10~15千克，并浇水1次。

（2）等甘草出苗10厘米高以上时，使用机械或人工除草1~2次。

（3）有蚜虫发生时，需进行药剂防治。

（4）第二年进入生长期的甘草一般不浇水，十分干旱的年份可浇1~2次水。

七、病虫害防治

1. 主要病害防治

（1）锈病。4 月上旬是始发期，5—6 月是夏孢病株的发生盛期，发病适宜温度为 20~25℃，7 月中旬以后，是冬孢病株发生盛期。10 月中旬以后随着气温下降，甘草生长停滞。植株被病菌侵害后，叶的背面出现黄褐色的疱状病斑，破裂后散发褐色粉末，是病原菌的多孢子堆。一般在 8 月、9 月形成褐黑色的冬孢子堆。

防治方法：11 月初刈割地上部分，清洁田园的病枝落叶，可减少下一年的病原，并把病株集中起来烧毁。在生长期田间发现锈病的中心植株后，应及时拔除，并用石灰在根部处理；在发病初期喷洒 0. 3~0. 4 波美度的石硫合剂，或 20%的三唑酮乳油 1 200倍液，或 95%敌锈钠可湿性粉剂 300 倍液喷雾防治，间隔 7 天喷洒 1 次，共喷洒 3 次。

（2）白粉病。被真菌中的半知菌感染后，在叶片正反面或全株产生白粉。病株主要在田间病株残体上越冬，翌年秋季降雨多，湿度大有利于该病的发生蔓延。

防治措施：用 20%三唑酮乳油 800~1 000倍液；或硫黄胶悬剂 300 倍液喷雾，视病情程度，间隔 7~10 天喷施 1 次；或喷 0. 2~0. 3 波美度石硫合剂进行防治。

（3）根腐病。染病植株叶片变黄枯萎，茎基和主根全部变为红褐色干腐状，上有纵裂或红色条纹，侧根已腐烂或稀少，病株易从土中拔出，主根维管束变为褐色，湿度大时根部长出粉霉。该病由镰刀菌引起，镰刀菌是土壤习居菌，在土壤中长期腐生，病菌借水流、耕作传播，通过根部伤口或直接从叉根的分枝裂缝及老化幼苗茎基部裂口处侵入。地下害虫、线虫为害造成伤口利于病菌侵入。管理粗放、通风不良、湿气滞留地块易发病。

防治措施：注意轮作，防止大水漫灌。发现病株用 50%甲基硫菌灵可湿性粉剂 800 倍液，或用 75%百菌清可湿性粉剂 600 倍液进行灌根。发病初期喷淋或浇灌 50%甲基硫菌灵可湿性粉剂 800 倍液，或多菌灵可湿性粉剂 800~900 倍液，或 50%苯菌灵可湿性粉剂 1 500倍液，每 7 天喷洒 1 次，连用 3 次。

（4）褐斑病。被真菌感染后，叶片产生圆形和不规则形病斑，中央灰褐色，边缘褐色，病斑的正反面均有灰黑色霉状物。

防治方法：病株集中起来烧毁。发病初期喷波尔多液进行防治；或用 70%甲基硫菌灵可湿性粉剂 1 500~2 000倍液。

2. 主要虫害防治

（1）胭脂蚧。一年发生一代，9 月以后，一部分若虫在卵囊内越冬，另一部分若虫破囊后，活动于寄主上，进行寄生越冬，翌年 4 月，随着气温的升高，卵囊内若虫爬出寻找寄主，固定为害，吸食甘草汁液，5 月至 7 月上旬形成介壳，进入老熟期，8 月中旬成虫羽化，进入交尾产卵期，完成一个生活世代。防治措施：成虫期（8 月上中旬）用 2.5%溴氰菊酯乳油（敌杀死）3 000倍液；或氰戊菊酯乳油（速灭杀丁）2 000倍液进行喷粉或喷雾；若虫初龄期（4 月中旬），在土中的越冬若虫开始活动、寻觅寄主，可用 50%辛硫磷乳油 300~500 倍液根施或沟施覆土。

（2）萤叶甲。以成虫在枯枝、落叶下、土缝中越冬，翌年 4 月中下旬甘草幼芽萌发开始取食为害，一二代幼虫为害加重，5 月下旬至 8 月为发生盛期。防治措施：在甘草生长季节，可采用毒死蜱乳油 1 000倍液；或千虫克（苏云金杆菌+阿维菌素）可湿性粉剂 800 倍液喷洒；加强田间管理，冬季灌水，秋季刈割、清除田间枯枝落叶，减少越冬虫源与下年虫口基数。

（3）蚜虫。5—8 月是发生高峰期，成虫用口器刺吸甘草汁液，局部的甘草植株受害较重。防治措施：冬季清园，将植株和落叶深埋。发生期喷 50%杀螟硫磷乳油 1 000~2 000倍液；或 80%敌敌畏乳油 1 500倍液；或吡虫啉可湿性粉剂 1 500倍液；或 20%高效溴氰菊酯可湿性粉剂 2 000倍液，或千虫克可湿性粉剂 800 倍液喷洒。每 7~10 天喷 1 次，连续数次，注意交替用药，提高防效。

（4）小绿叶蝉。一年发生 3~5 代，主要以幼虫、成虫为害豆科植物、榆树等多种植物，7—8 月是发生盛期。防治措施：为害高峰期之前常采用敌敌畏乳油 1 000倍液喷施，可达 90%以上的防效。

（5）红蜘蛛。8 月左右发生，9 月左右为害严重，主要侵食叶片和花序。叶片为害后，叶色由绿变黄，最后枯萎。此虫多藏于叶背面。防治方法：可用 0.2~0.5 波美度石硫合剂加米汤或面浆水喷洒。

八、采　收

一般生长 3~4 年后采收，采挖以秋季为好。将挖取的根和根茎，切去两端，除去小根、茎基和幼芽，除去残茎，须根及泥土，切忌用水洗。按粗细和长短扎成不同规格的小捆，并晒干。当晒至六七成干时，按不同规格分捆捆紧，放置在通风处，直至完全干燥。

药材呈圆柱形，长 30~60 厘米，直径 0.6~3.5 厘米，外皮松紧不一。表面红棕色、暗棕色或灰褐色，具明显的皱纹沟纹，并有稀疏的细根痕。质坚实而重，两端切面中央略下陷，断面纤维性，形成层明显，具放射状纹理，有裂隙。根茎表面有芽痕，横切面中央有髓。气微，味甜而特殊。

九、加　工

秋季采挖甘草，除去茎基、枝杈及须根后，切成 50~120 厘米段，晒至半干后扎成小捆，再晒干。有的将外表栓皮削去，商品称“粉草”。贮存于干燥通风处，防霉蛀。现在国内外市场对特等、甲级、乙级、丙级草需求量相当大，特别是特等草和甲级草除国内用一部分外，大部分出口国外。为便于加工成形，提高成品草的质量和等级，要做到随取、随挖、随加工。新草和加工的成品草应放在通风干燥的荫棚下，自然风干。注意不论鲜草还是成品草不能被雨淋和人为地加水，甘草一旦见水就会霉烂变质，成为废品。

甘草外观等级质量以草头直径和长度为标准。

特级条甘草：根长 20~40 厘米，切面最小直径 2.6 厘米。

甲级条甘草：根长 20~40 厘米，1.9 厘米≤切面直径<2.6 厘米。

乙级条甘草：根长 20~40 厘米，1.3 厘米≤切面直径<1.9 厘米。

丙级条甘草：根长 20~40 厘米，1.0 厘米≤切面直径<1.3 厘米。

丁级条甘草：根长 20~40 厘米，0.6 厘米≤切面直径<1.0 厘米。

参考文献

[1] 韩维维，方东军，李陆军，等．甘草化学成分及生物活性研究进展［J］．化学工程师，2022，36（2）：56-58，67.

[2] 李娜，张晨，钟赣生，等．不同品种甘草化学成分、药理作用的研究进展及质量标志物（Q-Marker）预测分析［J］．中草药，2021，52（24）：7680-7692.

[3] 王波，王丽，刘晓峰，等．中药甘草成分和药理作用及其现代临床应用的研究进展［J］．中国医药，2022，17（2）：316-320.

[4] 徐谓，李洪军，贺稚非．甘草提取物在食品中的应用研究进展［J］．食品与发酵工业，2016，42（10）：274-281.

[5] 王庆国．伤寒论讲义［M］．北京：高等教育出版社，2007：34.

第二节 桔 梗

一、概 述

桔梗，是多年生草本植物，以根入药，为桔梗科植物桔梗的干燥根。味苦、辛、平，归肺经。具有宣肺、祛痰、利咽、排脓的功能[1]。古籍《神农本草经》言："主胸胁痛如刀刺，腹满，肠鸣幽幽，惊恐悸气"。《珍珠囊药性赋》记载其"利膈气，仍治肺痈；一为诸药之舟楫；一为肺部之引经"[2]。现代药理研究其有祛痰、抗炎、止咳、提高机体免疫力等药理作用，具有良好的治疗哮喘的应用前景[3]。产地有东北、华北、华东、华中各省以及广东、广西（北部）、贵州、云南东南部（蒙自、砚山、文山）、四川（平武、凉山以东）、陕西。朝鲜、日本、俄罗斯的远东和东西伯利亚地区的南部也有栽培。

二、别 名

桔梗又名包袱花、铃铛花、僧帽花、苦桔梗、玉桔梗、白桔梗、房图、梗草、苦梗、利如等。

三、分类地位

桔梗属植物界、被子植物门、双子叶植物纲、桔梗目、桔梗科、桔梗属植物。

四、特征特性

1. 植物学特征

多年生草本，全株光滑，高 40~90 厘米，植物体内具白色乳汁。根肉质，长圆锥形或圆柱形，有分枝，外皮浅黄色或灰黄色。茎直立，上部稍分枝。叶近无柄，茎中部及下部对生或 3~4 叶轮生；叶片卵状披针形，基部楔形，边缘有不整齐的锐锯齿；上部的叶小而窄，互生。花单生，或数朵花呈疏生状的总状花序；花萼钟状，裂片 5；花冠阔钟状，蓝紫色，裂片 5；雄蕊 5，与花冠裂片互生；子房下位，卵圆形，柱头 5 裂，密被白色柔毛。蒴果倒卵形，先端 5 裂。种子卵形，黑色或棕黑色，具光泽。花期 7—9 月，果期 8—10 月。

2. 生物学特性

桔梗为深根性植物，根的粗度随年龄增加而增大，当年主根长可达 15 厘米以上；翌年 7—9 月为根的旺盛生长期，采挖时，根长可达 50 厘米。幼苗出土至抽薹 6 厘米以前，茎的生长缓慢，茎高 6 厘米至开花前（4—5 月）生长加快，开花后减慢。至秋冬气温 10℃以下时倒苗，根在地下越冬，一年生苗在-17℃的低温下可以安全越冬。种子在 10℃以上时开始发芽，发芽最适温度为 20~25℃，一年生植株采集的种子发芽率为 50%~60%，二年生植株采集的种子发芽率可达 85%左右。种子寿命为 1 年。种子活力高时出芽快，且出苗整齐。桔梗喜凉爽湿润环境，野生多见于向阳山坡及草丛中，栽培时宜选择种植在低海拔的丘陵地带。桔梗对土质要求不严，但以栽培在富含磷、钾的中性类砂壤土里生长较好，追施磷肥，可以提高根的干重。桔梗喜阳光耐干旱，但忌积水。

五、繁　殖

主要用种子进行繁殖。采用直播和育苗移栽两种种植方式。

1. 种子直播

直播苗长成的植株分杈少、根直、质量高，且方法简单、省时省力。被广为采用，但采挖难度大，成本高。直播多在春季进行，播前进行种子处理，播前将种子放入 50℃水中，搅拌至水凉后，再浸泡 8 小时捞出，这样处理可分解和淋失掉部分种子内源抑制物质，有利于种子萌发，然后将种子放于催芽盘内进行催芽，保持催芽温度 20~25℃，催芽盘上可用麻袋或纱布覆盖种子，进行保湿，每天早晚各用温水投洗 1 次种子，4~5 天后种子萌动时即可播种。田间直播多采用条播方式，做好床面横向开沟，深 1.0~1.5 厘米，沟间距 20~25 厘米，将已处理好的种子混拌上 10 倍的细沙土，均匀地撒到沟里，覆土后轻轻镇压，播后浇水，出苗前保持土壤湿润，10~15 天出苗，每公顷播种量 15 千克。如果采用冬播，上冻前播种覆土后上面再盖稻草，增湿保温，翌年春天出苗。

2. 育苗移栽

用育苗移栽的方法可以选择良种壮苗，调整栽植宽度，有利于提高单位面积产量。要选择粒大、饱满，无病虫害的种子进行育苗，育苗移栽的种子处理和田间直播的种子处理相同。育苗时，做宽为 1.2~1.5 米、高 15 厘米的地上床，做床前施入基肥并与床土均匀混合，整平耙细，在整好的床面上按行距 10 厘米开沟，沟深 1.0~1.5 厘米，播下种子，覆土厚 1 厘米稍加压实，上面盖上草或树叶，浇水保持土壤湿润，一般 15 天左右即出苗，苗出土后撤下覆盖物。至秋末地上部分枯萎后或翌年春季出苗前移栽，将根挖起，按行距 20~25 厘米，沟深 10~15 厘米在移栽床上开横沟，将植株斜放于沟中，株距 6~10 厘米，栽后覆细土，稍压实浇水即可。

六、栽培技术

1. 选地和整地

桔梗不宜连作，栽培时应选向阳、背风、肥沃、土层深厚疏松、排水良好、富含腐殖质的砂质壤土栽种，秋季深耕 25~35 厘米，耕时先施足基肥，一般亩施农家肥 2 000~3 000千克、复合肥 30 千克。翌年春季播种前再进行耕、翻、耙，做畦，畦间宽 1.2~1.5 米。

2. 适期播种

秋播、春播均可，但以秋播为好，秋播当年出苗，生长期长，结果率和根的粗度明显高于翌年春播者。播前将种子置于 50~60℃ 的温水中，不断搅动，并将泥土、瘪籽及其他杂质漂出，待水凉后，再浸泡 12 小时，或用 0.3%高锰酸钾溶液浸种 12 小时，可提高发芽率。如采用条播，在畦面上按行距 20~25 厘米开条沟，深 4~5 厘米，播种时，可用 2~3 倍的细砂拌匀撒播，播后覆土 2 厘米，稍镇压。用种量每亩 1 千克左右。

3. 间苗和定苗

在苗高 3~6 厘米时，间苗 1 次，当苗高 6 厘米时，按株距 6~10 厘米进行定苗。定苗时要除去小苗、弱苗和病苗，有缺苗情况时，及时进行补苗。补苗常与间苗同时进行，把间出的大苗栽于缺苗处。

4. 中耕除草

由于桔梗前期生长缓慢，故应适时中耕除草，保持土壤疏松无杂草。一般中耕除草 3 次，第一次在苗高 7~10 厘米时，1 个月之后进行第二次，再过 1 个月进行第三次，力争做到见草就除。松土宜浅，以免伤根。

5. 肥水管理

6—9 月是桔梗生长旺季，6 月下旬和 7 月中旬视植株生长情况而适时追肥，肥料以尿素为主，配施少量钾肥。结合施肥进行灌水，此后根据天气干旱情况酌情浇水。雨季田内积水，桔梗很易烂根，应注意排水。

6. 打顶、摘花

田间发现显蕾、开花植株，一律摘除花或花蕾，以减少养分消耗，促进地下根的生长。生产上一直采用人工摘除花蕾。由于桔梗具有较强的顶端优势，摘除花蕾后，可迅速萌发侧枝，形成新花蕾。这样每隔半个月摘除 1 次，在整个显蕾、开花期，需摘 5~6 次花蕾，费工费力，对枝叶损伤大。可利用植物激素乙烯利在盛花期对着花蕾喷雾，该法效率高，成本低，使用安全。

七、病虫害防治

1. 病害防治

（1）根腐病。幼苗期症状主要发生在根部，主根病斑初为褐色至黑褐色或赤褐色小点，扩大后呈菱形、长条形或不规则形的稍凹陷大斑，病情严重时，病斑呈铁锈色、红褐色或黑褐色，皮层腐烂呈溃疡状，地下侧根从根尖开始变褐色，水浸状，并逐渐变褐，重病株的主根和须根畸形，最后根部腐烂、枯死，造成“秃根”。病株地上部生长不良，发病苗较矮小，叶小色淡发黄，严重时干枯而死。防治方法：①发病初期用多菌灵可湿性粉剂 1 000倍液；或 50%的福美双可湿性粉剂 600~800 倍喷洒防治。②雨后注意排水，田间不宜过湿。

（2）白粉病。主要为害叶片。发病时，病叶上布满白色粉末，严重至全株白色、枯萎。防治方法：发病初用 0.3 波美度石硫合剂，或用 20%的三唑酮乳油可湿性粉剂 1 800倍液喷洒。

（3）紫纹羽病。9 月中旬为害严重，10 月根腐烂。受害根部初期变红，密布网状红褐色菌丝，后期形成绿豆大小紫色菌核，茎叶枯萎死亡。防治方法：切忌连作，实行轮作倒茬；拔除中心病株烧毁，病穴灌 5%石灰水消毒。

（4）炭疽病。7—8 月高温高湿时易发病，蔓延迅速，植株成片倒伏死亡，主要为害茎秆基部，初期茎基部出现褐色斑点，逐渐扩大至茎秆四周，后期病部收缩，植株倒伏。防治方法：发病初期喷 1∶1∶100 波尔多液，或 50%甲基硫菌灵可湿性粉剂 800 倍液，每 10 天喷 1 次，连续喷 3~4 次。

（5）轮纹病和斑枯病。为害叶片，发病初期喷 1∶1∶100 波尔多液，或 50%多菌灵可湿性粉剂 1 000倍液，连续喷 2~3 次。

2. 虫害防治

虫害主要为拟地甲。为害桔梗根部，可在 3—4 月成虫交尾期与 5—6 月幼虫期，用 90%敌百虫晶体 800 倍液，或 50%辛硫磷乳油 1 000倍液喷杀。

八、采　收

桔梗种植后的当年、第二年或第三年都可采收，于春、秋两季进行，以秋季采者体重、质实，质量较佳。一般在地上茎叶枯萎时采挖，过早收获根部尚未充实，折干率低，影响产量；过迟收获不易剥皮。挖取根部后，去掉茎、叶，抖去泥土，剪掉须根，浸水洗净，然后进行去外皮的初加工。

九、加　工

用碗片或竹刀刮去外皮。刮皮要趁鲜，最好挖回后就进行，时间拖长了，根皮难刮。刮好后，洗净晒干，除去芦头，润透、切片、晒干、贮藏备用。

产品质量：以足干，无外皮、芦头、杂质、虫蛀、霉变为好。根条较肥大、色白、质坚实、断面稍有颗粒状、具有菊花纹、味苦者为上品。

参考文献

［1］ 国家药典委员会．中华人民共和国药典．一部［M］．北京：中国医药科技出版社，2015：248.

［2］ 赵院院，赵一颖，贺红娟，等．基于网络药理学和实验验证探讨桔梗改善哮喘的机制研究［J］．中药药理与临床，2021，37（6）：82-88.

［3］ 谢雄雄，张迟，曾金祥，等．中药桔梗的化学成分和药理活性研究进展［J］．中医药通报，2018，17（5）：66-72.

第三节　柴　胡

一、概　述

柴胡，中药名。为《中华人民共和国药典》（简称《中国药典》）收录的草药，2020年版《中国药典》记载，中药柴胡来源于伞形科药用植物柴胡或狭叶柴胡的干燥根，分别习称为“北柴胡”和“南柴胡”[1]。目前，商品柴胡以北柴胡为主，其中80%以上来源于栽培，野生的不到20%[2]。现代研究表明，柴胡具有抗病毒、抗炎、解热、镇痛、提高免疫力、保肝利胆、降血脂等多种功效，柴胡皂苷是其发挥药效的主要物质基础[3]。柴胡中含有较多的皂苷类化合物，其中柴胡皂苷A、C、D是其主要活性成分[4]。柴胡始载于《神农本草经》，列上品。入药部位为其干燥根茎[5]。柴胡性微寒，味辛苦，归经是肝经，胆经，肺经，为临床常用药物。长期临床实践证明，柴胡还具有治疗疟疾，祛虚劳之热的作用[6]。善于治疗感冒发热，肝郁气滞，气虚下陷等病症[7]。柴胡生长于沙质草原、沙丘草甸及阳坡疏林下。分布于黑龙江、吉林、辽宁、内蒙古、河北、山东、江苏、安徽、甘肃、青海、新疆、四川、湖北等地。

二、别　名

柴胡又叫地熏、山菜、菇草、柴草等。

三、分类地位

柴胡属植物界、被子植物门、双子叶植物纲、伞形目、伞形科、柴胡属植物。

四、特征特性

（一）植物学特征

1. 北柴胡

多年生草本，高45~70厘米。茎丛生或单生，上部多分枝。基生叶倒披针形或狭椭圆形，早枯；中部叶片倒披针形或宽线状披针形，长3~11厘米，宽0.6~1.6

厘米，有7~9条纵脉，下面具粉霜。复伞形花序的总花梗细长；总苞片无或2~3层，狭披针形；伞幅4~7；小总苞片5层；花梗5~10枚；花冠鲜黄色。双悬果宽椭圆形，长约3毫米，宽约2毫米，棱狭翅状。花期8—9月，果期9—10月。

2. 红柴胡

又名：狭叶柴胡、细叶柴胡。多年生草本，高30~65厘米。根深长，不分歧或略分歧，外皮红褐色。茎单一，或数枝，上部多分枝，光滑无毛。叶互生；根生叶及茎下部叶有长柄；叶片线形或线状披针形，长7~15厘米，宽2~6毫米，先端渐尖，叶脉5~7条，近乎平行。复伞形花序；伞梗3~15枚；总苞片缺，或有2~3层；小伞梗10~20枚，长约2毫米；小总苞片5层；花小，黄色：花瓣5片，先端内折；雄蕊5枚；子房下位，光滑无毛。双悬果，长圆形或长圆状卵形，长2~3毫米，分果有5条粗而钝的果棱，成熟果实的棱槽中油管不明显，幼果的横切面常见每个棱槽有油管3个。花期7—9月。果期8—10月。

（二）生物学特性

柴胡属多年生草本植物，需要2年才能完成一个生长发育周期。人工栽培的柴胡，第一年生长只生基生叶和茎，只有很少植株开少量花，尚不能产种子。田间能够自然越冬。翌年春季返青，植株生长迅速。全生育期190~200天，播种后第二年的9—10月收获。

柴胡4月播种后，保持土壤湿润，2~3周可出苗。幼苗期生长缓慢，随着气温的升高而逐渐加快。6—7月为生长期，生长迅速。后期的根生长加快。7—8月开始现蕾，后开花。8—10月为果期，10月上旬果实成熟，10月下旬为终花期。后期花不能结果。10月随着气温逐渐下降，地上部分枯萎进入越冬期。

柴胡喜温暖、湿润、耐寒、耐旱，怕水浸。野生于海拔1 500米以下山区、丘陵的山坡、草丛、林缘、林中隙地、路边等处。喜温暖湿润气候。耐寒、耐旱、怕涝。宜选干燥山坡，土层深厚、疏松肥沃、富含腐殖质的砂质壤土栽培。不宜在黏土和低洼地栽种。

五、繁　殖

柴胡用种子繁殖。生产上采用直播或育苗移栽法。一般从二、三年生，健壮、无病虫害的植株上采集种子。9—10月果实稍带褐色时，收割全株，晾干、脱粒、扬净。低温通风处贮藏备用。

1. 直播法

春播在3—4月，秋播在9月，以秋播为宜，条播，按株距15~20厘米开沟，沟深2厘米，将种子均匀撒入沟内，并在沟内薄盖细土，稍加镇压，浇水，每亩用种量1.5千克左右。

2. 育苗移栽法

采用条播或穴播播种。条播按行距6~10厘米开沟播种，浇水，保持土壤湿润。穴播按行株距6厘米×6厘米开穴栽种，保持一定湿度，播后约7天出苗，如果温度低于2℃，则要10天出苗。

六、栽培技术

(一) 选地整地

一般可选择向阳平缓山坡或平坦农田种植，土壤以砂壤土为宜，黏土和容易积水的地块不宜栽培。选好地后，进行深翻、耙平，做畦，畦面宽1.0~1.2米，畦面高为10厘米。结合整地施入有机肥，一般亩施腐熟农家肥3 000~4 000千克，磷酸二铵15~20千克，或磷钾复合肥20~30千克。整好地后可用杀虫单、杀虫双粉剂拌好土后，拌匀，撒播地内，以防地老虎、蛴螬、金针虫等地下害虫。

(二) 选种和种子处理

柴胡种子寿命较短，当年新产种子发芽率为43%~50%，常温下贮藏种子寿命不超过1年。因此，播种时必须使用新鲜并经过处理的种子，陈种子不能使用。种子掰开后以断面油润有光泽，呈青白色为好。种子发芽的适宜温度为20~25℃，其中20℃最为适宜。从2年以上的植株上采种，选择成熟、饱满、有光泽的种子。刚采收的柴胡种子胚尚未发育成熟，尚处于休眠状态，需完成后熟过程。此时种子的胚的体积占胚腔的5.1%，5个月后能长到16.69%。促使后熟的方法为在土中层积贮藏，能加速胚的发育，促进后熟，提高发芽率。播种前应将种子消毒，浸泡在50%多菌灵可湿性粉剂1 000倍液中10~15分钟，或浸泡在60~65℃热水中2小时。由于柴胡种子休眠期长、自然发芽率低（约为50%），播种后出苗不整齐，因此播种前要对种子进行处理。方法是用40℃左右的温水浸种6~8小时，将沉底的种子捞出用纱布包裹冲洗待用。

（三）适时播种

柴胡可春季或秋季播种，采用种子直播时，在整好的畦面上按行距20~25厘米进行条播，播后覆土0.5~1厘米，稍加镇压，然后浇小水；也可用地膜覆盖。每亩播种量为650~700克。由于柴胡种子萌发期长，为防止地面干燥，可在苗床上覆少量麦秸或稻壳，以利苗的生长。

播种方法：可分为育苗移栽、直播和套种3种。

（1）育苗移栽。在已整理好的畦面上，将处理好的种子进行撒播或条播，撒播即将种子均匀撒于畦面。条播则按行距10厘米开浅沟播撒种子，并用筛好的细堆肥与细土混合覆盖，覆盖厚度0.5~1厘米，并加盖麦草等，或用塑料薄膜覆盖，以保温保湿。苗床温度保持20℃左右，播种后10天左右即可出苗，气温低时会推迟出苗期。当根头的直径2~3毫米、根长5~6厘米时，可进行移栽。移栽可在春季4月、秋季9月进行，以秋季为宜。移栽宜选阴天进行，将挖出的粗壮、无病苗随挖、随栽。移栽苗时应注意尽量不要伤害根部，在整好的地块上以行距25厘米、株距10厘米定植，定植不宜栽得过深或过浅，以根头露出地面为宜，每亩播种量2.5~3千克。

（2）直播。直播分为春播和秋播。春播于3月下旬以后，土壤表层温度稳定在10℃以上，土壤表层解冻达10厘米以上，即可播种。在整理好的大田内条播，按行距20~25厘米开沟，将处理的种子撒在沟里，覆土0.5~1厘米，稍加镇压，柴胡播种只能浅，不能深，覆土不要超过1.5厘米，否则不易出苗。秋播于前茬作物收获后，结合施肥整好地，于9月上旬选择壮实的种子进行播种，株行距与春播相同。一般来说，秋播较春播出苗齐，每亩播种量1.5~2千克。

（3）套种。在选好的地块施足基肥，深耕细耙后，按套作作物的普通耕作方式先播种套作作物，然后将处理好的柴胡种子直接撒在土壤表面，再用耙子搂1遍，使柴胡种子与土壤结合。收割后套作作物时可高留茬，以防止伤害柴胡幼苗，第二年柴胡独长1年，秋季即可收获。

（四）田间管理

1. 苗期管理

出苗前，要保持畦面的土壤湿润，出苗后要经常松土除草。注意勿碰伤植株，以免影响产量。

2. 间苗、定苗

当苗高 5~6 厘米时，间去过密苗及弱苗、病苗。如有缺苗及时补栽，苗长到 10 厘米左右时定苗，每隔 5~7 厘米留苗 1 株。若为撒播，以 10 厘米×10 厘米的株行距为宜。一般每亩 5 万株，可根据地力而定。

3. 中耕除草

柴胡的幼苗长势弱，容易发生草荒，应及时清除杂草，要做到早锄、勤锄和雨后必锄，以利于透气增温，促进柴胡根苗生长。结合除草进行中耕，中耕宜浅，以免伤及根部，中耕可疏松土壤，促进根系发育生长。

4. 浇　水

种子发芽出苗和苗期最怕干旱，往往由于干旱出苗不齐或使小苗枯死，此期如遇干旱应浇水保苗。出苗前要勤浇水，浇小水，以保持地表湿润，不板结。中、后期遇干旱，可适当浇水。7—9 月雨季时应注意排除田间积水，以免发生病害。返青时，及时灌一次水。

5. 施　肥

柴胡耐瘠薄，一年生由于基肥充足，基本可以满足植株对养分的需要。如第一年收割地上部分，割后须追肥 1 次，每亩追施农家肥 1 500~2 000千克。返青后追施尿素 15 千克。

6. 除蘖摘蕾

柴胡地上部分生长旺盛，一年生植株有半数要抽薹开花，二年生的均能抽薹开花，花可持续 40~50 天。为了促进根的生长，应及时摘除新长的花蕾和花薹，节省营养。

七、病虫害防治

1. 病害防治

（1）根腐病。为害根部，初感染于根的上部，病斑灰褐色，病斑逐步蔓延至根的全部，使根腐烂，严重时成片死亡。高温多雨季节为害较重，二年生的植株重于一年生植株。防治方法：①柴胡忌连作，与禾本科植物轮作可大幅度减轻病害。②使用充分腐熟的农家肥。③合理灌溉，提倡少量多次，雨水多的季节注意排水。④发现中心病株及时拔除病株，病穴用生石灰消毒。⑤发病初期用70%甲基硫菌灵可湿性粉剂800倍液叶面喷施，每隔7天喷施1次，连续2~3次，或用95%敌磺钠粉剂加水配成1 000倍液灌根，每隔5~7天灌根1次，连灌2~3次。

（2）斑枯病。主要为害叶部，发病时在叶上产生直径3~5毫米的圆形暗褐色病斑，中央带灰色。后期整叶发病，病斑连片时，导致叶缘上卷，叶片焦枯，并在发病部位逐渐产生分生孢子器。防治方法：采收后清园，并集中处理病残体，及时清除田间地头杂草，忌连作，发病初期用1：1：120波尔多液喷雾防治，以后每半个月喷1次。

2. 虫害防治

（1）蚜虫。多在苗期及早春返青时为害，6—8月发生达高峰，为害柴胡的叶片、上部嫩梢，影响花期生长。防治方法：每亩用10%氯氰菊酯乳油1 000倍液均匀喷雾，每季喷2~3次。

（2）地下害虫。主要有小地老虎、蛴螬为害根部。防治方法：①及时清除田间和地头的杂草和枯枝。②使用充分腐熟农家肥。③勤田间检查，发现害虫及时人工捕捉。④采用毒饵诱杀，即用50%辛硫磷乳油30倍液150毫升左右，再加适量的水拌成毒饵，于傍晚撒于垄间。

八、采收、加工与贮藏

（一）采收与加工

柴胡春、秋两季均可采挖，但以秋季采挖最为适宜。对人工栽培二年生的植株，待秋季植株地上部分开始枯萎时，割去地上部分，将根挖起，抖去泥土，晒干备用或出售。每亩可产药用根100~150千克，折干率为1：2.7左右。

（二）贮　藏

柴胡在贮藏期间易被虫蛀、受潮生霉，故应将根贮藏于干燥、通风处。如发现受潮或发霉，可放在阳光下曝晒，摊晾后再进行包装堆垛。

九、留　种

选择二年生及以上，生长整齐一致、健壮、无病虫害、生长旺盛的植株作为母株，田间管理时，不要摘除花蕾和去除花枝。当田间有70%的种子稍带褐色时，采集果枝，堆放一周后，晒干，脱粒。再经晒干后，装于麻袋中，置于干燥、通风的库房内贮藏，避免与农药、化肥等刺激性物品混放，以防影响种子的发芽率。

参考文献

[1] 国家药典委员会．中华人民共和国药典［M］．北京：中国医药科技出版社，2020：293.

[2] 董晓丽，李香串，陈婷婷．绛县产人工栽培与野生柴胡质量对比研究［J］．中国野生植物资源，2018，37（5）：36-38，55.

[3] 陆茵，戴敏．中药药理学［M］．北京：人民卫生出版社，2016：133-136.

[4] YUAN B C，YANG R，MA Y S，et al. A systematic review of the active saikosaponins and extracts isolated from *Radix bupleuri* and their applications［J］. Pharm Biol，2017，55（1）：620-635.

[5] 宋诚挚．明清医家对柴胡功效的认识与争论［J］．中医药学报，2008（2）：1-3.

[6] 翟昌明，王雪茜，程发峰，等．柴胡功效的历史演变与入药品种及药用部位的相互关系［J］．世界中医药，2016，11（5）：906-909.

[7] 王琳，及华，张海新，等．河北省道地中药材：柴胡［J］．现代农村科技，2019（10）：103.

第四节　党　参

一、概　述

党参，桔梗科多年生草本植物，有乳汁。以根药用，为中国常用的传统补益药，古代以山西上党地区出产的党参为上品，具有补中益气，健脾益肺之功效。党参味甘，性平。本属植物党参、素花党参及川党参为2010版《中国药典》收载品种[1]，其干燥根作为党参入药，具有补中益气，健脾益肺之功效[2]。用于脾肺虚弱、气短心悸、食少便溏、虚喘咳嗽、内热消渴等症[3-4]。产于我国西藏东南部、四川西部、云南西北部、甘肃东部、陕西南部、宁夏、青海东部、河南、山西、河北、内蒙古及东北等地区。朝鲜、蒙古国和俄罗斯远东地区也有分布。生于海拔

1 560~3 100米的山地林边及灌丛中。中国各地有大量栽培。

二、别　名

党参又叫上党人参、防风党参、黄参、防党参、上党参、狮头参、中灵草等。

三、分类地位

党参属植物界、被子植物门、双子叶植物纲、菊目、桔梗科、党参属植物。

四、特征特性

1. 植物学特征

多年生草本植物，有乳汁。根部常肥大，呈纺锤状或纺锤状圆柱形，茎基具多数瘤状茎痕，上部茎数量较多，常缠绕在一起，叶在主茎及侧枝上互生，叶柄有疏短刺毛，叶片卵形或狭卵形，边缘具波状钝锯齿，上面绿色，下面灰绿色，花单生于枝端，与叶柄互生或近于对生，花冠上位，阔钟状，黄绿色，内面有明显紫斑，浅裂，裂片正三角形，花药长形。蒴果下部半球状，上部短圆锥状。种子多数，卵形，无翼，细小，棕黄色，光滑无毛。花果期 7—10 月。

2. 生物学特性

适应性广，我国南北各地均已引种成功。党参系深根性植物，喜气候温和，夏季凉爽湿润的环境，根部能在土壤中露地越冬。喜土层深厚、质地疏松、肥沃的土壤。耐寒，忌高温。积水、涝洼、盐碱地和黑黏性土质不宜栽种。忌重茬。幼苗喜湿润，特别是出苗前。由于种子细小，覆土薄，如果土表干燥，不能出苗。即使出苗会因干旱而死。幼苗期喜阴，强光下易被晒死，故应适时遮阴。成熟期喜光，阳光不足，则生长不良，产量低。

五、繁　殖

党参用种子直播和育苗移栽进行繁殖。

1. 种子直播

播种前将种子用 40~45℃的温水浸泡，边搅、边拌、边放种子，待水温降至不烫手为止，再浸泡 5 分钟。然后，将种子装入纱布袋内，再水洗数次，置于砂堆上，每隔3~4小时用15℃温水淋一次，经过5~6天，种子裂口时即可播种。

2. 育苗移栽

在整细、整平的地块上做好播种床，一般床宽1米，高15厘米，然后播种，播种时在做好的床上先浇一次透水，待水渗下以后，将种子拌细砂均匀地撒在畦面上。为给种子遮阴，可同时撒一些菜籽（或盖覆盖物），再用筛子筛一层细土将种子盖严，稍加镇压。待出苗时，再拔除菜苗或撤除覆盖物。每亩用种1千克左右。苗高5~7厘米时，适当浇水间苗，保持苗间距3厘米左右，并酌情施氮肥。育苗一年后，再移栽到大田。

六、栽培技术

1. 选地整地

党参对土地要求不严，喜疏松、肥沃的砂质壤土，应避免在涝地、洼地、重黏土地及板结的地块种植。一般农田或退参地均可选用。党参种子小、扎根深，栽前要对用地深翻、整细、施足底肥。

2. 适时播种

春、夏、秋季均可播种。春播在3—4月，夏播在多雨季节，秋播在封冻前。一般常在7月、8月雨季或秋冬封冻前播种，出苗率高，幼苗生长健壮。春播常因春旱，较难出苗或出苗不齐，有灌溉条件的地方可采用春播。播种前，畦面上要浇透水，等水渗下后，可条播或撒播，一般以条播为主。

（1）撒播。将种子拌细沙均匀撒于畦面，在畦面上覆盖一层薄土，以盖住种子为度，随后轻轻镇压，使种子与土紧密结合，以利出苗，出苗前要盖覆盖物，为幼苗挡光。

（2）条播。按行距25~30厘米，开1厘米浅沟，同样盖以薄土。播后畦面上用玉米秆、谷草等覆盖保湿，以后还应当浇水，经常保持土壤湿润。出苗后可将覆盖物逐渐撤掉，不可一次撤光，以防烈日晒死幼苗。当苗高15厘米时可全部撤掉盖草，也可在畦边间种高秆作物玉米、高粱等，但不可过密。

3. 定　植

党参苗生长一年后，于春季在3月中下旬至4月上旬进行移栽，秋季定植于9

月进行。移栽时将党参苗挖起，剔除损伤、病弱苗，按行距20~30厘米开沟，深16~18厘米，株距10厘米，将党参根斜放于沟内，使根头抬起，根体伸直，然后盖土填实，盖土以超过芦头7厘米为宜。如果是用种子直播，于5月中下旬分两次进行间苗和定苗，以行距25~30厘米，株距10厘米即可。

4. 中耕除草

中耕除草是保证党参产量的主要因素之一，应勤除杂草，疏松土壤。特别是早春和苗期更要注意除草。一般于5月下旬至6月初中耕2~3次。

5. 追　肥

定植成活后，苗高15厘米左右，可每亩追施尿素7~10千克；苗高25厘米左右，可每亩追施尿素10~15千克，以后酌情追肥。

6. 排　灌

定植后和施肥后应灌水，苗活后少灌水，以免徒长，雨季及时排水，防止烂根。

7. 搭　架

平地种植的党参苗高30厘米，设立支架，以便能顺着搭架生长，可改善通风和提高抗病力，少染病害，有利于党参根的生长和结实。搭架方法可就地取材，因地而异。

七、病虫害防治

1. 病害防治

（1）党参根腐病。病原为真菌中一种半知菌，每年5月中下旬开始发生，6—7月高温多湿发病严重。主要为害二年生及以上的植株，得病植株先从芦头腐烂，直到须根和侧根变黑褐色、枯萎死亡。防治措施：注意排水，及时拔除病株，病穴用石灰消毒。7—8月增施磷、钾肥。移栽党参前用50%甲基硫菌灵可湿性粉剂1 000倍液浸根5分钟。发病时用50%退菌特可湿性粉剂600~800倍液，或50%多菌灵可湿性粉剂500~1 000倍液，或50%甲基硫菌灵可湿性粉剂700倍液，或58%甲霜灵锰锌可湿性粉剂600倍液灌根，每隔7天灌1次，连灌2~3次。在发病率较高的地块，可用70%甲基硫菌灵可湿性粉剂1 000~1 500倍液灌根，并清除病株。

（2）锈病。病原是真菌中一种担子菌，主要为害叶片。北方秋天发病严重；南方5月开始发生，6—7月严重，病部叶背略隆起，呈黄褐色斑状（夏孢子堆），后期表皮破裂，并散发出锈黄色的粉末（夏孢子）。防治方法：高畦种植，注意排水；忌连作，实行轮作；及时拔除并烧毁病株，病穴用石灰消毒；收获后清园，消灭越冬病源；整地时每亩用1.75千克的氯硝基苯进行土壤消毒，并用1：1：200波尔多液喷洒；或用50%代森铵水剂800倍液喷洒，或直接灌根，7~10天1次，连续3~4次。锈病发生初期可喷95%敌锈钠可湿性粉剂600倍液防治；或喷洒15%三唑酮可湿性粉剂1 000~1 500倍液，每10天喷洒1次，连喷3~4次；或用12.5%烯唑醇可湿性粉剂3 000~6 000倍液；或47%丙环唑乳液4 000倍液；或97%敌锈钠可溶性粉剂250倍液防治。

2. 虫害防治

（1）干旱时易发生蚜虫、红蜘蛛为害。可喷10%吡虫啉可湿性粉剂2 000倍液，每7~10天1次，连续数次。

（2）地下害虫。地下虫害如地老虎、蛴螬、蝼蛄、金针虫等，咬食幼芽、幼苗或参根，造成断苗缺株或党参根部出现空洞。防治方法：清晨日出之前，在被害苗的附近人工捕杀地老虎；虫害发生期点灯诱杀成虫，并用90%敌百虫晶体1 000~1 500倍液，或75%辛硫磷乳油700倍液浇灌根部周围土壤。施用的粪肥应充分腐熟，并先经高温堆肥灭菌为佳。

八、收获和加工

采用移栽定植方法，当年秋季可收获，也可第二年秋季收获。采挖时，将党参根挖出，去掉残茎，抖去泥土，按大小、长短、粗细分为老、大、中条，分级进行晾晒。晾晒至柔软时扎成小捆，后再晒至全干。也有的地方晒至半干后，在沸水中略烫，再晒干或烘干（烘干只能用微火，温度以60℃左右为宜，不能用烈火，否则易起鼓泡，使皮肉分离），晒至发软时，顺理根条3~5次，然后捆成小把，放木板上反复压搓，再继续晒干。搓过的党参根皮细，肉坚而饱满绵软，利于贮藏。

九、采　种

留种党参定植后于第二年7—8月开花结果，9—10月种子成熟时采收，干燥后置于通风阴凉处保存，防烟熏、潮湿。一般第一年每亩可收党参种子约10千克，第二年收籽 12~15 千克，第三年仅 3~4 千克，一般以 2 年移栽的党参收籽较多且质量好。

参考文献

[1] 冯佩佩，李忠祥，原忠．党参属药用植物化学成分和药理研究进展［J］．沈阳药科大学学报，2012，29（4）：307-311.

[2] 杨豆豆，陈垣，郭凤霞，等．党参地上部分研究和应用的进展［J］．中草药，2021，52（13）：4055-4063.

[3] 王梅，武英茹，王越欣，等．不同米炒党参对脾虚大鼠胃肠道功能、免疫功能、水液代谢的影响［J］．中药材，2021，44（11）：2566-2570.

[4] 孟静一．基于苦寒泻下脾虚小鼠模型的党参多糖补脾作用研究［D］．太原：山西医科大学，2021.

第五节　黄　芩

一、概　述

黄芩，中药名。为唇形科多年生草本植物。以根入药，主要药用成分含有黄芩苷、汉黄芩苷、黄芩素、汉黄芩素、黄芩新素、黄芩黄酮等。味苦、性寒。归肺、胆、脾、大肠、小肠经。黄芩的安胎效用，古今许多医者多有论述。明代李时珍言黄芩“助白术安胎，盖黄芩能清热凉血，白术能补脾统血”，并且指出黄芩、白术安胎适合于胎热升动不宁者，而胎寒下坠及食少便溏者，当慎用之。东汉张仲景《金匮要略》云[1]：“妇人妊娠，宜常服当归散主之。”更有金代张元素《医学启源》[2]：“产妇临月未诞者，凡有病先以黄芩、白术安胎，然后用治病药”，先使用黄芩白术，然后再辨证论治，更凸显黄芩、白术安胎作用的重要。黄芩有清热燥湿、泻火解毒、止血、安胎等功效。主治温热病、上呼吸道感染、肺热咳嗽、湿热黄疸、肺炎、痢疾、咯血、目赤、胎动不安、高血压、痈肿疖疮等症。产于河北、河南、辽宁、陕西、山东、内蒙古、黑龙江等省、自治区，我国北方多数省、自治区都有野生资源，都可种植。

二、别　名

黄芩又名空心草、黄金茶、山茶根等。

三、分类地位

黄芩属植物界、被子植物门、双子叶植物纲、管状花目、唇形科、黄芩属植物。

四、特征特性

1. 植物学特征

黄芩为多年生直立草本，高 20～60 厘米。主根粗壮，略呈圆锥形，外皮暗褐色，内部黄色，新生根内实，老根中空。茎秆四棱形，基部分枝。叶对生，披针形，长 1～3 厘米，全缘，表面深绿色，背面淡绿色，叶柄极短或无。总状花序，集生茎枝顶端，偏向一侧，有叶状苞片，萼二唇形，上唇冠状突起，花后增大；花冠二唇形，基部弯曲，蓝紫色。小坚果近圆形，黑色。

2. 生物学特性

野生于山顶、山坡、林缘、路旁等向阳较干燥的地方。喜温暖，耐严寒，成年植株地下部分在-35℃低温下仍能安全越冬，35℃高温不致枯死，但不能经受 40℃以上连续高温天气。耐旱怕涝，地内积水或雨水过多，生长不良，重者烂根死亡。排水不良的土地不宜种植，土壤以壤土和砂质土壤为宜，酸碱度以中性和微碱性为好，忌连作。

五、繁　殖

黄芩主要用种子繁殖，也可用扦插和分根繁殖。

1. 种子繁殖

（1）直播法。种子繁殖以直播为主，直播黄芩根系直，根分叉少，商品外观品质好，同时省工。直播多于春季进行，一般在地下 5 厘米地温稳定在 12～15℃时播种，北方地区多在 4 月上中旬。

（2）育苗移栽法。育苗移栽法可节省种子，延长生长时间，利于确保全苗，但较为费工，同时移栽黄芩主根较短，根分叉较多，商品外观品质差，一般在种子昂贵或者旱地缺水直播难以出苗保苗时采用。

2. 扦插繁殖

扦插时间以春季 5—6 月扦插成活率高。插条应选茎尖半木质化的幼嫩部分，扦插成活率可达 90%以上。扦插虽可繁殖，但生产中很少采用。

3. 分根繁殖

即挖取三年生黄芩根茎，切取主根留供药用，然后根据根茎生长的自然形状分切成若干块，每块有芽眼 2~3 个即可栽种。分根繁殖虽然生长快，但繁殖系数太低，生产中很少采用。

六、栽培技术

（一）选地与整地

1. 选地要求

黄芩对土壤要求不严，一般土壤均可种植，人工栽培时为了高产，应选择土层深厚，渗水良好，疏松肥沃，阳光充足，中性或近中性的壤土、砂壤土，平地、坡地、山坡地均可，但排水不良的土地不宜种植。忌连作。

2. 整地要求

选择好地块后，播前应深耕翻。结合整地每亩施优质有机粪肥 2 500~3 000千克，加过磷酸钙 30~50 千克。撒施均匀后。深耕 25~30 厘米。耙细整平，根据当地实际情况，做成宽 1.2~2 米的平畦或高畦。

（二）播　种

1. 种子准备与处理

一般选择二、三年生发育良好、植株典型性状突出、生长健壮、无病健康的优良单株作为母株采种，黄芩一般不单独建立留种田，而是在留种田中选择生长健壮、无病虫害的单株或地块留种。收获种子后，晒干脱粒去净杂质。选用籽粒饱满，大小均匀，色泽鲜明，具有原品种优良特征、无病虫害的种子。播种前将种子用温水40~45℃浸泡5~6小时，捞出稍晾，拌细沙土即可播种。

2. 播　种

直接播种省时省工，根直、分叉少，商品外观质量较好。春播以耕层地温稳定在10℃以上时播种为宜，采用条播，行距30~40厘米，沟深3厘米，播种量掌握在普通条播1千克/亩，播后覆盖湿土1~2厘米，并及时适度镇压。墒情好不必灌水，干旱缺水地区也可边播种、边覆土、边覆盖地膜保墒。

（三）田间管理

1. 苗期管理

采取种子直播时，当幼苗长到4厘米高时，间去过密和瘦弱的小苗，按株距10厘米定苗。育苗地不必间苗。

2. 中耕除草

幼苗出土后，应及时松土除草，并结合松土向幼苗四周适当培土，保持疏松、无杂草，一年需要除草松土3~4次。

3. 施肥与浇水

科学追肥灌水是黄芩高产优质的基础，氮、磷、钾肥合理配置（施好基肥），在第一年，定苗后要进行第一次施肥，每亩施尿素5~8千克，于6—7月追施尿素15~20千克。第二年和第三年返青后施腐熟农家肥2 500~3 000千克、磷酸二铵颗粒肥20~25千克，6月下旬封垄前施尿素15~20千克。施肥时应开沟施入，施后盖土并浇水。黄芩耐旱怕涝，雨季需注意排水，田间不可积水，否则易烂根。遇严重干旱时或追肥后，可适当浇水，但水量不宜多。

4. 剪花枝

抽薹、现蕾、开花、结籽要消耗大量养分，对于不采收种子的黄芩地块，在黄芩植株抽薹时，选择晴天上午及时剪去花薹，调整植株生长发育进程，能减少营养消耗，促进地下根系生长，提高药材产量。

七、病虫害防治

黄芩为野生资源利用，抗病、抗虫、抗逆境能力强。一般都能正常生长发育，很少感染病虫害。而人工栽培的黄芩主要病害有叶枯病、白粉病等。主要虫害有蛴螬、地老虎、蛾类等。

（1）白粉病。白粉病主要为害叶片。叶的两面生白色病斑，好像撒上一层白粉一样，病斑汇合而布满整个叶片，最后病斑上散生黑色小粒点。田间湿度大时易发病。防治方法：加强田间管理，注意田间通风透光，防止脱肥早衰等。发病初期用50%代森铵水剂1 000倍液，或用40%氟硅唑悬浮剂8 000倍液防治。

（2）叶枯病。黄芩叶枯病属于真菌病害，病菌可借助风雨进行传播，主要发生在6月上旬之后，高温高湿天气有利于诱发叶枯病。叶枯病发病后，在叶片边缘有黑褐色不规则病斑，随着病情的加重，逐渐侵染整个叶片，然后叶片出现干枯，并逐渐脱落，最后枯死。在防治上，要坚持预防为主，将上一年的病残体及时清出田外，种植黄芩后，做好预防大雨的工作，开挖排水沟等措施。在立春后，对生长中的黄芩喷洒杀菌剂，一般可用40%苯醚甲环唑乳剂1 000倍液+50%甲基硫菌灵可湿性粉剂600倍液+芸苔素内酯，进行整株喷洒预防。发病初期用50%多菌灵可湿性粉剂1 000倍液，或1：120波尔多液喷雾，每7~10天1次，连续2~3次。

（3）蛴螬、地老虎等地下害虫。在种植黄芩之前撒施辛硫磷颗粒剂进行预防；当发现田间有土蚕为害的症状，可采用土蚕一支净10毫升，每支兑水15千克喷洒防治。

（4）甜菜夜蛾、小叶蛾。在发生初期可采用20%氯虫苯甲酰胺悬浮剂进行喷洒；或用苏云金杆菌300倍液进行防治等。

八、采收与加工

种子的收获一般在7—9月分期分批采收，每亩可收种子10~15千克。

黄芩根一般在出苗后2~3年收获，以3年根采收最佳，质量较好，产量最高。通过对比发现，三年生鲜根和干根产量均比二年生增加1倍左右，商品根产量高出2~3倍，而且主要有效成分黄芩苷的含量也较高，故以生长3年为收获最佳期。采收于秋末茎叶枯萎后或春季解冻后、萌芽前采挖，因根长得深，要深挖，防止断根。为了避免伤根，多采用机械方式采挖，首先用镰刀割去茎秆，挖出后除去残茎根须和泥土，晾晒至全干，然后扎把压条。注意不宜过度暴晒，否则根部发红，影响质量。同时注意切不可水洗或被雨淋，水洗或被雨淋后根条变绿发黑，质量和等级下降。

加工时也可切片后再晒干。但不可用水洗，也不可趁鲜切片，否则在破皮处会变绿色。

成品以坚实无孔洞，内部呈鲜黄色的根为上品。一般 3~4 千克鲜根可加工成 1 千克干货。亩产干货 200~300 千克，高者可达 500 千克以上。

参考文献

[1] 张仲景．金匮要略［M］．北京：人民卫生出版社，2005：78.

[2] 张元素．张元素医学丛书［M］．北京：中国中医药出版社，2006：27.

第六节　当　归

一、概　述

当归，中药名。为伞形科植物当归的干燥根。当归入药，历史悠久，《神农本草经》已将当归列入草部上品。当归有补血活血、调经止痛、润肠通便的功效，被广泛应用于中医临床各科，有“十方九归”“药王”之誉，特别是在妇科疾病的治疗中，当归更是功效卓著，素有“妇科圣药”和“血家百病此药通”之说[1]。当归药材的成分复杂，主要有效成分为多糖、阿魏酸和挥发油等，其中挥发油主要成分为藁苯内酯，水溶性主要成分为阿魏酸，阿魏酸是 2010 年版《中国药典》规定的当归药材中的主要指标[2]，具有抗氧化活性，能够清除自由基、调节免疫、降血脂和改善动脉粥样硬化、抗血栓、抗心肌缺血、抗肝损伤、防治冠心病、抗菌、抗病毒、抗病变和防癌[3-4]等作用。主产甘肃东南部，以甘肃岷县产量多，质量好，其次为云南、四川、陕西、湖北等省。

二、别　名

当归又名干归、马尾当归、秦归、马尾归、云归、西当归、岷当归等。

三、分类地位

当归属被子植物门、双子叶植物纲、伞形目、伞形科、当归属植物。

四、特征特性

1. 植物学特征

多年生草本，高0.4~1米。根圆柱状，分枝，有多数肉质须根，黄棕色，有浓郁香气。茎直立，绿白色或带紫色，有纵深沟纹，光滑无毛。叶三出或二至三回羽状分裂，叶柄长3~11厘米，基部膨大成管状的薄膜质鞘，紫色或绿色，基生叶及茎下部叶轮廓为卵形，长8~18厘米，宽15~20厘米，小叶片3对；叶下表面及边缘被稀疏的乳头状白色细毛；复伞形花序，密被细柔毛；伞辐9~30；总苞片2，线形，或无；小伞形花序有花13~36朵；花白色，花柄密被细柔毛；萼齿5，卵形；花瓣长卵形，顶端狭尖，内折；花柱短，花柱基圆锥形。花期6—7月。果实椭圆至卵形，长4~6毫米，宽3~4毫米，背棱线形，隆起，果实的侧棱具有宽而薄的翅。果期7—9月。

2. 生物学特性

当归为长日照作物，宜高寒、凉爽气候，在海拔1 500~3 000米均可栽培。在低海拔的地区栽培，植株抽薹率高。幼苗期喜阴，忌烈日直晒；成株能耐强光。宜在土层深厚、疏松、排水良好、肥沃富含腐殖质的砂质壤土栽培，不宜在低洼积水或者易板结的黏土和贫瘠的砂质土栽种。种子在10~25℃范围内发芽良好，10~15天出苗，当归具有早期抽薹现象，应注意防止，一般采用育苗移栽，当年或第二年即可采挖。以小麦、大麦茬为好，忌连作。当归具有喜肥、怕高温的特性，海拔低的地区可以栽培，但不容易越夏，气温过高就会直接死亡，比较适合在浅山区和山区栽培。

五、繁　殖

当归以种子进行繁殖，生产上常采用育苗移栽。

1. 种子繁殖

在种子发芽良好（发芽率达70%以上）的情况下，每亩播量以3.5千克左右为宜，播种前浸种24小时（水温30℃）。分条播和撒播两种。撒播即在整平的畦面上，将种子均匀地撒入畦面，加盖细肥土约0.5厘米，以盖住种子为度。条播即在整好的畦面上，按行距20厘米开横沟，沟深3~5厘米，将种子均匀播入沟内，覆盖细肥土，以不见种子为度。

2. 育苗移栽

当归在每年4月初或7月中旬育苗。生产上一般为春栽，时间以清明前后为宜。过早，幼苗出土后易遭晚霜危害；过迟，种苗已萌动，容易伤芽，降低成活率。在整好的畦面上，将种子拌草木灰或河沙撒播于畦面，每亩播5~7千克种子，播种前1天每千克种子用50%多菌灵可湿性粉剂，或根腐灵粉剂5克拌种。播后稍加镇压，覆土0.3~0.5厘米，播种后均匀覆盖一层草，覆盖量400~500千克/亩，厚约3厘米，遮阴保湿。播后必须保持土壤湿润，以利种子萌发。播种后20天左右出苗。在苗高约4厘米时结合除草进行间苗、定苗，苗间距约2厘米，并去除覆盖物。

六、栽培技术

（一）选地整地

当归为深根性植物，入土较深，喜肥，怕积水，忌连作。所以栽培地应选土层深厚、疏松肥沃、腐殖质含量高，排水良好的荒地或休闲地或农田。选好的地块，栽前要深耕，以25~30厘米为宜，结合深翻施入基肥，为根部生长创造良好的环境条件，每亩施腐熟厩肥3 000~4 000千克，磷酸二铵30千克，氯化钾20千克，翻后及时耙细。播前做好高畦，畦间宽70~80厘米，高20厘米，畦间距离30~40厘米。

（二）田间管理

1. 移　栽

苗龄90~110天，百根鲜重40~70克时，就可移栽，移栽前，先炼苗2~3天，之后将培育好的幼苗挖出，注意不要损伤根系，为防止水分过多损失，并适当去掉幼苗上的叶子，保留1厘米的叶柄。去除病、残、伤、烂苗后，按大、中、小分开，按级扎成小捆，摆放在阴凉干燥处晾3~5天，将幼苗移栽于田畦上。栽植时间以5月上旬为宜，目前生产上普遍采用的是地膜覆盖栽培。选用70~80厘米宽、厚度0.005毫米或0.006毫米的强力超微膜，带幅100厘米，畦面宽60厘米，畦间距40厘米，畦高为10厘米。每垄种植2行，行距50厘米、穴距20厘米，每穴1~2

苗，穴深为15厘米，每亩栽植6 500~7 000穴，采用先覆膜后栽植，栽后压实封土。也可栽种时用移苗器在垄上打穴，然后将当归苗移入穴中，每穴栽2苗，当归苗头部顶芽距地膜2~3厘米，盖土压实。

2. 查苗补苗

当归种子直播后15天左右便可陆续出苗，做好放苗工作，如发现有缺苗，应及时补栽。

3. 中耕除草

在苗高5厘米左右时进行第一次松土，清除田间杂草，封垄前，松土2~3次，发现杂草及时清除，在苗株封垅后，停止中耕。

4. 追　肥

当归需肥量较大，除施足底肥外，还应及时酌情追施尿素2~3次。6月下旬（叶生长盛期）和8月上旬（根的增长高峰期），是当归植株需肥高峰期，通常用磷酸二铵或氮磷钾复合肥作追肥。9月上旬每亩用磷酸二氢钾50克，加尿素0.5千克，加水45千克，每隔7天喷洒1次，共喷2~3次。

5. 灌水和排水

当归生长需要较湿润的土壤环境，结合田间施肥、灌水外，在天气干旱时也要进行适量的灌溉，每次灌水量不宜过多，连续降雨要注意开沟排水，否则会引起根腐病，造成烂根。

6. 培　土

当归生长到8月上中旬，根系加速生长，此时适当进行培土，可促进当归根的发育，进而提高产量和质量。

7. 打老叶和摘花薹

当归封垄后，下部的老叶因光照不足而发黄，这部分老叶要及时摘除，既可避免不必要的养分消耗，又能改善群体内部的通风透光条件。当归生产上有早期抽薹现象，抽薹率重者达30%~50%，早期抽薹的植株，根部逐渐木质化，成为柴根，失去药用价值。田间发现有抽薹现象，应及早剪除摘净，甚至拔除。为控制当归早期抽薹可采用：①进行温室育苗，做好保温工作，从而控制春化。②移栽苗木不宜过早，一般在4月底或5月初进行。③化学调控：采用适宜浓度的多效唑、矮壮素、比久、青鲜素等生长抑制剂单独或混合物在当归叶面喷洒，可有效控制早期抽薹。

七、病虫害防治

1. 病害防治

（1）麻口病。地下害虫造成的病害，发生病害后，当归的根部会受到侵害，植株上部几乎看不出什么异常。在发病的初期，当归植株的根部外表没有什么变化，但是根部用刀切开的时候，里面会出现咖啡色的腐烂物，类似于萝卜的根部糠心症状，后期发病严重后，根部会出现裂口，根据病害的发生时间，根部会严重变形，后期根部会出现畸形根，根面上多出现麻坑和麻点。

防治方法：①每亩用辛硫磷颗粒制剂1.5千克加细土15千克拌匀，或25%乐氰乳油0.5千克加水2.5千克喷在15千克土上拌匀，撒施，翻入土中；②栽种前用40%多菌灵可湿性粉剂250克兑水10~15千克配成药液，将种苗用药剂浸蘸，一般10小时左右后再移植田间，可预防当归麻口病。③定期用广谱长效杀菌剂灌根，每亩用70%代森锰锌可湿性粉剂800~1 000倍液，或4%农抗120水剂加水150千克，每株灌稀释液50克，分别于5月上旬、6月中旬，各灌1次。

（2）菌核病。受害幼苗的茎与叶柄初生红褐色斑点，扩大后变为白色，组织湿腐，上面长出白色菌丝。病斑绕茎后，幼苗猝倒死亡，病部可形成黑色菌核。成株期叶片发病多自植株下部的衰老叶片开始，初生暗青色水渍状斑块，扩展后呈圆形或不规则形大斑。病斑灰褐色或黄褐色，有同心轮纹，轮纹外围呈暗青色，外缘具黄色晕圈。干燥时病斑破裂穿孔，潮湿时则迅速扩展，全叶腐烂，上面长出白色菌丝。高温高湿条件易发生，7—8月为害较重。防治方法：不连作，在发病初喷施50%腐霉利可湿性粉剂1 000~3 000倍液，或25%异菌脲胶悬剂500~1 000倍液，每隔7天喷1次，连续2~3次。

（3）根腐病。根腐病是一种半知真菌引起的病害，主要为害当归根部。根被害初为水渍状，侧根变褐、坏死，主根腐烂，易拔起。病株地上部分叶片变黄枯萎。病菌随病残体存活于土壤中，土壤带菌，是病害的初侵染来源。连作和土壤排水不好、湿度大，发病重。带菌土育苗，移植带病苗也是田间病害发生的重要原因之一。病害多发生在7—9月雨水多的季节。防治方法：在栽植前用70%的五氯硝基苯1千克，对土壤进行消毒；选用无病健壮种栽植，栽前用65%代森锌可湿性粉剂600倍液浸泡10分钟，并尽量与禾本科作物轮作种植，雨后及时排水；发现病株及时拔除，并用石灰对病穴消毒；用50%多菌灵可湿性粉剂1 000倍液浇灌发病区。

（4）褐斑病。褐斑病也是一种半知真菌引起的病害，高温高湿时易发病。在当归上主要为害植株叶片，一般5月发生，7—8月严重。症状：病斑生于叶面，初为淡褐色斑点，后扩大为圆形、近圆形或不规则淡褐色大斑，直径5~15毫米，斑内颜色稍浅，边缘色较深。病斑外有黄色晕圈。后期病斑上散生黑色小点（分生孢子器）。病斑多时，常融合成大斑块，造成叶片枯死。病菌以分生孢子器在病残体上越冬，翌年条件适宜时，分生孢子器遇雨水，释放出分生孢子，借风雨进行传播。发病后新形成的分生孢子器及分生孢子以同样方式传播，形成再侵染源。防治方法：发病初期可用65%的代森锌可湿性粉剂600倍液，或1：1：120波尔多液喷洒或浇灌病区防治。

（5）当归斑枯病（壳针孢叶斑病）。症状：为害叶片，初生褪绿斑点，病斑扩大受叶脉限制呈褐色多角形病斑，后变为灰白色。病斑表面生细小黑点（分生孢子器）。严重时，病斑愈合引起局部叶枯。病菌在病残体上越冬，第二年以分生孢子进行初侵染。分生孢子器中的分生孢子在有雨露湿润时，释放出分生孢子，经风雨溅射传播，多次再侵染。病害在当归生长期中均有发生，从植株下部叶片向上发展。防治要点：①收获后清除田间病残体，减少初侵染源。②发病初期施用波尔多液、多菌灵等进行药剂防治。

2. 虫害防治

（1）胡萝卜微管蚜。成蚜和若蚜群集在当归植株顶端的叶片背面和嫩茎上为害，刺吸植物组织汁液，受害叶片卷缩，植株生长不良。胡萝卜微管蚜为多食性，还为害伞形科的胡萝卜、茴香及白芷等蔬菜和药用植物。一年发生很多代。当归播种出苗后，有翅雌蚜从其他寄主植物上迁移至当归上为害。在秋苗上发生为害很轻。无翅雌蚜可在被害植株的皱缩叶片背面越冬。春季温度上升后，越冬无翅雌蚜不断胎生，繁殖，在田间继续扩展和为害。此外春季为害当归的虫源还从其他寄主的有翅雌蚜迁飞到当归植株上，繁殖为害。在5—8月，蚜虫发生为害严重。防治要点：①秋播幼苗出土后入冬前，有翅蚜迁飞至当归为害，在发生卷叶时应及时用药防治，减轻幼苗受害和越冬虫源。②春季新叶抽生，在心叶被害开始卷叶时，及时用药，药剂可选用抗蚜威、吡虫啉、溴氰菊酯等。

（2）朱砂叶螨。成螨和若螨集结在当归叶背为害，吸取汁液。受害叶片正面出现淡黄白色小点。为害重时，褪色小点密集形成局部黄色斑块，叶背可见红色的虫体和稀疏的丝网。朱砂叶螨为杂食性害螨，寄主范围很广，为害当归的虫源多来自其他寄主，一年发生多代。高山区种植的当归朱砂叶螨为害很轻，在低山区种植的当归发生为害重。防治要点：主要采用药剂防治。在为害明显上升时，施用联苯菊酯、哒螨灵、甲氰菊酯等药剂，对蚜虫也有兼治效果。

八、采收与加工

育苗移栽的当归宜在当地的10月下旬植株枯黄时采挖，秋季直播的宜在第二年枯黄时采挖。采挖前，先将地上茎叶割取，让太阳曝晒3~5天，既有助于土壤水分的蒸发，便于采挖，又有利于物质的积累和转化，使根部更加饱满充实。采挖时力求根部完整无缺。挖起后，翻晒地面，晾晒半日，抖净泥土，拣除病株，运回加工。采挖的时间不宜过早，也不可过迟。采挖过早，肉质根营养物质积累不充分，根条不充实，产量低，质量差。采挖过迟，因气温下降，土壤冻结，挖时易把根弄断。

当归采挖后，抖净泥土，挑出病根，刮去残茎，置通风处，蒸发水分，待根柔软后，按规格大小，扎成小把堆放竹筐内，用湿草作燃料生烟烘熏，忌用明火，褐斑病待表皮呈金黄色时，停火，自干。当归加工时不可用太阳晒干或阴干。

九、留种技术

采用育苗移栽的当归，在秋末时收获，选择土壤肥沃、植株生长良好、无病虫害、较为背阴的地段作为留种田，不起挖，待第二年发出新叶后，排除杂草，苗高15厘米左右时，进行根部追肥，待秋季当归花轴垂、种子表皮粉红时，分批采收扎成小把，悬挂于室内通风干燥无烟处，经充分干燥后脱粒储存备用。

直播的当归在选留良种时，必须创造发育条件，促使早期抽薹，形成发育饱满、充实、成熟的种子，但该种子只能用于直播，不能育苗移栽。

参考文献

[1] 吴志军，谭斌．当归治疗夜咳的机理浅析［J］．中医药临床杂志，2011，23（10）：912-913.

[2] 国家药典委员会．中华人民共和国药典：一部［M］．北京：中国医药科技出版社，2010：124-125.

[3] 邵永强．阿魏酸钠在扩张型心肌病中的应用观察［J］．当代医学，2011，17（3）：129.
[4] 黄伟晖，宋纯清．当归化学和药理学研究［J］．中国中药杂志，2001，26（3）：147-151.

第七节 板蓝根

一、概 述

菘蓝，中药名为板蓝根，为十字花科植物菘蓝的干燥根。以根和叶入药，其根为板蓝根，其叶叫大青叶。含有靛苷、靛红、靛蓝、色氨酮、黑芥子苷、葡萄糖芸薹素、棕榈酸、苯甲酸、水杨酸、丁香酸等。根部主要含有靛苷、靛蓝等成分，叶主要含大青叶 B 和靛苷等。味苦，性寒。归心、胃经。具有清热解毒、凉血利咽之效[1]。现代药理研究证实板蓝根具有抗流感病毒、呼吸道合胞病毒等广谱抗病毒作用[2]，又能抑制促炎性的细胞因子的过度释放，减轻细胞因子风暴所造成的组织损伤[3]，对流感病毒导致的急性上呼吸道感染及肺炎有良好的疗效[4]，常用于病毒感染性疾病的预防和治疗[1]。我国主要分布于东北、华北、西北地区，全国各地均有栽培，甘肃河西地区是主产区之一。

二、别 名

板蓝根又名菘蓝、山蓝、大蓝根、马蓝根、蓝龙根、土龙根、大靛等。

三、分类地位

板蓝根属被子植物门、双子叶植物纲、原始花被亚纲、罂粟目、白花菜亚目、十字花科、独行菜族、菘蓝属植物。

四、特征特性

1. 植物学特征

二年生草本，高 40～100 厘米；茎直立，绿色，顶部多分枝，植株光滑无毛，带白粉霜。基生叶莲座状，长圆形至宽倒披针形，长 5～15 厘米，宽 1.5～4 厘米，顶端钝或尖，基部渐狭，全缘或稍具波状齿，具柄；基生叶蓝绿色，长椭圆形或长圆状披针形，长7～15厘米，宽1～4厘米，基部叶耳不明显或为圆形。萼片宽卵形或宽披针形，长2～2.5毫米；花瓣黄白，宽楔形，长3～4毫米，顶端近平截，具短爪。短角果近长圆形，扁平，无毛，边缘有翅；果梗细长，微下垂。种子长圆形，长3～3.5毫米，淡褐色。花期4—5月，果期5—6月。

2. 生物学特性

为二年生长日照植物。种子播种出苗后，第一年完成营养生长阶段，露地越冬完成春化作用，于第二年开始抽茎、开花，之后结实、枯死，完成整个生长周期。板蓝根属喜温、喜光照作物，具有耐寒、怕涝的特性，生长在低洼积水的土壤容易烂根。板蓝根的根系入土很深，喜土层深厚，腐殖质含量多，排水良好的砂壤土，壤土和轻黏土，黏土地和排水不良的地块不利其生长，在疏松肥沃、排水良好的砂壤土中生长，根部顺直，光滑，产品质量好。种子发芽率为65%～75%，播种后5～6天就可发芽，适宜发芽的温度为20℃左右，种植后当年即可形成叶簇，第二年5月开花结实。菘蓝适应性较强，春、秋季节温度适宜时，叶片生长肥大。

五、繁　殖

板蓝根主要以种子进行繁殖。种植时多用种子直播，春播在5月中旬进行，常用宽行条播。在畦面上按行距20～25厘米，开15厘米左右深的浅沟，将种子均匀放入沟内，覆土1厘米，稍加镇压，每亩播种量2.5千克。播后7～10天出苗，如温度在18～20℃，墒情适宜，5～6天即可出苗。

六、栽培技术

1. 选地整地

板蓝根是深根系植物，主根可深达35～40厘米，因此，选地势平坦、排水良好、土壤肥沃、土层深厚的壤土或砂壤土为宜。选好地后深耕晒垡，耕作深度以25～30厘米为宜，黏性大的土壤，要掺入适量的河沙，保持耕层疏松。第二年春季浅耕1次，并精细整地，结合整地，施入优质的农家肥3 000～4 000千克/亩，磷酸二铵20～30千克/亩，做畦，畦高为10～15厘米，畦宽为50厘米左右为宜，降水量不多的地区可采用平畦。

2. 播　种

春天气温变化大，如果播种过早，幼苗会很快完成春化作用，抽薹开花率会大幅度提升，影响药材质量，因此，要适时晚播，一般于4月底至5月初播种为宜。播种前将籽粒饱满、色泽度好的板蓝根种子放置于40~45℃的温水中浸种，并注意上下翻动，4~5小时后捞出，并放在草木灰中拌种均匀，稍晾干后播种。播种量为2~3千克/亩，采用条播，行距为15厘米，深度为2厘米左右，播后盖土1~2厘米并稍加镇压，立即灌1次透水。

3. 间苗、定苗

板蓝根种子播种后7天左右即可出苗，当苗高3厘米时，间苗1次；苗高5厘米时，再间苗1次；当苗高6厘米时，按8~10厘米的株距定苗。板蓝根苗期长势较弱，有许多杂草与之争水、争肥、争空间，如发现有杂草应及时人工拔除，并结合除草进行中耕，中耕深度以3~5厘米为宜，每半个月进行1次，待秧苗封行后停止中耕。

4. 水肥管理

当苗高6~7厘米时，结合灌水，追施1次肥料，肥料不宜多，尿素5~8千克/亩为宜。7月中旬采收叶片1次，采时注意不要伤及初生的心叶，以利再生。采叶后追施尿素1次，施肥量为15~20千克/亩，结合施肥灌水1次，灌水量不宜过大，以后根据苗情酌量灌水；8月下旬再采收1次叶，采叶后施尿素15~20千克/亩，过磷酸钙15~20千克/亩，并立即灌水，以灌水后2小时地内无积水为宜，如果遇到雨水多时，注意排水，以免影响植株的正常生长。生长期间如发现有抽薹植株，应及时摘去花薹，以免降低药用价值。干旱时于早晨或傍晚时浇水，幼苗期应保持土壤湿润；当板蓝根叶片长大即将封垄时应少浇水，应本着不旱不浇水的原则。

七、病虫害防治

贯彻“预防为主，综合防治”的植保方针。通过选用优良品种，合理施肥、浇水等栽培措施预防病虫害，采用物理、农业、生物、化学防治相结合的综合防治方法，将病虫害控制在允许范围内，使生产的产品安全符合国家有机食品要求和标准。

（1）霜霉病。主要为害板蓝根的叶片和叶柄，发病时在叶背部形成霜状霉层，或白色或灰白色的霉状物，无明显病斑，严重者叶片枯黄。从幼苗到成熟，发病率达5%~30%，甚至造成大片死亡。防治方法：当初发病时，用65%的代森锌可湿性粉剂5 000倍液喷洒，或用58%甲霜灵锰锌可湿性粉剂500倍液喷雾，每7天喷洒1次，连续2~3次效果较好。

（2）白粉病。为害板蓝根的叶片和嫩芽。发病初期，叶片出现黄绿色斑点，叶背部出现一隆起，外表有光泽的白色脓疱状斑点，破裂后散出白色粉末状物，叶片呈畸形，后期枯死。防治方法：发病初期喷洒1∶1∶120的波尔多液，或喷洒0.3~0.4波美度石硫合剂，或20%的三唑酮乳油1 200倍液，或97%敌锈钠晶体300倍液喷雾防治。

（3）小菜蛾。小菜蛾一般在4—6月和10月左右生长发育，其中4—6月的蛾发生量高于秋季。若是夏季多雨，小菜蛾的卵、幼虫及蛹因空气湿度大而损害严重，若是夏季干旱，则不利于小菜蛾繁殖，但有时也会大量发生。小菜蛾1~2龄幼虫取食量小，均取食下表皮和叶肉，使得菜叶呈现“天窗”状，待3龄后取食量猛增，可将稚嫩叶片吃成孔洞。成虫一般喜欢将卵产在叶面、叶背面、主脉上，多产于叶背叶脉间凹陷处，有的卵散布，有的卵数粒集聚在一起。防治方法：小菜蛾在卵孵化高峰至1~2龄幼虫时防治最佳，可使用的药剂有氯虫苯甲酰胺、茚虫威、虫螨腈、苏云金杆菌、乙基多杀菌素等，每隔6天喷洒1次，连喷3次即可。也可在田间设置频振式杀虫灯或黑光灯，也可采取性引诱剂结合黄板诱杀成虫，降低田间虫源基数，减轻为害。

八、采　收

9月下旬或10月初采收一次叶，采收叶时，离地面2~3厘米处割去，注意不要伤及心叶，干燥后即为大青叶。到10月中下旬，地上部分枯萎时，采收根部，去净泥土，芦头和茎叶。采收时要深挖，忌将根部刨断，晒至六七成干时，去泥土，并捆成小捆，再晾干，贮藏或上市。

当年只采收根，不结籽。如果繁育种子，可在10月收获板蓝根时，选择根直、粗大、不分叉、健壮无病虫的根条，按株、行距30厘米×40厘米移栽到肥沃留种田内，及时浇水；第二年返青时浇水松土；当苗高6~7厘米时，追肥浇水，促进旺盛生长；抽薹开花时再追肥1次，使籽粒饱满。种子成熟后采收，及时晒干，妥善保管。

参考文献

[1] 张东东，李婧伊，石燕红，等．板蓝根中糖苷类化学成分研究［J］．中草药，2019，50（15）：3575-3580.

[2] 许会芹，何立巍，侯宪邦．板蓝根乙酸乙酯部位抗病毒活性组分及相关化学成分研究［J］．南京中医药大学学报，2019，35（4）：465-470.

[3] 李雅莉，徐红日，曹鸿云，等．从免疫炎性损伤角度探讨5种清热解毒药物抗流感的机制及其临床意义［J］．中国中医急症，2020，29（2）：189-192，205.

[4] 黄远，李菁，徐科一，等．板蓝根抗流感病毒有效成分研究进展［J］．中国现代应用药学，2019，36（20）：2618-2623.

第八节　防　风

一、概　述

防风，别名铜芸，是治风湿痛的药物。为伞形科植物防风的干燥根（春、秋二季可采挖没有抽花茎植株的根，除去须根及泥沙，晒干）。防风以根药用。味辛、甘，性微温。归膀胱、脾、肝经，具有祛风解表、除湿止痛、止痉的功效，临床多用于感冒头痛，风湿痹痛，风疹瘙痒，破伤风等症[1]。《神农本草经》记载“防风，主烦满”，《日华子诸家本草》谓其“补中益神……心烦体重，能安神定志”，因而推测防风可能通过调节烦满的不良情绪及安神定志两个方面发挥抗抑郁作用。此外，有研究发现，防风精油或含防风精油或其任意的组合物能改善动物老年痴呆症、抑郁焦虑等脑功能障碍的症状[2]。防风主产于黑龙江、吉林、内蒙古、河北，辽宁、山东、山西、陕西等地亦产，以黑龙江产量最大。在商品中，黑龙江、吉林、辽宁，内蒙古（东部）所产的称“关防风”或“东防风”，品质最佳；内蒙古（西部）、河北（承德、张家口）所产的“口防风”和山西所产的“西防风”品质次于关防风；河北（保定、唐山）及山东所产的称“山防风”，又称“黄防风”“青防风”，品质亦较次。

二、别　名

防风又名铜芸、回云、回草、百枝、百种等。

三、分类地位

防风属被子植物门、双子叶植物纲、伞形目、伞形科、防风属植物。

四、特征特性

1. 植物学特征

多年生草本，高30~80厘米，全体无毛。根粗壮，茎基密生褐色纤维状的叶柄残基。茎单生，自基部分枝较多，斜上升，与主茎近于等长。基生叶三角状卵形，长7~19厘米，2~3回羽状分裂，最终裂片条形至披针形，全缘；叶柄长2~6.5厘米；顶生叶简化，具扩展叶鞘。复伞形花序，顶生；伞梗5~9枚，不等长；总苞片缺如；小伞形花序有花4~9朵，小总苞片4~5层，披针形；萼齿短三角形，较显著；花瓣5，白色，倒卵形，凹头，向内卷；子房下位，2室，花柱2，花柱基部圆锥形。双悬果卵形，幼嫩时具疣状突起，成熟时裂开成2分果，悬挂在二果柄的顶端，分果有棱。花期8—9月；果期9—10月。

2. 生物学特性

防风喜土层深厚、土质疏松、富含腐殖质的夹砂壤土环境，不适宜在黏性较大的土壤上栽植。如果在黏性较大的土壤进行种植，必须掺入河沙进行土壤改良，否则，防风很难正常生长发育。防风比较耐旱，具有较强的抗旱能力。但是，过于干旱则会导致防风植株生长不良，同时，也影响根茎的发育。因此，在防风生长期间应视土壤干旱情况适度浇水。防风忌涝，种植地长期淹水会导致防风“沤根”。如果遭遇连阴雨天气，一定要及时排水，以免导致不良后果的发生。防风是喜温植物，种子萌发需要较高的温度，当温度为15~17℃时，如果有足够的水分，10~15天即可出苗，如果温度为20~30℃时，则只需要7天就可以出苗。防风耐寒性也较强，生产地可以安全过冬。防风对环境温度的要求不是特别严格，在10~35℃的温度范围内均能够生长，其最适宜的生长温度为20~32℃。温度低于5℃，其植株和地下根茎就会停止生长；温度超过37℃，其植株的生长就会受到抑制。因此，在高产种植防风时，一定要注意温度的变化。防风不太耐阴，月均日照时长应在160小时以上。如果月均日照时长低于140小时，其植株的生长就会受限，同时，其地下根茎的膨大速度也会放缓。因此，防风适宜种植在阳光较为充足的地块。

五、繁　殖

防风繁殖有两种方法，即种子繁殖和根插繁殖。

1. 种子繁殖

防风种子寿命较短，种子繁殖一般采用上年度采收的种子做种，贮藏1年以上的种子，发芽率明显降低，一般不宜再作为播种的种子。繁殖前将种子混入细沙中进行反复摩擦，用以去掉种子外壳上的蜡质层，从而提高种子的发芽率。采用种子繁殖，一般在3—4月进行。在播种前，应先将种子放入55℃的热水中浸泡1分钟，用以杀死种子表面的细菌，然后将种子放入35℃的温水中浸泡24小时，最后捞出并用白布包好，置于温度为20℃的温室环境中催芽。待种子已有“芽眼”萌动时即可进行播种。播种前，应先在苗床上开一浅沟，沟深不超过2厘米，以免因土层过厚影响种子出苗。沟开好后，可将种子均匀地撒入，然后盖一层河沙，并浇足水即可。依据经验，每种植1亩防风，应该播种1~1.2千克种子。

2. 根插繁殖

在早春时，可选择生长两年以上的植株进行根茎采挖，要求根茎的粗度不能低于0.7毫米。将根茎采挖出来后，先截取3~5厘米长的根段，作为插穗，然后埋植于苗床上，埋植的深度为3厘米，株行距为3厘米×5厘米。将插穗埋植好后，覆土并浇水即可。

六、栽培技术

（一）选地整地

栽培防风种植地应选地面干燥向阳、排水良好、土层深厚的地块，以生荒地或二荒地为好。种子田可用熟地。低洼地不宜种植防风。防风不能连作。如果连续栽种，造成重茬，不但植株生长不良，而且防风的根生长得也不好，产量也大大降低，因此应避免重茬。整地方法因种植目的不同而采取不同的方法。整地前施足基肥，每亩施农家肥3 000~5 000千克，深耕细耙，做成高畦。高畦的宽为1.2米，高 15~20 厘米，畦的长度视地块的具体长度而定。若为了获得种子，则以垄作为好，一般垄宽 70 厘米。

（二）田间管理

1. 间苗定苗

直播出苗后，分别在苗高 5 厘米和苗高 10 厘米时，分两次按 13~15 厘米株距定苗。

2. 移　栽

春季从育苗田中挖取一年生防风幼苗进行移栽。可以采取平栽和直栽法。平栽又称为卧栽。在畦田上开沟 10~15 厘米，将防风幼苗的根平放在沟内，株距为 10~15 厘米。如果根过长，可以挖深沟将根斜放，株距为 10~15 厘米。直栽在生产中很少使用。

3. 除草、培土

在防风生长期间，特别是 6 月以前，要进行多次除草，保持田间清洁。当防风植株封行时，为了防止倒伏，保持通风透光，可以摘除部分老叶，然后在防风的根部培土。进入冬季时可以结合畦田的清理，再次进行培土，以便使防风能顺利越冬。

4. 追肥、灌水

防风每年都需要追肥 3 次。第一次在间苗后，于行间每亩施尿素 5~7 千克，第二次于定苗后（6 月中旬），每亩施尿素 10~15 千克。第三次于 8 月下旬，每亩施尿素 10~15 千克。第一年第一次追肥可在间苗 1 周后进行，此次追肥可追施浓度为 2%的人粪尿水，也可追施浓度为 0. 1%的尿素水。在追肥时一定不要追施在防风苗的根部，原则上应在距离根部 3 厘米处挖穴，穴深为 4 厘米，然后浇入肥料并覆土即可。第二年返青时追一次肥，此次追肥应沟施复合肥 20 千克/亩。第二次追肥应在 6 月下旬进行，每亩施尿素 15 千克左右。第二年第三次追肥应在 8 月中旬进行，每亩施尿素 15 千克左右。

防风耐旱能力很强，灌水与施肥结合就行，以后只要不是特别干旱，一般不用再进行灌溉。如果田间有积水却不进行排水，土壤过湿，根部容易腐烂。

5. 打去花茎

防风在生长的第二年会开花抽薹，影响根的生长，因为防风抽薹开花后，不但会消耗大量养分，同时防风的根部会木质化，不能生产出合乎质量的药材，即使采挖回来，也不能作药用，因此，发现抽薹必须打去花茎。打去花茎的方法是在防风的花茎刚刚长出 3~5 厘米时，把花茎抽出。

七、病虫害防治

1. 病害防治

（1）根腐病。高温多雨季节易发，根际腐烂，叶片枯萎，变黄枯死。防治方法：拔除病株，用70%五氯硝基苯粉剂拌草木灰（1：10）施于根周围并覆土或撒石灰粉消毒病穴，注意开沟排水，降低田间湿度。

（2）白粉病。夏秋季为害，叶片为主要受害部位。叶片两边先出现白粉状物，后出现黑色小点，严重时叶片脱落。防治方法：注意通风透光，增施磷钾肥，发病初期喷洒50%多菌灵可湿性粉剂 1 000倍液，或 25%三唑酮可湿性粉剂 1 000倍液，或用50%甲基硫菌灵可湿性粉剂 800~1 000倍液，或 1. 5%多抗霉素水剂 100 倍液喷雾防治。

2. 虫害防治

（1）黄粉蝶。以幼虫咬食叶片、花蕾为害。一般从 5 月开始为害。防治方法：幼龄期用 30%敌百虫乳油 800 倍液；或 80%敌敌畏乳油 1 000倍液喷洒，每周 1 次，连续 3 次。

（2）黄翅茴香螟。现蕾开花期开始为害，花蕾及果实容易受害，幼虫在花蕾上结网，咬食花与果实。防治方法：在早晨或傍晚用 30%敌百虫乳油 800 倍液喷洒；或用 Bt 乳剂 300 倍液防治。

八、采收与加工

（一）采　收

1. 根的采收

防风根的收获一般在第二年采挖，收获时间为 10 月中旬至 11 月上旬，也可以在春季防风萌动前进行采挖。采用育苗移栽或春季根插繁殖的防风，在水肥充足、生长茂盛的情况下，当年即可收获。秋季用根插繁殖的防风，一般在第二年的秋季进行采挖。

防风的根较深，而且较脆，很容易被挖断，因此在采挖时，需从畦田的一端开深沟，按顺序进行采挖。挖掘工具用特制的齿长 20~30 厘米的四股叉为好。

2. 种子的采收

防风种子目前还没有形成品种，而且种子的来源也比较混乱。防风的生产田不能生产种子，为了提高种子的质量，应该建立种子田，在种子田中留种，进行良种繁育。

种子田应选择三年生健壮、无病的防风植株采集种子。为了保证种子籽粒饱满，提高种子的质量，种子田的田间管理应该更加认真细致，同时可以在防风开花期间适当追施磷、钾肥。

当 9—10 月防风的果实成熟后，从茎基部将防风的果枝割下，运回后放在室内进行干燥，一般应以阴干为好。干燥后进行脱粒，置于通风干燥处贮存。防风种子不宜在阳光下进行晾晒，以免降低种子的发芽率。新鲜的防风种子千粒重应在 5 克左右，发芽率应在 50%~75%。

（二）加　工

防风采挖后，在田间除去残留的茎叶和泥土，在根新鲜时切去芦头，进而分等晾晒。当晾晒至半干时，捆成 1.2~2 千克的小把，再晾晒几天，再紧一次小捆，待全部晾晒干燥后，即可成为商品。一般每亩可以收获干品 150~300 千克，折干率为 25%。

参考文献

[1] 国家药典委员会．中华人民共和国药典：一部［M］．北京：中国医药科技出版社，2015：248.

[2] 许敏，韩佳欣，陈淑霞，等．一种防风精油的应用［P］．CN110201013A，2019-09-06.

第九节 芍 药

一、概 述

芍药是芍药科的多年生草本植物。芍药既可药用，又是供观赏的经济植物。以根药用，中药称“白芍”，归肝经、脾经。能镇痛、镇痉、祛瘀、通经；主治养血柔肝，缓中止痛，敛阴收汗。《神农本草经》载：“芍药，味苦，平。主邪气腹痛，除血痹，破坚积，寒热，疝瘕，止痛，利小便，益气[1]。”吉益东洞《药征》言：“芍药主治结实而拘挛也。旁治腹痛，头痛，身体不仁，疼痛，腹满，咳逆，下利，肿脓[2]。”张元素言：“芍药泻肝安脾，收肺气，止泻痢，固腠理，和血脉，收阴气敛逆[3]。”此外，芍药种子含油量约25%，供制皂和涂料用。分布于中国、朝鲜、日本、蒙古国及俄罗斯（西伯利亚地区）；在中国分布于江苏、东北、华北、陕西及甘肃，四川、贵州、安徽、山东、浙江等省及各城市公园也有栽培。

二、别 名

芍药又名将离、离草、婪尾春、余容、犁食、没骨花、黑牵夷、红药等。

三、分类地位

芍药属植物界、被子植物门、双子叶植物纲、虎耳草目、毛茛科、芍药属植物。

四、特征特性

1. 植物学特征

多年生草本。根粗壮，分枝黑褐色。茎高40~70厘米，无毛。下部茎生叶为二回三出复叶，上部茎生叶为三出复叶；小叶狭卵形，椭圆形或披针形，顶端渐尖，基部楔形或偏斜，边缘具白色骨质细齿，两面无毛，背面沿叶脉疏生短柔毛。花数朵，生茎顶和叶腋，有时仅顶端一朵开放，而近顶端叶腋处有发育不好的花芽，直径8~11.5厘米；苞片4~5，披针形，大小不等；萼片4，宽卵形或近圆形；花瓣

9~13，倒卵形，花瓣各色，有时基部具有深紫色斑块；花丝长0.7~1.2厘米，黄色；花盘浅杯状，包裹心皮基部，顶端裂片钝圆。蓇葖果，顶端具喙。花期5—6月；果期8月。

2. 生物学特性

芍药在中国东北生长于海拔480~700米的山坡草地及林下，在其他各省生长于海拔1 000~2 300米的山坡草地。芍药喜光，耐寒，在中国北方各地可以露地越冬；夏季喜冷凉气候；喜土层深厚、湿润而排水良好的壤土，在黏土和砂土上虽然可开花，但是生长不良，在盐碱地和低洼地不宜生长。

五、繁　殖

药用型芍药的繁殖方法有种子繁殖、芍头繁殖、分根繁殖3种。观赏型的繁殖方法有插芽繁殖和分株繁殖两种。

1. 种子繁殖

应在8月初果实成熟时进行收获，将种子拌入湿沙，置于阴凉通风处，保持湿润，以免降低发芽率。9月中下旬播种，穴播，行距20厘米，播深约3厘米，株距10厘米，每穴2~3粒种子。第二年3月中下旬出苗。

2. 芍头繁殖

取芍药收获时剪下供药用的根以后，留下的根颈作种苗。根颈带有多个芽，种植时将芍头纵切，使每块有芽2~3个。

3. 分根繁殖

取芍药采收后留在根颈上的细根繁殖。种植时将根颈纵切，在每个种根上面有1~2个壮芽，下面有1~2条根，根长15~20厘米，剪去过长部分，并修去细侧根。于春季或秋季栽植。

4. 插芽繁殖

选择生长旺盛、无病害的植株，在中下部选择有壮芽的茎，剪取5~10厘米，基部蘸上生根粉，插入蛭石等基质进行培养，1~2个月生根，待根长出时即可移栽。

5. 分株繁殖

选择花圃中已生长4~5年的大株作母株。分株的前一年要进行摘蕾，使养分集中于植株。分株时先去茎叶，后挖掘，并尽可能不伤根系，去除泥土，通过根颈纵切，使每块有芽2~3个，有根1条以上。于春季或秋季栽植。

六、栽培技术

（一）药用型芍药的栽培技术

1. 选地整地

选择土质疏松、土层深厚、排水良好的砂壤土或壤土地种植。黏土和砂土虽然也可以种植，但生长不良，盐碱地和低洼地不宜种植。芍药生长期为多年，种植以后不进行耕翻，因此种植前要深翻土25厘米以上，结合深耕，亩施优质农家肥4 000~5 000千克，过磷酸钙30千克，硫酸钾20千克，并清除多年生杂草的地下部分。根据地势和土质做畦，排水好的砂质坡地可采用平畦，透水性差的黏性平地采用高畦，畦高约20厘米，宽1~1.3米，沟宽约40厘米。畦的四周要有排水沟，以降低地下水位，防止发生根部腐烂。前茬作物选择禾谷类、豆科、十字花科作物均可。

2. 栽　植

栽植期以4月中旬至5月上旬为宜，栽植株距40厘米，行距50~60厘米，每亩2 500~3 500株，穴深约30厘米。每穴栽根芍头两条，呈“八”字形放入，芽的高度与地面齐平，覆土至高出地面呈馒头形。

3. 田间管理

播种后施追肥3次：第一次为4月下旬至5月上旬，亩施尿素10千克，促芽生长好，称红头肥，切忌过浓，以免灼伤幼根；第二次为6月下旬，每亩施尿素15千克；第三次为9月初，亩施尿素20千克。第二年为3月下旬，亩施农家肥1 500~2 000千克，腐熟饼肥50千克，过磷酸钙25千克；5月中旬亩施尿素20千克；9月施尿素20千克。施肥后及时灌水，入冬清沟培土，灌好越冬水。4月起陆续摘去花蕾，冬天在芽上覆土防冻。此外，灌水的情况应结合芍药的长势长相和天气情况。

（二）观赏型芍药的栽培技术

1. 品种选择

选择株型较矮、适应性强、花色鲜艳的重瓣或半重瓣品种。供采收鲜切花的除选花大、瓣多、色艳、花美、花期长外，还要求梗高、根系发达、分枝力强、生长旺盛的品种。

2. 选地整地

选地、施基肥与药用芍药的栽培相同。对培养土要求疏松、肥沃、易排水。

3. 定　植

在10月上中旬定植，日均温14~17℃，若低至10℃时，上面覆黑色地膜，直至萌芽。定植时的株行距视品种而异，一般苗穴宽约30厘米，深20厘米。放入种苗时要边覆土边踏实，并检查芽是否与地面相平，低于地面者要上提至齐平，覆土至满穴，捣实，再覆土8~10厘米做成小土堆，达到保温保湿、防止人畜践踏的目的。

4. 田间管理

露地栽植时在定植后浇1次透水即可。盆栽时浇水同其他植物盆栽，须根据季节和植株对水分的需要，及时浇水。栽后第一年，在采收鲜切花的地里每亩再施腐熟堆肥或厩肥2 500~4 000千克，翌年再施2 500千克。施肥时间分春肥、秋肥、花后肥，开花后，肥量需求最多，管理要点是栽后第一年加强肥培，致力养株，摘蕾不产花，早秋时，在畦面要盖草遮阴，栽后第二年开始切花。通过管理调整植株地上和地下两部分的生长发育，达到每亩年产鲜切花5 000~7 000枝，同时又不影响根部的生长。在孕蕾和开花期内应及时摘去腋芽和多余的花蕾，1条花茎仅留1蕾。

5. 调节花期

芍药的花期在甘肃河西地区是5—6月，根据市场需求量，需要对花期进行调节。方法有促成栽培和抑制栽培两种。

促成栽培：是给植株一个0℃以下的低温期，用低温解除植株的休眠，再进行保温、加温栽培，使花期提前。

抑制栽培：是将萌芽前的植株置于−2℃的环境中贮藏，在开花前50天左右取出，进行常规栽培，使花期推迟。

以上两种方法都是利用温度控制，要有控制的条件和设备，在进行商品生产时，无疑要提高投入，增加生产成本。因此选育不同季节开花的品种，采取有效的鲜花保鲜措施，都将有利于芍药鲜花进入市场。

七、病虫害防治

1. 病害防治

芍药的病害主要有芍药锈病、黑斑病、白绢病、菌核病、白粉病等。

（1）芍药锈病。受害后叶部呈粉状斑，导致地上部枯死。防治方法：①冬、春季清除杂草枯枝落叶，减少病源。②加强栽培管理，促进植株健壮，提高抗病能力。③发病初期每隔7~10天喷1次65%代森锰锌可湿性粉剂400~600倍液，或喷洒50%多菌灵，或甲基硫菌灵可湿性粉剂500~1 800倍液。

（2）黑斑病。黑斑病的发病一般是在每年5月下旬至6月上旬，先在叶面发生黑褐色小斑点或似灼伤斑状，后病斑逐步扩大呈轮状，相互连接，绿叶枯死，严重时全株枯死。病原菌在组织内越冬，翌年经土壤或枯叶感染新叶，再行为害。防治方法：①霜降割秆时，及时清除落叶和秸秆，集中烧掉，不使病原菌传播。②用1∶100福尔马林液对土壤进行消毒。③发病初期喷施65%代森锌可湿性粉剂500倍液，或波尔多液（硫酸铜0.5千克∶生石灰0.5千克∶水50千克）加以防治有一定效果。

（3）白绢病。白绢病多发生在夏季高温多雨，土壤潮湿的时候。发病部位是植株的基部，初期会出现黑褐色的湿腐，土壤表面和植株基部都会出现白色羽状菌丝体，后变为黄色或者红褐色的圆形菌核。防治方法：①栽植时进行土壤消毒或轮作倒茬。②发病初期及时剪除或拔除病株，集中烧毁，并在病株周围土壤上用生石灰水（按1∶1.5∶1 500）浇灌。③发病前定期喷施50%多菌灵可湿性粉剂500倍液，或50%甲基硫菌灵可湿性粉剂500倍液防治。

（4）菌核病。该病是一种真菌病害，温度20℃左右，湿度80%以上易发生，靠近地面的茎部受害最重，受害后出现水渍状褐斑，后逐渐扩大腐烂，潮湿条件下表面有白色菌丝层，后集结成黑色菌核。防治方法：合理密植，加强通风，发病初期喷施百菌清或多菌灵可湿性粉剂800~1 000倍液，或50%甲基硫菌灵可湿性粉剂500倍液防治。菌核病应及时拔除病株并销毁，进行土壤消毒。

（5）白粉病。6月初开始发病，7—8月盛发，雨水较多，雨晴交替导致白粉病发生严重。该病主要发生在芍药叶片和嫩枝上，先从植株丛的下部茎叶发生，起初茎部或叶柄上产生白色霉斑，后向叶柄及叶片上扩展，各处布满白粉，致叶片干枯。防治方法：①彻底将病残体深埋，地表喷洒5波美度的石硫合剂。②科学施肥，增施磷、钾肥。③合理密植，保证通风透光。④发病初期可喷施50%硫黄胶悬剂300倍液，或1∶1∶200波尔多液，或25%三唑酮可湿性粉剂1 000倍液，或75%百菌清可湿性粉剂800倍液。

2. 虫害防治

（1）介壳虫。介壳虫主要吸食芍药的汁液，导致植株长势衰弱，枝叶变黄，会侵染芍药的介壳虫有吹绵蚧、日本蜡蚧、长白盾蚧、芍药圆蚧等。在介壳虫的卵孵化期可以用80%敌敌畏乳油1 500~2 000倍液，或50%灭蚜松乳油1 000~1 500倍液消灭虫害；被侵染枝可以用刷子刷去虫卵；或者剪下虫侵染枝，集中焚烧。

（2）蛴螬。4—9月为害最重，在地下咬食芍药根，影响白芍生产，严重时能使地上部分枝叶变黄枯萎。防治方法：①冬耕深翻，可增加越冬代的死亡。②为害期可浇施50%马拉松乳剂800~1 000倍液，或石蒜粪液（石蒜根1.5千克捣烂，浸在50千克人粪尿中5~7天），用时适当稀释。

（3）蚜虫。以口器刺入叶片，吸食汁液，使叶缘向底面卷曲，变成黄色。待幼苗长大时，蚜虫又常聚集在嫩梢、花柄、叶背上，使幼苗茎叶卷曲萎缩，严重时全株枯萎。防治方法：消除越冬杂草；喷洒50%灭蚜松乳油1 000~1 500倍液，或2.5%鱼藤精液消灭虫害。

八、采收与加工

采收：芍药的采收应在第三或第四年进行，10月中下旬进行收获。采收时，选择晴天，先割去芍药茎叶，再挖取根部，在室内切去芍头或仅剪下作商品的粗根。剪切下的根要修去侧根和根尖，在室内堆放2~3天，使水分降低到质地变柔软。

擦白：擦白是将质地已变柔软的芍药根在洁净的流水或池塘中浸泡2~3小时，取出后用竹片等工具刮去褐色外皮使呈白色，再放入干净水中漂洗浸泡待煮。量大时，擦白是将根与砂相混，置于形状像木床的擦白架中，手执木槌状物，4人协作来回推动，使外皮与砂不断摩擦而脱落。

煮芍：将水加热至近80℃，把已经擦白的芍药根放入锅中（量以不使根露出水面为度)，并不断翻动使根均匀受热，继续加温至近微沸，从锅中取出粗细适中的芍药数根，用口吹气，如根表面的水分迅速干燥，表明已熟；或用竹针穿刺，如一刺即穿，表明已熟；或切下上部一段，如切面色泽一致，表明已熟。将熟芍药立即出锅，摊开晾晒。煮芍是加工中对质量影响最大的步骤，需格外注意。如锅内水已近沸点时芍药根才入锅，将造成外熟内生、晾晒后外干内湿、贮藏中将会内部霉烂发黑；如煮得太熟则外表干瘪、内部空心、重量减轻、品质下降。煮时尚需留意锅水颜色，如呈紫黑色，应立即换入部分洁净热水或全部更换。

干燥：采用室外阳光下曝晒，晒时要不断翻动，使表面干燥一致。晒1~2小时后，慢慢收拢堆置，以降低干燥速度，并继续翻动。干后表面皱纹细致，色泽好者为上品，如干燥过快则表面粗糙不平，里面却未干。晒3~5天后在室内堆放2~3天，使内部水分外渗，继续晒4~5天，再堆放3~5天，然后晒至全干。煮芍后如遇雨天，应摊放在室内外通风处，切忌堆置，以免变馊。如手感表面黏、滑，应立即洗净用文火将表面烘干，遇晴天即晒。

参考文献

[1] 孙星衍，孙冯翼．神农本草经［M］．北京：商务印书馆，1955：65.

[2] 吉益东洞，邨井杶．药征及药征续编［M］．北京：人民卫生出版社，1957：24.

[3] 张元素．医学启源［M］．任应秋点校．北京：人民卫生出版社，1972：89.

第十节　丹　皮

一、概　述

丹皮，又名牡丹皮，中药名，毛茛科芍药属植物牡丹的干燥根皮。为常用的清热凉血类中药。丹皮首载于《神农本草经》，《本草纲目》[1]记载丹皮功效为“和血，生血，凉血。治血中伏火，除烦热”。丹皮善治“血病”，在妇科临床运用广泛。现代中药药理研究表明，丹皮含有丹皮酚、芍药苷等多种活性成分[2]，丹皮酚是丹皮中重要的有效成分，具有清热凉血，活血祛瘀的功效[3]，还具有抗肿瘤的作用[4]，通常以丹皮酚含量作为质量控制的主要指标[5]。丹皮性微寒，味辛、苦，归心、肝、肾经。丹皮主产于安徽、山东、河南、河北等地，尤以安徽铜陵、南陵二县交界的“三山”地区所产的“凤丹”质量最佳。

二、别　名

牡丹又叫鹿韭、白茸、木芍药、百雨金、洛阳花、富贵花等。

三、分类地位

牡丹为被子植物门、双子叶植物纲、虎耳草目、毛莨科、芍药属植物。

四、特征特性

1. 植物学特征

牡丹为多年生落叶小灌木，高 1~1.5 米。根茎肥厚。枝短而粗壮。叶互生，通常为二回三出复叶；柄长 6~10 厘米；小叶卵形或广卵形，顶生小叶片通常为 3 裂，侧生小叶亦有呈掌状 3 裂者，上面深绿色，无毛。下面略带白色，中脉上疏生白色长毛。花单生于枝端，大形；萼片 5，覆瓦状排列，绿色；花瓣 5 片或多数，一般栽培品种多为重瓣花，变异很大，通常为倒卵形，顶端有缺刻，玫瑰色，红、紫、白色均有；雄蕊多数，花丝红色，花药黄色；雌蕊 2~5 枚，绿色，密生短毛，花柱短，柱头叶状；花盘杯状。果实为 2~5 个蓇葖的聚生果，卵圆形，绿色，被褐色短毛。花期 5—7 月。果期 7—8 月。

2. 生物学特性

牡丹喜向阳、温暖、湿润的环境，耐寒、耐旱、喜冬暖夏凉气候。其生长要求光照充足、雨量适中，土壤以土层深厚、排水良好的砂质壤土为宜，盐碱地、荫蔽地不宜种植，否则产量不高。种子有休眠特性，种子采收后先经 18~22℃的较高温度处理，再经 10~20℃的较低温度处理，才能打破其休眠。种子寿命为 1 年。充足的阳光对其生长较为有利，但不耐夏季烈日暴晒，温度在 25℃以上则会使植株呈休眠状态。开花适温为 17~20℃，忌积水，怕热，怕烈日直射。

五、繁　殖

牡丹的繁殖方法有分株繁殖、嫁接繁殖、扦插繁殖、播种繁殖、压条繁殖、组织培养。

1. 分株繁殖

牡丹分株繁殖在明代广泛采用。具体的方法：将繁茂的大株牡丹，逐株挖掘，从根系纹理的分界点分离出来；每株分子株的大小取决于原株的大小，大的多，小的少，一般每3~4枝一株，且具有较完整的根系；分株繁殖时间宜在每年秋分至霜降期间适时进行；此时气温和地温较高，仍有相当长的营养生长时间，进行分株栽培对根的生长影响不大，分株栽培后会产生新的根和少量的植株芽。

2. 嫁接繁殖

牡丹嫁接繁殖根据所用砧木的不同分为两种，一种是野生牡丹，一种是芍药根；常用的牡丹嫁接方法主要有嵌接法、腹接法、芽接法3种。

3. 扦插繁殖

扦插繁殖是利用牡丹枝条易生不定根而繁殖新株的一种方法，是无性繁殖方法之一，其方法是将插好的枝条暂时剪下，使其脱离母株，插入土壤或其他基质中，经培养后生根，形成新植株；采用牡丹扦插繁殖的枝条，要选择从牡丹根部长出来的当年出生的土芽枝条，或者在牡丹整形修剪时，选择茎充实、顶芽充实、无病虫害的枝条为穗，长10~18厘米。

4. 播种繁殖

用种子繁育后代的有性繁殖方法，播种前要对土壤进行细致整理消毒，土地要深耕细作，肥足后做宽70~80厘米的小垄，也可以穴播、条播，播种不能太深，以3~4厘米为限，播种后平整土面，轻轻夯实土，随即浇透水。

5. 压条繁殖

压条繁殖是指利用枝条产生不定根的理论进行的繁殖方法，将枝条推倒或用土埋在植株上，不脱离母株，土壤保持湿润，在枝条埋下的地方生根后，切下栽植，形成新的植株。

6. 组织培养

植物的组织培养繁殖是根据植物组织细胞的全能性，通常利用牡丹胚、花芽、茎尖、嫩叶和叶柄，进行表面灭菌，用无菌水冲洗3~4次，最后放入培养基中进行无菌培养。

六、栽培技术

（一）选地与整地

选择土层深厚、排水良好、地下水位较低、向阳、砂质壤土或壤土的地块。前作以小麦、黄豆为好，忌连作。整地要求深耕细作，翻耕 1 次。耙平后做畦，畦面宽 1.5 米左右，畦的长度按照地形而定，畦间宽 30 厘米左右。

（二）品种选择

选择安徽铜陵凤凰山所产牡丹（称“凤丹”），花单瓣，结籽多，根部发达，根皮厚，产量高，质量好，为药用优良品种，因而多采用种子繁殖。

（三）种子处理及播种

选择无病害的健壮植株，在 7—8 月，当果实呈现蟹黄色时分批摘下，摊放在室内阴凉潮湿的地上，经常翻动，待大部分果壳开裂后，筛出种子，选粒大饱满的尽早播种。若不能及时播种，要用湿沙土分层堆积在阴凉处。播种前将新鲜种子用约 50℃温水浸泡 24~30 小时，使种皮变软脱胶，种子吸水膨胀，易于萌发。也有些地区播前用赤霉素（25 毫克/升）浸种 2~4 小时，可提高出芽率，有利于培育壮苗。若在 8 月中旬至 9 月上旬播种育苗，可采用条播或点播的方式。条播时，按行距 25 厘米左右横向开沟，沟深约 5 厘米，播幅约 10 厘米，每沟内播拌有湿草木灰的种子 100~150 粒，然后覆细土厚 3 厘米左右，最后盖草。每亩用种 30~50 千克。点播时，按行距 30 厘米、株距 20 厘米左右挖穴，穴深为 4~6 厘米，穴底要平，穴内施入腐熟的人畜粪，然后每穴均匀播下 4~5 粒种子，覆细土约 4 厘米厚，再盖厚 4 厘米左右的草，以防寒保湿。每亩播种量约为 50 千克。如遇干旱天气，应及时浇水。

如管理得当，幼苗于翌年即可出圃，苗小的要到第三年才能移栽。幼苗一般于翌年 9 月移栽，大、小苗要分田栽种，以便于管理。在整好的田中按株、行距约 40 厘米×50 厘米挖穴，穴深 20 厘米左右，穴长 20~25 厘米，将穴打成上高下低的斜坡。穴底整平后，每穴栽大苗 1 株或小苗 2 株，壅土，将苗轻轻稍向上提，使根舒展，与土密接，然后填土，使土面略高于畦面，再轻轻压实。移栽时要注意保持根的舒展，不能卷曲。每亩可栽苗 3 000~5 000株。

（四）田间管理

1. 苗期管理

翌年3月幼苗出土，及时揭去盖草，并施1次草木灰，以提高地温。苗出齐后，松土除草。立秋后浇清粪，每亩浇施清粪350~500千克，以后每个月施1次，所用肥料量可逐渐加大。冬季可将厩肥或畜粪铺盖在苗株四周，并清除枯枝落叶，然后培土盖草，以利于幼苗越冬。苗期注意防旱排涝和防治病虫害。

2. 中耕除草

移栽的幼苗翌年春季萌芽出土后，及时揭除盖草，并稍微扒开根际泥土，薄盖肥料，使根部得到光照，3天后结合中耕除草，再进行培土。自栽后翌年起，每年中耕除草7~10次，浅锄，以免伤根。秋后封冻前的最后一次中耕除草时配合培土，以防寒过冬。

3. 施　肥

牡丹喜肥，除施足基肥外，每年春、秋、冬三季都要追肥。夏季高温不施肥，春肥施用清粪水，开花前增加适量的磷肥、钾肥。俗话说“重春肥烂根瘟，轻冬肥矮墩墩”，说明春肥要轻，冬肥要重。在追肥时，无论饼肥还是粪肥，均不宜直接浇到根部茎叶，一般在距离苗约20厘米处，挖3~4厘米深的小穴，将肥施入，然后盖上薄土。施肥量根据具体情况而定，秋、冬季节一般每亩施饼肥150~200千克、粪肥400~500千克。

4. 防旱排涝

牡丹需水量要求均匀。如遇干旱，要盖草，保持土壤水分，还可早、晚浇一些清粪水，以增强植株的抗旱力。雨季要注意清沟排水，防止积水受涝。

5. 摘蕾修枝

除采种的植株外，生产上应将花蕾摘除，使养分供根系生长发育。摘蕾可在晴天的上午进行，以利于伤口愈合，防止病菌侵入。11月上旬，剪除枯枝黄叶与徒长枝并集中烧毁，以防病虫潜伏越冬。

七、病虫害防治

1. 病害防治

（1）叶斑病。带病的茎、叶是此病的传染源。此病常发生在春、夏两季，主要为害叶片、茎部，叶柄也会受害。防治方法：发现带病的茎、叶后，及时剪除，清扫落叶并集中烧毁；发病前后喷 1∶1∶100 倍波尔多液，每隔 10 天喷 1 次，连续喷数次。

（2）锈病。病株残叶是此病的传染源。此病多在 4—5 月时晴时雨、温暖潮湿或地势低洼的情况下发生，主要为害叶片，6—8 月发病严重。防治方法：收获后将病株残叶集中烧毁；选择地势高燥，排水良好的土地，做高畦种植；发病初期，喷 0.3~0.4 波美度石硫合剂或 97%敌锈钠可溶性粉剂 400 倍液，每隔 7~10 天喷 1 次，连续喷多次。

（3）菌核病。带菌核的土壤是此病的传染源。菌核病多在春季造成茎、叶部发病，从幼苗期到成株期都可发生此病。防治方法：与禾谷类作物轮作；在春季雨水多时，做好清沟排水工作，降低土壤湿度可降低发病率；早期发现病株时，带土挖出，病穴用石灰消毒，并且对全田喷洒 50%甲基硫菌灵可湿性粉剂 1 000倍液，每 7 天喷 1 次，连喷 3 次。

（4）白绢病。带病菌的土壤、肥料是此病的传染源，尤其以甘薯、大豆为前作时，病情较严重，白绢病多在开花前后和高温多雨季节在根和根茎部发病。防治方法：可与禾本科植物轮作，不宜与根类药用植物及豆类等作物轮作；栽种时用 50%甲基硫菌灵可湿性粉剂 1 000倍液浸泡种芽；发现病株时带土挖出并烧毁，病穴用石灰消毒，在农田喷 50%甲基硫菌灵可湿性粉剂 1 000倍液。

（5）根腐病。土壤中的病残体或种苗是此病的传染源。此病主要为害根部，在多雨季节发病重，随着病情加重，根部腐烂，全株枯死。防治方法：早期发现病株时，带土挖出，病穴用石灰消毒，并且在农田喷 50%甲基硫菌灵可湿性粉剂 1 000 倍液，每 7 天喷 1 次，连喷 3 次。

2. 虫害防治

（1）蛴螬。蛴螬为铜绿金龟子的幼虫，全年均可为害，以 5—9 月较为严重；为害根部时，蛴螬将牡丹根部咬成凹凸不平的空洞或残缺破碎，造成地上部分长势衰弱或枯死，严重影响丹皮产量和质量。防治方法：早晨，将被害苗株扒开，进行捕杀；用灯光诱杀成虫；用50%辛硫磷乳油或90%敌百虫晶体1 000~1 500倍液浇注根部。

（2）小地老虎。此虫又名“地蚕”，是一种多食性的地下害虫，一般在春、秋两季虫情最重，小地老虎常从地面咬断幼苗，或咬食尚未出土的幼芽，造成缺苗断株。防治方法：清晨日出之前，在被害苗的附近进行人工捕杀；低龄幼虫期，用98%敌百虫晶体1 000倍液，或50%辛硫磷乳油1 000倍液进行喷杀；幼虫高龄阶段，可采用毒饵诱杀，每亩用98%敌百虫晶体，或50%辛硫磷乳油100~150克溶解在3~5千克水中，喷洒在15~29千克切碎的鲜草或其他绿肥上，边喷边拌匀，再于傍晚顺行撒在幼苗周围。

（3）钻心虫。此虫害多在春季发生，成虫在根茎处产卵，幼虫孵化后，钻入根部，逐渐向上蛀食，受害植株轻者茎叶枯黄，重者全株死亡。防治方法：发现受害植株后，折断根茎，捕杀害虫；用80%以上浓度的敌百虫晶体800~1 000倍液喷杀害虫，或每亩用2.5%敌百虫粉剂兑水喷洒地面。

八、采收与加工

牡丹分株繁殖一般生长3~4年，种子繁殖一般生长5~6年。采收时，于10月将根挖出，取粗、长的根切下，洗净泥土，抽去木心，按粗细分级，晒干。另一种加工方法是用竹刀或碗片刮去外皮，抽出木质部，晒干，产品称“刮丹皮”，一般每亩产量为500千克左右。

参考文献

[1] 李时珍．本草纲目［M］．北京：化学工业出版社，2016：300.

[2] 吴少华，马云保，罗晓东，等．牡丹皮的化学成分研究［J］．中草药，2002，33（8）：679-680.

[3] 国家药典委员会．中华人民共和国药典：一部［M］．北京：中国医药科技出版社，2010.

[4] LI N，FAN L L，SUN G P，et al. Paeonol inhibits tumor growth in gastric cancer in vitro and in vivo［J］. World Journal of Gastro-enterology，2010，16（35）：4483.

[5] 孙言才，沈玉先，孙国平，等．反向高效液相色谱测定原料药及注射剂中丹皮酚的含量［J］．中国药理学通报，2003，19（5）：593-595.

第十一节　百　合

一、概　述

百合是单子叶植物亚纲百合科百合属所有种类的总称，为多年生宿根草本作物。因其地下鳞茎是由许多鳞片抱合而成，故名“百合”。百合不仅是我国的特种蔬菜，而且还具有很高的药用价值，以鳞茎入药，自古以来就是人们治病的良药。它具有清肺润燥，滋阴清热，补脾健胃，清心安神，利尿通便，解无名肿毒及止血之功效，性味甘平，对人体的咽喉、肺、胃、肠等有良好的保健作用。百合首载于《神农本草经》，被列为中品，具有养阴润肺，清心安神的功效。目前研究发现，百合含有甾体皂苷、多糖、生物碱类等多种活性成分，现代药理研究表明，百合在抗疲劳、抗抑郁、抗肿瘤、降血糖、抗氧化、免疫调节、止咳等方面疗效显著[1]。百合作为传统中药，种植历史悠久，主产于湖南、浙江、江苏、陕西、四川、安徽、河南等省，以湖南所产品质为佳[2]，是“湘九味”道地品牌与特色药材之一，江浙产量最大，行销全国各地并大量出口。百合的花供观赏，地下鳞茎供食用和药用，用途广泛，开发前景广阔。我国各地有栽培，日本、朝鲜也有分布。

二、别　名

百合又名韭番、重迈、中庭、重箱、摩罗、强瞿、百合蒜等。

三、分类地位

百合属被子植物门、单子叶植物纲、百合目、百合科、百合属植物。

四、特征特性

1. 植物学特征

鳞茎球形，直径2~4.5厘米；鳞片披针形，长1.8~4厘米，宽0.8~1.4厘米，无节，白色。茎高0.7~2米，有的有紫色条纹，有的下部有小乳头状突起。叶散生，通常自下向上渐小，披针形、窄披针形至条形，长7~15厘米，宽（0.6~）

1~2厘米，先端渐尖，基部渐狭，具5~7脉，全缘，两面无毛。花单生，或几朵花排成近伞形；花梗长3~10厘米，稍弯；苞片披针形，长3~9厘米，宽0.6~1.8厘米；花喇叭形，有香气，乳白色，外面稍带紫色，无斑点，向外张开，或先端外弯而不卷，长13~18厘米；外轮花被片宽2~4.3厘米，先端尖；内轮花被片宽3.4~5厘米，蜜腺两边具小乳头状突起；雄蕊向上弯，花丝长10~13厘米，中部以下密被柔毛，少有具稀疏的毛或无毛；花药长椭圆形，长1.1~1.6厘米；子房圆柱形，长3.2~3.6厘米，宽4毫米，花柱长8.5~11厘米，柱头3裂。蒴果矩圆形，长4.5~6厘米，宽约3.5厘米，有棱，具多数种子。花期5—6月，果期9—10月。

2. 生物学特性

生长于山坡灌木林下、草地、路边或水旁，海拔400~2 500米。喜凉爽、湿润的半阴环境，较耐寒冷。属长日照植物，光照长短不但影响花芽的分化，而且影响花的生长发育。百合不喜高温，怕水涝。喜凉爽较耐寒的湿润气候。温度高于30℃会严重影响百合的生长发育，低于10℃生长近于停滞。对土壤要求不严，但在土层深厚、肥沃疏松的砂质壤土中，鳞茎色泽洁白、肉质较厚。黏重的土壤不宜栽培。根系粗壮发达，耐肥。不宜连作。

五、繁　殖

百合的繁殖方法很多，有种子繁殖、珠芽繁殖和小鳞茎繁殖等。

1. 种子繁殖

百合的种子于秋季成熟，采收后可贮藏到翌年春季播种，播种后20~30天即可发芽，幼苗最好适当遮阴。到秋天其地下部已形成了小型鳞茎就可掘起分栽，继续培养1~2年即可开花。从播种至开花的时间因种类而不同，一般的品种播种的第二年即能开花，而紫背花百合则需3~4年方能开花。因此，凡生长缓慢、不易开花的种类，除培育新品种或必要时采用外，一般以营养繁殖为主。

2. 珠芽繁殖

只有产生珠芽的种类如卷丹等可以采用。珠芽应在其充分长大而尚未脱落时采集，随即播种在疏松的土壤中。第二年春天长出土面，其生长速度较用种子繁殖快。

3. 小鳞茎繁殖

利用小鳞茎繁殖是百合最常用的方法。每当秋季掘起球根时，总可见有几个大小不等的小鳞茎，其中自母球分裂的形体大，生长在地下部茎节上的形体小，这些小鳞茎都可作繁殖材料。为使百合多生小鳞茎，可用以下几种人工方法促进鳞茎深栽，埋在土中的茎部较长，易于产生小鳞茎，在开花前或开花后，将茎留 45 厘米切去上梢，可促使地下茎节及地上部叶腋内生长小鳞茎。直径 2~3 厘米的小鳞茎，再培育一年便能开花。

六、栽培技术

（一）选地与整地

选地势较高、向阳、排灌条件较好、土层深厚和肥力中上等、pH 值 5.7~7.5，偏酸性的砂壤土、壤土且未重茬的地块最好。深耕翻地前，每亩应施入腐熟优质有机肥 4 500千克、钙镁磷肥 35 千克，撒施均匀后再深耕翻 25~30 厘米或将前茬作物秸秆粉碎还田，待秸秆腐烂后，再次进行深耕细耙，使基肥与土壤充分混匀，以改善土壤理化性状，增加土壤有机质含量，为百合根系充分发育和鳞茎膨大创造良好的条件。结合整地开沟做畦，畦面宽 1.5~1.8 米，要求灌排便利。

（二）播种育苗技术

1. 选用种鳞茎

百合常以营养体鳞茎栽植，鳞茎有大、中、小之分。一般以选用 25~30 克的中等大小鳞茎栽植经济效益最佳。选种时要注意：①选有侧生 3~5 个的鳞茎，防止种性退化。②选择无褐色坏死的斑块、无斑点、无霉点、无虫伤、无鳞片污黑的鳞茎，防止病害感染造成缺株或死苗。应选球茎新鲜、色泽洁白、底盘完好以及根系良好的鳞茎留作种鳞茎用。

2. 土壤处理

栽种前，一般每亩撒生石灰 50 千克左右进行土壤消毒，还可以减轻或预防杂草、蚂蚁和蚯蚓等为害，2 天后即可播种。

3. 种球消毒处理

无论是百合采收期（7 月下旬至 8 月）精选的种球，还是百合播种期（9 月下旬至 10 月）采挖的种球，均需进行药剂消毒处理。药剂处理方法：39%～40%甲醛 50 倍液浸种 15 分钟，或 10%双效灵水剂 500 倍液浸种 25 分钟，或 60%百菌通（琥・乙膦铝）可湿性粉剂 500 倍液浸种 15 分钟，或 50%多菌灵或硫菌灵可湿性粉剂 800～1 000倍液喷雾种球。此外，还可以用 70%敌磺钠粉剂 1∶300 拌种，阴干再种。

4. 适期播种

百合适宜播种期在 9 月上旬至 10 月上旬，翌年 3 月上旬才开始出苗。也可在 4 月中旬栽种。播种的株距、行距一般为（15～25）厘米×(26～36）厘米，在正常情况下，一般亩用种量 200～225 千克，每千克种球 40～50 个，每亩地播种 7 000～9 000株。百合种球以 1 球、1 芯为宜，如有 2 个以上芯子的种球，应该用薄而锋利的竹片，按自然芽芯切开。播种的深度为鳞茎直径的 2～3 倍，砂质土壤再适当加深，黏质土壤适当浅播。一般先按确定的株行距开挖播种沟（也有部分农户是穴播的），然后在播种沟内摆放种球（注意种球应该是芯子朝上，根系朝下），再覆土 7～10 厘米厚。最后，清洁田园，疏通"三沟"。有条件的农户可在 11 月下旬覆盖地膜，一般的种植户覆盖稻草等，有保温防草的效果。在南方红壤丘陵区，播种规格为行株距 40 厘米×30 厘米，确保每亩密度在 6 000株以上。播种要一边开沟、一边播种、一边盖土，覆土厚度为 3～4 厘米。播种后，必须保持地块干爽，不得有积水。

（三）田间管理

1. 追肥排水

百合栽培严格要求基肥施用量占整个生育期需肥量的 70%以上，追肥主要以施腐熟的人畜粪尿为主，也可施少量的饼肥等，这样有利于百合的生长和提高抗病虫能力。百合越冬期间多在封冻前，每亩施一次越冬肥，每亩用有机肥 150 千克、氯化钾 30 千克，同时结合清理排水沟进行培土保根，使排水沟通畅，防止田间积水，减少百合因湿害而腐烂。翌年春季在出苗前补施追肥 1 次，每亩用三元含硫复合肥 50 千克。出苗后在田间铺盖一层秸秆、树叶、枯草，防止土壤板结，同时起到保湿、保肥和降温作用。

2. 采用地膜覆盖栽培

早春，对百合进行盖膜 30~40 天，可缩短百合出苗期 7~15 天，增产 12%。

3. 适时摘茎顶、摘蕾、摘花

以叶片数为准，当植株已长出 60 枚以上叶片、日平均气温未超过 23℃时摘茎顶最适宜。以收获鳞茎为目的的栽培，要及时在花蕾转色而未开时，摘除花蕾。同时要注意摘掉的花蕾不能丢弃在田间地头，要集中处理，以防留下菌源。花蕾期施肥要根据天气、土质、基肥和苗肥的具体数量、植株的长势长相等情况灵活确定追肥的时间、数量和方法，做到巧施肥。

4. 防止绿叶早枯

要加强田间管理，注意保护叶片，延长功能叶片的寿命，百合生育后期绿叶株的鳞茎大、产量高。在 6 月下旬鳞茎膨大转缓时，可用 0. 3%磷酸二氢钾加 0. 3%~0. 5%尿素混合液，喷施 2 次叶面肥。

5. 适当灌溉

百合属于耐旱性较强的作物，整个生育期一定要认真做好清沟排水工作，要做到沟沟相通，雨停后无积水，当田间干旱时，只能在沟内慢慢灌“跑马水”，绝对不能有水上畦面，要遵守“宁旱勿涝”原则。这样不仅能提高产量、确保品质，而且可以减轻病害的发生。

七、病虫草害防治

1. 病害防治

主要病害有叶枯病、病毒病、炭疽病、疫病等。

（1）叶枯病。症状叶上产生圆形或椭圆形病斑，大小不一，长度 2~10 毫米，浅黄色到浅褐色。在某些品种中，斑点浅褐色，四周有清晰的红紫色边缘，在潮湿条件下，斑点很快覆有一层灰色的霉。病斑干时变薄，易碎裂，透明，一般呈灰白色，严重时，整叶枯死。茎受侵染时，从侵染处腐烂折断，芽变褐色腐烂。花上斑点褐色、潮湿时，迅速变成发黏的、覆有灰色霉层，幼株受侵染时，通常生长点受害死亡。但夏季植株可重新生长。防治方法：秋季将栽培在室外的植株地上部分清除并销毁，初病时去除病叶，减少侵染来源；药剂防治可选用50%多菌灵或70%甲基硫菌灵可湿性粉剂500倍液，必要时可选用50%腐霉利、50%异菌脲、50%乙烯菌核利可湿性粉剂1 000~1 500倍液+80%多菌灵可湿性粉剂600倍液。每亩喷洒药液40~50千克。重点喷洒新生叶片及周围土壤表面，连续喷2次。

（2）病毒病。发病初期喷洒1.5%植病灵乳剂1 000倍液，或抗毒剂1号300倍液，每隔10天喷1次，连喷2~3次即可。

（3）炭疽病。症状表现为叶面或茎表面出现圆形淡黄色病斑，病斑周缘为黑褐色。花瓣上病斑圆形，亚麻色，多发生在鳞片的内、外面，外面发生较多。初期产生不规则形浅褐色斑，后呈浅黑褐色稍凹陷，最后病部近乎黑色，组织皱缩干腐，病斑可深达数层鳞片，但以最外层的鳞片受害最重。有病鳞茎的花芽出现败育，呈褐色至黑色，或花朵上出现大量水渍状小圆斑，相互融合成不规则褐色斑，鳞茎组织溃坏、变薄，受害花梗有的也变黑，在东方百合上发病较重，属土壤病残体与鳞茎带菌。鳞茎受潮、受冻以及挖掘损伤易诱发病害。防治方法：①剥去发病鳞片，选用无病鳞茎，做好土壤消毒，病区地块避免连作。②不要过多施用氮素化肥，坚持预防为主，氮、磷、钾肥平衡施入，合理密植，保持田间通风透光良好，避免田间种植过密，环境湿度过高。

（4）疫病。全株均可发病。花器感病后，花枯萎、凋谢，其上长出白色霉状物；叶片初现水浸状，而后枯萎；茎部与茎基部组织初现水浸状斑，而后变褐、坏死、缢缩，染病处以上部位完全枯萎。鳞茎褐变，坏死。根部空褐，腐烂。属于寄生疫病霍菌侵染，菌丝无色无隔膜。不产生呼吸器，菌丝直接穿入寄主细胞吸收养分。后期产生菌丝和大量孢子囊，孢囊梗大都不分枝，孢子囊顶生单孢，圆形。顶端有乳头状突起。传染途径是病菌以卵孢子随病残株在土壤中越冬，翌年借雨水或灌溉水在植株上萌发芽管侵入寄主为害。然后病斑产生大量孢子囊，由孢子囊产生游动孢子，借雨水、灌溉水等传播蔓延为害。防治方法：①选择健康的鳞茎；设防雨设施，注意排水。②雨季来临前进行药剂保护，发病初期可用25%甲霜灵可湿性粉剂800倍液，或58%甲霜灵锰锌可湿性粉剂500倍液，或64%恶霜灵可湿性粉剂500倍液，或77%氢氧化铜可湿性微粒粉剂500倍液，或72%霜脲锰锌可湿性粉剂800倍液，或72%克霜氟可湿性粉剂800~1 000倍液，或56%氢氧化铜水分散粒剂800倍液。每隔7~10天喷1次，连续喷2~3次。

2. 虫害防治

主要虫害有蚜虫、蝼蛄、蛴螬、地老虎等。防治方法：蚜虫用50%甲胺磷乳油

1 500倍液喷雾防治。4月下旬，每亩再用20%克百威乳油6~8千克或辛硫磷7.5千克，撒毒土，用敌敌畏乳油500~600倍液浇灌根部，进行地下杀虫防治蝼蛄和地老虎。

3. 草害防治

除草剂封闭，播种后1~2天内，亩喷施90%乙草胺乳油50~80克，以防杂草丛生。百合生育期间主要草害多发生在6—7月，此期已接近百合生长后期，加强人工拔除或中耕除草。

八、采收与加工

（一）采　收

采收一般在7月中旬至8月上旬，留种的尽量推迟。旱地种的百合，也要在8月上旬采挖完毕（留种地除外）。收获百合，宜选择晴天进行，雨天或雨后不宜采收。如果作为蔬菜鲜食，可在小暑过后开始采收，但产量不高，容易干瘪，不耐贮藏，应采用随采收随销售，以销量定采收量。大批收获时，收获后及时送至百合收购点，及时加工，防止淀粉糖化，降低出粉率。

（二）贮藏保鲜及初加工

1. 百合的贮藏保鲜

百合喜温怕冷，不耐风吹，受风后其鳞片易变红、干萎，因此，新采收的百合鳞茎，应避免日光照晒，以防外层鳞片变色和失水。采收百合的鳞茎后须及时除去茎秆、泥土，剪去须根，应选择色白、个大、质量新鲜、球形圆整、鳞片肥大、不带须根、无松动散瓣、无棕色焦瓣的百合果球分级贮藏。

贮藏方法如下：①沙藏保鲜：将分好等级的百合鳞茎埋藏在细沙中贮藏，因其呼吸所需的氧气受到一定的“隔离”限制，有利于防止衰老。同时，细沙中温湿度比较稳定。当贮藏初期百合呼吸旺盛时，细沙可吸收部分水分，起到降低呼吸和减少湿度的作用；当贮藏后期百合鳞茎需要水分时，细沙又可自然调节供给一部分水分，从而使百合处在比较适宜的贮藏环境中，用该种方法可使新鲜百合贮藏至翌年春季。沙藏的具体做法是：在阴凉的房屋或地下室内用砖头砌一个埋藏坑（坑的大小依需要而定）。在坑底部先铺5~7厘米厚的细沙，然后将分级的百合鳞茎排列于沙上，其上覆沙 3~4 厘米，沙上再排放 1 层鳞茎，依次堆叠，堆叠高度以不超过 100 厘米为宜。然后，在百合四周及顶部以土（沙、稻草均可）覆盖 20~30 厘米，随着环境气温变化适当增减覆盖厚度，太薄易使百合鳞茎脱水失鲜、太厚又影响温度和增加呼吸强度。另外，覆盖百合的沙土要稍干些，若湿度过大易导致百合生根、霉烂。需要注意的是，贮藏期间要经常检查，以防堆内发热霉烂，堆内贮藏温度以 5~11℃为宜。②保鲜剂处理保存百合：百合贮藏中最容易发生青霉腐烂，因此，宜选择对青霉抑制力较强的保鲜剂。用国家农产品保鲜工程技术研究中心研制的果蔬专用液体保鲜剂浸泡 3~5 分钟，捞出后直接晾干或在冷库预冷风干。该保鲜剂能显著抑制引起百合腐烂的霉菌的生长繁殖，保鲜防止腐烂效果良好。③低温冷藏：量少在冰箱、量大在低温冷库进行低温贮藏，控制贮藏温度在 0~3℃，相对湿度 65%~75%，效果很好，可安全贮藏半年以上。

2. 百合初加工

可分为如下几步。①剥片：即把鳞片分开，剥片时应把外鳞片、中鳞片和芯片分开，以免泡片时老嫩不一，难以掌握泡片时间，影响质量。②泡片：待水沸腾后，将鳞片放入锅内，及时翻动，5~10 分钟，待鳞片边缘柔软，背部有微裂时迅速捞出，在清水中漂洗去黏液。每锅开水，一般可连续泡百合片 2~3 次。③晒片：将漂洗后的鳞片轻轻薄摊晒干，使其分布均匀，待鳞片六成干时，再翻晒直至全干。以鳞片洁白完整、大而肥厚者为优质品。

参考文献

[1] 胡兆东，田硕，苗艳艳，等. 百合的现代化学、药理及临床应用研究进展[J]. 中药药理与临床，2022，38（4）：241-246.

[2] 张卫，王嘉伦，张志杰，等. 经典名方药用百合本草考证[J]. 中国中药杂志，2019，44（22）：5007-5011.

第十二节　黄　芪

一、概　述

黄芪，中药名，多年生豆科植物。为豆科黄芪属植物蒙古黄芪或膜荚黄芪的根。以根入药。含有胆碱、豆香素、叶酸、氨基酸、甜菜碱、皂苷、糖类、蛋白质、核黄素、黄烷化合物、铁、钙、磷、硒、锌、铜、锰等多种微量元素。始载于《神农本草经》，味甘性温，入脾肺二经，被列为上品。历代本草多认为黄芪味甘、温、性平、无毒。《开宝本草》曰："味甘，微温，无毒。"《药性赋》谓其："味甘，气温，无毒。"《汤液本草》曰："气温，味甘，纯阳。甘微温，性平，无毒。"《药鉴》云："气薄味甘性温，无毒，升也，阳也。"此类古籍略有相同之处[1]。中医研究院西苑医院使用黄芪制成的"固本丸"[2]有扶正培本的功效，用以预防老年慢性支气管炎。中药黄芪在治疗冠心病心绞痛、心力衰竭、慢性乙型肝炎、糖尿病肾病，各种抗肿瘤与感染等方面具有独特作用，疗效明显[3]。现代研究表明，蒙古黄芪的质量最佳，其次为膜荚黄芪。蒙古黄芪分布于河北、山西、内蒙古、辽宁、吉林、黑龙江、西藏、新疆等地，在东北、河北、山西、内蒙古等地有栽培。膜荚黄芪分布于北京、天津、河北、山西、内蒙古、辽宁、吉林、黑龙江、山东、四川、西藏、陕西、甘肃、青海、宁夏等地，在东北、内蒙古、河北、山西等地有栽培。

二、别　名

黄芪又名绵芪、黄耆、二人抬、北芪、库伦芪、建芪。

三、分类地位

黄芪属植物界、被子植物门、双子叶植物纲、原始花被亚纲、蔷薇目、豆科、蝶形花亚科、黄芪属植物。

四、特征特性

（一）植物学特征

1. 蒙古黄芪

多年生草本，高 50~150 厘米。根直长，圆柱形，稍呈木质，表面淡棕黄色至深棕色。茎直立，上部有分枝，被长柔毛。奇数羽状复叶，互生；叶柄基部有披针形托叶；小叶 25~37 片，小叶片宽椭圆形，长 4~9 毫米，先端稍钝，有短尖，基部楔形，全缘，两面有白色长柔毛。总状花序腋生，有花 10~25 朵；小花梗短，生黑色硬毛；苞片线状披针形；花萼筒状；花冠黄色，蝶形；雄蕊 10 枚，二体；子房有柄，光滑无毛，花柱无毛。荚果膜质，膨胀，卵状长圆形，宽 1.1~1.5 厘米，无毛，先端有喙，有显著网纹。种子 5~6 颗，肾形，黑色。花期 6—7 月，果期 8—9 月。

2. 膜荚黄芪

多年生草本，高 50~100 厘米。主根肥厚，木质，常分枝，灰白色。茎直立，上部多分枝，有细棱，被白色柔毛。羽状复叶有 13~27 片小叶，长 5~10 厘米；小叶椭圆形或长圆状卵形，长 7~30 毫米，宽 3~12 毫米，先端钝圆或微凹，基部圆形，上面绿色，近无毛，下面被伏贴白色柔毛。总状花序稍密，有 10~20 朵花；花梗长 3~4 毫米，连同花序轴稍密被棕色或黑色柔毛；小苞片 2 层；花萼钟状，长 5~7 毫米，外面被白色或黑色柔毛，有时萼筒近于无毛，仅萼齿有毛，萼齿短，三角形，长仅为萼筒的 1/5~1/4；花冠黄色或淡黄色，旗瓣倒卵形，顶端微凹，基部具有短瓣柄，翼瓣较旗瓣稍短，瓣片长圆形，基部具有短耳，瓣柄较瓣片长约 1.5 倍，龙骨瓣与翼瓣近等长，瓣片半卵形，瓣柄较瓣片稍长；子房有柄，被细柔毛。荚果薄膜质，稍膨胀，半椭圆形，顶端具刺尖，两面被白色或黑色细短柔毛；种子 3~8 颗。花期 6—8 月，果期 7—9 月。

（二）生物学特性

生长于中温带和暖温带地区，喜日照和凉爽气候，耐寒、耐旱，不耐涝、怕热。有较强的耐寒能力，多生长在山坡中、下部的向阳坡及林缘、灌丛、林间草地、疏林下及草甸等处。地上部分不耐寒，霜降时节大部分叶片已脱落，冬季地上部枯死，第二年春，重新由宿根发出新芽。种子萌发温度比较低，平均气温约 8℃时满足黄芪播种的温度要求，种子具硬实特性。黄芪适应性强，以土层深厚、富含腐殖质、透水性强的砂质壤土为好。从播种到新种子成熟要经过 5 个生育时期（幼苗生长期、枯萎越冬期、返青期、孕蕾开花期、结果种熟期），需 2 年时间。黄芪忌水涝，遇积水会发生烂根和死苗。前茬以麦类作物为好，轮作周期要求 3 年以上。

五、繁　殖

黄芪以种子繁殖，生产上有种子直播与育苗移栽两种。

（1）直播。经过人工处理的上年生产的新种子，在 3 月底至 4 月初土地解冻后进行春播，亦可在当年冬季 9 月中下旬秋播，秋播种子不进行任何处理。在整好的地里按行距 30 厘米，株距 10 厘米撒种，覆土厚 2 厘米，稍加镇压，亩用种量 2.5~3 千克。

（2）育苗移栽。直播一般产量低，质量差，保苗难度大，因此生产上应采用育苗移栽的方法进行栽培。育苗前对种子进行处理，以提高种子的出苗率和整齐度。按每亩7~10千克的用种量，均匀撒入育苗田内，覆土厚度2厘米，盖一层1厘米厚的河沙，为管理方便，可采用畦作。播种后立即灌水，出苗前保持土壤湿润，15天左右苗可出齐，苗期要间苗2次，株、行距以5厘米×5厘米为宜，在第二年春季萌芽前挖苗移栽到大田中；移栽时按株行距10厘米×40厘米斜平摆放黄芪苗于沟内，沟深10厘米，苗头斜向上，整平表面稍加镇压。

六、栽培技术

（一）选地整地

选择地势较高、排水良好、渗水力强的砂质土壤种植，雨水多的地区宜选择高燥地和河沿高地种植；山区宜选择土层深厚、土质肥沃、土壤渗水力强的向阳山坡地种植。黄芪为深根性植物，为促进根部发育健壮，在秋天要求对土地进行深翻，深度达40厘米以上，做高畦，为满足其生长发育对营养成分的需要，整地时必须施足基肥，每亩施优质农家肥3 000~4 000千克，加过磷酸钙20~30千克或磷酸二铵15~20千克，宜在秋天深翻前施入地表，然后翻入耕层，最迟要在整地时，做畦前施入。施肥要均匀。“鸡爪根”及锈斑是由于土壤板结，含水量高所形成。选地时选土层深厚、质地疏松、排水透气良好的砂质壤土，避免“鸡爪根”的形成。另外，不宜与马铃薯、菊花、白术连作，避免与豆科作物轮作，忌连茬、重茬。

（二）播种方法

1. 市场主推品种

（1）陇芪1号。由定西市旱作农业科研推广中心选育，平均亩产鲜黄芪510.1千克。

（2）陇芪2号。陇芪2号平均亩产鲜黄芪606.1千克，由定西市旱作农业科研推广中心选育，较对照陇芪1号增产15.8%，抗性表现较好。

（3）陇芪3号。是定西市旱作农业科研推广中心、中国科学院近代物理研究所用陇芪1号进行辐照处理诱变选育而成。较对照陇芪1号增产17.1%，抗病。

（4）陇芪4号。应用单株选择法，鲜芪平均产量为708.9千克/亩，较对照品种陇芪1号增产31.1%，根腐病病株率和病情指数分别为25.7%和13.5，较对照分别降低2.75个百分点和2.17%。

2. 种子处理

播种前要进行选种，除去瘪粒及霉腐种子以确保全苗，减少病虫害。由于黄芪种子种皮坚硬不易透水，存在休眠状态，为提高发芽率，应采取以下方法，促使其尽快发芽。

（1）沸水催芽。将选好的种子放入沸水中搅拌 1 分钟，立即加入冷水，将水温调到 40℃后浸泡 2~4 小时，将膨胀的种子捞出，未膨胀的种子再以 40~50℃水浸泡到膨胀时捞出，加覆盖物后，闷 12 小时，待萌动时播种。

（2）机械损伤。将种子用石碾快速碾数遍，使外种皮由棕黑色有光泽的状态变为灰棕色表皮粗糙，以利种子吸水膨胀。亦可将种子拌入 2 倍的细沙揉搓，擦伤种皮时，即可带沙下种。

（3）酸处理。对老熟硬实的种子，可用 70%~80%浓硫酸溶液浸泡 3~5 分钟，取出迅速置于流水中，冲洗半小时后播种，此法能破坏硬实种皮，发芽率达 90%以上，但要注意使用安全。

（4）细沙擦伤。在种子中掺入细沙摩擦种皮，使种皮有轻微磨损，以利于吸水，能大大提高发芽率，种子置于 30~50℃温水中浸泡 3~4 小时，待吸水膨胀后播种。一般常用此方法种植。

3. 播　种

播种时间分为春播和秋播。多采用春播，时间在 4 月末至 5 月初，5 月上旬出苗，约 1 个月齐苗。播种时在整好的畦垄上按行距 30 厘米开一浅沟，沟宽 8~10 厘米。覆土 3 厘米，把处理好的种子均匀撒入沟内，然后覆土，并进行镇压，以得保墒。每亩用种量为 1.5~2.5 千克。

（三）栽植管理

1. 出苗、间苗、定苗、补苗

播种后 7 天开始出苗，15 天左右齐苗。当苗高 5~7 厘米时进行 2 次间苗，每隔 8~10 厘米留壮苗 1 株。如果有缺苗断垄情况，应及时补苗，也可用催芽种子重播补苗。

如果采用育苗移栽，可在第二年春季进行移栽，以苗高 10~15 厘米为宜，进行移栽时，在畦上开沟（甘肃河西地区气候干旱，可采用平畦种植），沟深 10 厘米，将幼苗平放或斜放于沟中，顺沟移栽，株行距 10 厘米×40 厘米，苗头斜向上，以离地面 3 厘米左右为宜，栽后整平地面，稍加镇压，浇透水即可。

2. 中耕除草

黄芪幼苗生长缓慢，如果不注意除草易造成草荒，因此，在苗高 5 厘米左右时，要结合间苗及时采取中耕，并清除田间除草。第二次中耕于苗高 8~10 厘米时进行，第三次于苗高 15~20 厘米时进行，以利提高地温。如果是种子直播田，在第二年的 5 月、6 月各中耕 1 次，及时清除杂草。田间一经发现菟丝子为害，要立即铲除，或连同寄生受害部分一起剪除，由于菟丝子切断茎后，仍有发育成新株的能力，故剪除必须彻底，剪下的茎段不可随意丢弃，应晒干并烧毁，以免再传播或产生种子，增加第二年的侵染源。

3. 施肥与灌水

黄芪施肥原则：种植黄芪以施基肥为主，多施基肥对黄芪中后期的生长有明显促进作用；以施用农家肥料为主，辅助施用速效肥料；控制氮肥的施用量，以增施磷、钾肥为主。

一般在黄芪生长期间，追肥 2~3 次即可。第一次在 5 月中下旬进行（苗高 10~15 厘米），每亩施尿素 8~10 千克；第二次在 6 月中旬苗高 30~40 厘米时进行，每亩施尿素 15~20 千克；8 月下旬苗高 60~80 厘米时，再进行第三次追肥，这时已封垄，每亩施尿素 15~20 千克。

黄芪既喜水又怕水，管理中注意干湿结合，加强灌水与排水管理。黄芪生长发育有 2 个需水高峰期，即种子萌发期和开花结荚期。幼苗期灌水需要少量多次，在开花、结荚期，看降水情况适量灌水。雨季或生长期遇到连阴雨注意做好排水工作，以免造成根系腐烂。同时，施肥与灌水结合进行，并根据气候条件及黄芪长势酌情灌水。

（四）收获和留种

1. 收　获

黄芪种子直播田，生长 2~3 年后采收为佳，生长年限过久可产生黑心，影响品质。如果采用育苗移栽，在当年 10 月下旬即可采收，采收时先割去地上部分，再用采收工具小心挖取全根，以免碰伤外皮和断根，影响商品性。采挖的根要及时去除泥土，趁新鲜要切去芦头，修去须根，在阳光下晒至七成干，堆放 1~2 天，使其回潮，进行分级后，将根理顺直，扎成小捆，再反复晾晒，直至全干，即可供药用。质量以条粗、皱纹少、断面色黄白、粉性足，味甘者为佳。正常年份每亩可产干品 300 千克左右。

2. 留　种

黄芪以种子繁殖。生产上可选 2~3 年生健壮、无病虫害的地块作黄芪种子繁殖田。黄芪种子的采收宜在 9 月初进行，当果荚下垂黄熟、种子变褐色时，立即收割地上部分，否则果荚开裂，种子散失，难以采收。因种子成熟期不一致，应随成熟随时采收种子。若小面积留种，最好分期、分批采收。将收割的地上部分先堆放 3~5 天后，摊开晾晒，直至晒干后，脱粒贮藏。若大面积留种，可待田里 70%~80%果实成熟时依次采收。采收后堆放 3~5 天，使种子后熟，再晒干，脱粒、扬净、贮藏。

七、病虫害防治

1. 病害防治

（1）白粉病。黄芪白粉病一般在 6 月中下旬开始发生，主要为害叶片和荚果，多发生在高温、高湿条件下。发病叶片两面和荚果表面初生白色粉状斑，严重时叶片被白粉覆盖。被害植株早落叶，严重影响生长。防治方法：发病初期用 25%三唑酮可湿性粉剂 1 500倍液或 1：1：120 波尔多液喷雾 2~3 次；也可用 50%代森铵水剂 1 000倍液，或 50%甲基硫菌灵可湿性粉剂 1 000倍液喷雾防治。

（2）枯萎病。黄芪枯萎病是由真菌引起的根部病害。6 月开始发生，7—9 月为害严重，高温多雨、地下水位高、土质黏重容易发病。发病植株先须根变褐色并腐烂，后主根产生红褐色或焦褐色烂斑，病株的叶片发黄、脱落。最后地上部枯萎，根部完全腐烂。防治方法：①避免在低洼地和黏土地栽培。②与其他非豆科作物轮作，不重茬。③去除发病株，并用 5%石灰水处理病穴。④发病初期用 50%多菌灵可湿性粉剂 1 000倍液浇灌，或 50%甲基硫菌灵可湿性粉剂 1 000倍液喷雾防治。

（3）黄芪白绢病。白绢病菌主要以菌核在土中过冬。在 10℃开始萌发，20℃萌发受到抑制，50℃以上菌核死亡。翌年温湿度适宜时，菌核萌发产生菌丝体，侵害黄芪根部引起发病。此外，土杂肥及感染带菌的黄芪苗，也是初次侵染的病源。病害多在高温多雨季节发生，6 月上旬开始发病，7—8 月气温上升至 30℃左右时为发病盛期，9 月末停止发病。高温高湿是发病的重要条件，气温 30~38℃，经 3 天菌核即可萌发，再经8~9天又可形成新的菌核。连作地由于土壤中病菌积累多，苗木也易发病；在黏土地、排水不良、肥力不足、苗木生长纤弱或密度过大的苗圃发病重。发病部位为茎基部。茎基部先出现水渍状黄褐色斑，后变褐腐烂，病部及附近土面长有白色绢状毛霉，并产生油菜粒状颗粒。叶片也可发病，地上部渐枯死。防治措施：①合理轮作。轮作时间以间隔3年以上较好。②土壤处理。可于播种前施入杀菌剂进行土壤消毒，常用杀菌剂为多菌灵。方法是将50%多菌灵可湿性粉剂400倍液拌入2.5倍的细土，与土壤充分混匀。一般要求在播种前15天完成，可以减少和防止病菌为害。多菌灵为高效低毒农药，使用比较安全。另外，也可用60%棉隆作消毒剂，但需提前3个月进行，10克/米^{2}与土壤充分混匀。③灌根防治。可用50%混杀硫悬浮剂500倍液，或30%甲基硫菌灵悬浮剂500倍液，或20%三唑酮乳油2 000倍液，交替灌根，每5~7天灌根1次。④喷洒防治。发病初期，用50%退菌特可湿性粉剂500倍液加0.2%尿素灌植株，或用50%多菌灵可湿性粉剂800倍液，淋施3次，每10天防治1次。

（4）黄芪紫纹羽病（俗称红根病）。黄芪紫纹羽病6—8月发生，主要为害2年以上黄芪植株。一般高温高湿季节和地下水位高的黏重土质容易发生。主要为害须根，后蔓延至主枝。病斑先呈褐黄色，后呈紫褐色，逐渐由外向内腐烂，烂根表面有紫色菌索交织膜和菌核。病株叶、茎自下而上发黄脱落，最后整株枯萎。防治措施：①收获时清除病根，集中烧毁。②与禾本科作物轮作3~4年。③发现病株及时挖除，病穴及其周围撒上石灰粉，以防蔓延。④雨季注意排水，降低田间湿度。⑤结合整地每亩用70%敌磺钠1.5~2千克进行土壤消毒处理。

（5）黄芪红心病。主要为害黄芪根部，发病时，地上叶片萎蔫，并逐渐干枯，将根劈开，中央木质部部分由黄色逐渐变为粉红色。经鉴定张掖市民乐县黄芪红心病病菌为镰刀菌，属半知菌亚门、镰刀菌属。从田间发病田块调查发现，黄芪红心病病害从7月上旬开始发病，发病呈上升趋势，9月下旬达到高峰，田间发病率最高达到16.5%。通过对黄芪红心病病原菌的室内抑菌试验和毒力测定结果表明，10%混合氨基酸铜对防治镰刀菌效果最佳，其次为20%乙酸铜，第三为噁霉灵。建议在生产中交替使用，以提高防效。

（6）黄芪麻口病。“麻口病”这种形象的称呼来源于当地群众，因为在表现麻口病典型症状的黄芪根上有许多麻子粒大小、黑褐色的坑或洞（伤口愈合组织），坑（洞）可深达木质部，造成“麻点点”或“麻坑坑”故得此名。该病破坏黄芪的根部组织，影响生长，降低产量及品质。调查中发现，在为害较为严重的黄芪根部，既有蛴螬、黄芪根瘤象幼虫为害的虫害症状，又有镰刀菌引起的根腐病病害症状；由于群众对病或虫的为害区分不是很清楚，所以，将黄芪根部有虫取食过或者有病斑的统称为“麻口病”。目前，研究已排除黄芪麻口病由线虫为害引起的可能。麻口病在黄芪整个生长发育期均可发生，一般二年生和三年生地块发病重，6 月上中旬为发病始盛期，7—9 月到达高峰。防治方法：①在播前撒施杀虫剂、神农丹、甲拌磷等进行土壤处理，对麻口病的防治效果较好。②在生产上移栽前用 5%丁硫克百威颗粒剂 3 千克/亩进行土壤处理。③发病初期浇灌 50%甲基硫菌灵，或多菌灵可湿性粉剂 800~900 倍液，或 50%苯菌灵可湿性粉剂 1 500倍液。④发病初期喷洒 10%混合氨基酸铜水剂，对于防治镰刀菌效果最佳，其次为 20%乙酸铜可湿性粉剂，再次是 30%噁霉灵水剂。建议在生产中交替使用，以提高防效。

2. 虫害防治

（1）小象鼻虫。黄芪小象鼻虫的成虫和幼虫为害黄芪幼苗和幼根，严重时吃光地上部分，造成缺苗断垄。防治方法：出苗后，每隔 10 天用 90%敌百虫晶体 2 000倍液喷雾，以杀死成虫。防治方法：出苗后，隔 10 天用 90%敌百虫晶体 2 000倍液喷雾，以杀死成虫。

（2）食心虫。黄芪食心虫以幼虫钻入荚内蛀食种子，为害严重时，种子失去发芽能力。防治方法：在成虫孵化期，用灯光诱杀幼虫或在花期用敌敌畏或溴氰菊酯按用量每隔 7 天喷施 1 次，连续喷施 3~4 次，直到种子成熟为止。

（3）大青叶蝉。成虫和若虫刺吸叶片汁液，造成叶片褪色、畸形、卷缩，甚至全叶枯死。此外，还可传播病毒病。卵产于寄主叶背主脉组织中，卵痕呈月牙状，每处有卵 3~15 粒，排列整齐。初孵幼虫有群集性。在早晨或黄昏气温低时，成虫、若虫皆潜伏不动，午间气温高时较为活跃。成虫趋光性极强。防治方法：①农业防治。及时清除杂草，最好是在杂草种子成熟前，将其翻于田间作肥料。②物理防治。在成虫发生期，设置黑光灯诱杀。③药剂防治。成虫产卵之前，在黄芪主干上刷白，可阻止成虫产卵。白涂剂的配制方法是：生石灰 25%，粗盐 4%，石硫合剂 1%~2%，水 70%，还可加入少量杀虫剂。发生数量大时，10 月上中旬于成虫产卵前，或产卵初期，喷药防治成虫。除对沟边枝条喷药外，还应对田埂杂草喷药。药剂用 20%甲氰菊酯乳油 1 500~2 000倍液，或 10%吡虫啉可湿性粉剂 3 000倍液，或 2. 5%氟氯氰菊酯乳油 2 000~3 000倍液。每隔 10 天喷 1 次，连喷 2~3 次。

（4）甘蓝夜蛾。主要是以幼虫为害作物的叶片，初孵化时的幼虫围在一起于叶片背面进行为害，白天不动，夜晚活动啃食叶片，而残留下表皮，大龄（4 龄以后）白天潜伏在叶片下，菜心、地表或根周围的土壤中，夜间出来活动，形成暴食。严重时，往往能把叶肉吃光，仅剩叶脉和叶柄，吃完一处再成群结队迁移为害。防治方法：①农业防治。包括秋季发生地块的后处理，即认真耕翻土地，消灭部分越冬蛹，及时清除杂草和老叶，创造通风透光的良好环境，以减少卵量。②糖醋液诱杀。利用成虫喜糖醋的习性，抓住良机进行诱杀。鉴于雌成虫产卵量大的习性，诱杀成虫的意义特别重要，可采用糖：醋：水=6：3：1的比例，再加入少量甜而微毒的敌百虫原药，诱杀成虫。③生物防治。在卵期人工释放赤眼蜂卡，每公顷放7.5万头。根据情况释放1~2次，卵寄生率可达70%~80%，并且成本低，无污染。④药剂防治。依据3龄前的幼虫在田间为害有明显点片阶段（即中心病虫株）的特点，此期可结合田间管理进行防治。3龄以后，由于幼虫已扩散为害，则需要全面开展防治。每亩用10%噻虫胺悬浮剂20~25克，兑水20千克，茎叶喷雾；或每亩用2.5%敌杀死乳油20~30毫升，兑水20千克，茎叶喷雾；或每亩用2.5%高效氯氟氰菊酯水乳剂20毫升，兑水20千克，进行茎叶喷雾。以上药剂防治幼虫，均应在3龄幼虫前进行。

（5）根结线虫。地上部出现叶片黄化、扭曲萎蔫、植株矮小、生长缓慢、枯枝枯叶等现象。一般在6月上中旬至10月中旬均有发生。含沙高的土壤发病严重。根结线虫寄主范围广、繁殖能力强，主要通过水流、土壤及人为活动进行传播。黄芪根部被线虫侵入后，导致细胞受刺激而加速分裂，形成大小不等的瘤结状虫瘿。主根和侧根能变形成瘤。瘤状物小的直径为1~2毫米，大的可以使整个根系变成一个瘤状物。在土中遗留的虫瘿及带有幼虫和卵的土壤是线虫病的传染来源。防治措施：①在育苗时，要选用没有发生根结线虫病的土壤进行育苗，确保幼苗不受到侵染，这样能大大减轻各种病害的为害。②深翻土壤，可以有效降低根结线虫的存活率，并且种植作物要轮番耕种。对根结线虫发病较重的土地，可以小麦、玉米等轮作，以有效减轻土壤中根结线虫的数量。③用3%阿维菌素水乳剂、20%噻唑膦水乳剂、20%噻唑膦颗粒剂等药剂防治。撒施：用噻唑膦颗粒剂每亩2~5千克在施底肥时均匀撒施后随肥料一起翻入土壤。灌根：选择晴好天气，10：00后用3%阿维菌素水乳剂1 500~2 000倍液，每株100~250毫升灌根，或20%噻唑膦水乳剂1 500~2 000倍液，每株200~250毫升灌根。

此外，还有蛴螬、金针虫、线虫、种蝇等，对地下害虫常采用毒土，如辛硫磷乳油3 000倍液拌土法防治。

八、选留良种

收获黄芪时，选地下部肥大而长、侧根少的收获，当年不开花的根留作种株，栽用。根长在25厘米左右为宜。在种根芦头下，剪去次根，栽植于施足基肥的农田中，株行距为15厘米×40厘米。将种根垂直放于沟内，芽头朝上，芦头顶离地面2厘米左右为宜，压实。7—9月开花结籽，待种子变为褐色时采摘荚果，随成熟，随采摘。晒干后脱离种子，去掉杂质，装袋，放入通风干燥处贮藏备用。

九、收获与加工

春季移栽的黄芪当年或第二年10月底即可收获，亦可3年采收，甘肃河西地区主要采用育苗移栽，多当年采收。一般于10月底当植株茎叶枯萎时，将地上部分茎叶割掉，在畦的一端开60~70厘米深的沟，然后用长铁叉翻土，将根拔出，除去泥土，剪掉芦头。条件好的药农可用机械收获，省时省工。将收获的黄芪根置于晒场曝晒，晒至七成干时，剪去侧根及须根，分级后捆成小把，再晾晒至全干，即可上市出售。以身条直、粗为佳。

参考文献

[1] 苌沛森，王辉，刘珮，等．黄芪药性功用考证［J］．辽宁中医药大学学报，2017，19（4）：167-168.

[2] 郁万晓．舒利迭联合咳喘固本丸治疗支气管哮喘缓解期临床观察［J］．山东医学高等专科学校学报，2014（4）：241-243.

[3] 陈爱萍，郭四红．抗心梗合剂治疗冠心病心绞痛53例［J］．中医研究，2006（6）：32-34.

第十三节 知 母

一、概 述

知母，中药名。为百合科多年生草本植物。入药部位为知母的干燥根茎。《中国药典》一书中提到春秋二季采挖，除去须根和泥沙，晒干，习称“毛知母”。用于温热病，邪热亢盛、壮热、烦渴、脉洪大等肺胃实热证。主要药用成分含有知母苷、汉知母苷、知母素、汉黄芩素、知母新素、知母黄酮等。味苦、性寒。归肺、胆、脾、大肠、小肠经。有清热燥湿、泻火解毒、止血、安胎等功效。主治温热病、上呼吸道感染、肺热咳嗽、湿热黄疸、肺炎、痢疾、咯血、目赤、胎动不安、高血压、痈肿疥疮等症[1]。知母的临床抗菌性比黄连好，而且不产生抗药性。《神农本草经》：“主消渴，热中，除邪气，肢体浮肿，下水，补不足，益气[2]。”知母产于河北、河南、辽宁、陕西、山东、内蒙古、黑龙江等地，我国北方多数省份都有野生资源，都可种植。

二、别　名

知母又名蚳母、连母、野蓼、地参。

三、分类地位

知母属植物界、被子植物门、单子叶植物纲、百合目、百合科、知母属。

四、特征特性

1. 植物学特征

多年生草本，根状茎粗 0.5~1.5 厘米，为残存的叶鞘所覆盖。叶长 15~60 厘米，宽 1.5~11 毫米，向先端渐尖而呈近丝状，基部渐宽而呈鞘状，具多条平行脉，没有明显的中脉。花葶比叶长得多；总状花序通常较长，可达 20~50 厘米；苞片小，卵形或卵圆形，先端长渐尖；花粉红色、淡紫色至白色；花被片条形，长 5~10 毫米，中央具 3 脉，宿存。蒴果狭椭圆形，长 8~13 毫米，宽 5~6 毫米，顶端有短喙。种子长 7~10 毫米。花果期 6—9 月。

2. 生物学特性

知母生于海拔 1 450 米以下的山坡、草原和杂草丛中或路旁较干燥向阳的地方；土壤多为黄土及腐殖质壤土；喜欢温暖、向阳的气候，但也耐寒、耐旱，可在北方的田间越冬。适应性很强，野生于向阳山坡地边，草原和杂草丛中。除幼苗期须适当浇水外，生长期间不宜过多浇水，特别在高温期间，如土壤水分过多，生长不良，且根状茎容易腐烂。土壤以疏松的腐殖质壤土为宜，低洼积水和过紧的土壤均不宜栽种。

五、繁　殖

知母的繁殖方式有种子繁殖和根茎繁殖两种。

1. 种子繁殖

（1）采种。7月下旬至9月下旬采收成熟的果实，放到通风干燥处晾干，将种子搓出，簸净杂质，贮存待用。

（2）浸种。将种子置于30~40℃的温水中浸泡24小时，捞出稍晾干后，即可进行播种。

（3）播种。秋播或春播均可，秋播在上冻前，春播于4月。当年种子发芽率80%~90%，隔年种子发芽率仅40%~50%。一般采用条播，按行距15~20厘米开沟，深1~2厘米，将种子均匀撒入沟内，覆土，保持土壤湿润，20天左右出苗。亩播种量约3千克。

2. 根茎繁殖

春秋均可进行。地上茎叶枯萎后，春季萌芽前，将地下根茎刨出，剪去须根，切成3~5厘米的长段，每段带芽1~2个，按行距15~20厘米开沟，株距10~12厘米栽种，覆土后浇水。亩用种秧150千克左右。

六、栽培技术

（一）选地与整地

1. 选　地

知母对土壤要求不严，一般土壤均可种植，人工栽培时为了高产，应选择土层深厚，渗水良好，疏松肥沃，阳光充足，中性或近中性的壤土、砂壤土，平地、坡地、山坡地均可，但排水不良的土地不宜种植。忌连作。

2. 整　地

选择好地块后，播前应深耕翻。结合整地每亩施基肥2 500~3 000千克优质有机粪肥，加过磷酸钙40~50千克。撒施均匀后，耕深为25~30厘米。耙细整平，根据当地实际情况，做成宽为1.2~2米的平畦或高畦。

（二）播　种

1. 种子准备与处理

一般选择2~3年生发育良好、植株典型性状突出、生长健壮、无病健康的优良单株作为母株采种，知母一般不单独建立留种田，而是在留种田中选择生长健壮、无病虫害的单株或地块留种。收获种子后，晒干脱粒去净杂质。选用籽粒饱满，大小均匀，色泽鲜明，具有原品种优良特征，无病虫害的种子。播种前将种子用40~45℃温水浸泡5~6小时，捞出稍晾后，拌细沙土即可播种。

2. 播　种

直接播种省时省工，根直、分叉少，商品外观质量较好。春播以耕层地温稳定在10℃以上时播种为宜，采用条播，行距30~40厘米，沟深3厘米，播种量掌握在普通条播1千克/亩，播后覆盖湿土1~2厘米，并及时适度镇压。墒情好不必灌水，干旱缺水地区也可边播种边覆土边覆盖地膜保墒。

（三）田间管理

1. 苗期管理

采取种子直播时，当幼苗长到4厘米高时，要间去过密和瘦弱的小苗，按株距10厘米定苗。育苗地不必间苗。

2. 中耕除草

幼苗出土后，应及时松土除草，并结合松土向幼苗四周适当培土，保持疏松、无杂草，一年需要除草松土3~4次。

3. 施肥与浇水

科学追肥灌水是知母高产优质的基础，氮磷钾肥合理配置，第一年定苗后要进行第一次施肥，每亩施尿素3~5千克，于6—7月追施尿素15~20千克。第二年和第三年返青后施腐熟农家肥1 500~2 000千克，6月下旬封垄前施磷酸二铵颗粒肥10~15千克、尿素10~15千克。施肥时应开沟施入，施后盖土并浇水。知母耐旱怕涝，雨季需注意排水，田间不可积水，否则易烂根。遇严重干旱时或追肥后，可适当浇水，但水量不宜多。

4. 剪花枝

抽薹、现蕾、开花、结籽要消耗大量养分，对于不采收种子的知母地块，在知母植株抽薹时，选择晴天上午及时剪去花薹，调整植株生长发育进程，能减少营养消耗，促进地下根系生长，提高药材产量。

七、病虫害防治

知母属长期野生资源利用，抗病、抗虫、抗逆能力强。一般都能正常生长发育，很少感染病虫害。人工栽培主要病害、虫害如下。

1. 病害防治

（1）知母叶枯病。知母叶枯病属于真菌病害，病菌可借助风雨进行传播，主要发生在6月上旬之后，高温高湿天气有利于诱发本病的发生。叶枯病发病后，在叶片边缘有黑褐色不规则病斑，随着病情的加重，逐渐侵染整个叶片，然后叶片出现干枯，并逐渐脱落，最后枯死。在防治上，要坚持预防为主，将上一年的病残体及时清出田外，种植知母后，做好预防大雨的工作，开挖排水沟等措施。在开春之后，对生长中的知母喷洒杀菌剂，一般可用苯醚甲环唑可溶性粉剂1 000倍液+甲基硫菌灵可溶性粉剂600倍液+芸苔素内酯，进行整株喷洒，或发病初期用50%多菌灵可湿性粉剂1 000倍液，或1：120波尔多液喷雾，每7~10天喷1次，连续2~3次。

（2）病毒病。是一种全株性病害，发病时主要从叶片开始，首先出现黄绿相接的花叶，叶片表面凹凸不平，还会伴有黑色的病斑，造成早期叶片枯死，植株矮小，严重时会导致全株干枯死亡。防治方法：选择抗病力强的品种，做好虫害的防治措施，以免虫害传染病害，加强肥水管理，增施磷钾肥，增强植株的抗病力。发病时及时拔除病株，并带出田间烧毁，对病穴做好消毒措施，并对周围植株喷洒药剂防治。

（3）软腐病。此病主要为害根茎，发病时出现褐色的水渍状病斑，然后逐渐变黑，病斑处会逐渐软化直至腐烂，在潮湿环境还会有脓状黏液流出，伴有恶臭。防治方法：在雨季要注意排水，降低地下水位和田间湿度，播种前将种子用稀释后的多菌灵药液浸泡半小时后再播种，能有效防治此病。

2. 虫害防治

对地下害虫如蛴螬、地老虎等，在种植知母之前撒施辛硫磷颗粒剂预防，当发现田间有土蚕为害的症状，可采用土蚕一支净 10 毫升，每支兑水 15 千克喷洒防治。甜菜夜蛾、小叶蛾等，在发生初期可采用 20%氯虫苯甲酰胺悬浮剂进行喷洒，也可采用苏云金杆菌 300 倍液进行防治等。

八、采收与加工

采收：春、秋两季采挖，除去须根及泥沙，晒干。或除去外皮，晒干。置通风干燥处，防潮，以备切片入药，生用，或盐水炙用。

知母栽种 2~3 年开始收获。春秋两季可采挖，以秋季采收较佳，除掉茎及须根，保留黄茸毛和浅黄色的叶痕及根茎，晒干为“毛知母”。趁鲜剥去外皮，晒干为“知母肉”。

参考文献

[1] 国家药典委员会．中华人民共和国药典：一部［M］．北京：中国医药科技出版社，2020：222.

[2] 佚名．神农本草经［M］．尚志钧，校注．北京：学苑出版社，2008：118.

第十四节　秦　艽

一、概　述

秦艽，中药名。为龙胆科植物秦艽、麻花秦艽、粗茎秦艽或小秦艽的干燥根。前三种按性状不同分别习称“秦艽”和“麻花艽”，后一种习称“小秦艽”。以根入药。味辛、苦，性平。归胃、肝、胆经[1]。具有祛风湿，清湿热，止痹痛攻效。《神农本草经》：主寒热邪气，寒湿风痹，肢节痛，下水，小便利[2]。《名医别录》：疗风，无问久新，通身挛急[3]。《中国药典》：用于骨蒸潮热，又能退除虚热[1]。在青海尤以黄南产的秦艽质量最佳，是中国重要的传统中药之一。秦艽分布于东北、西北、华北、四川等地。小秦艽分布于华北、西北和四川、西藏等地。

二、别　名

秦艽又名麻花艽、小秦艽、大艽、西大艽、左扭、左拧、西秦艽、左秦艽、萝卜艽、辫子艽、秦胶、秦纠、秦爪、左宁根、秦札、辫子艽、鸡腿艽、山大艽、曲双。

三、分类地位

秦艽属植物界、被子植物门、双子叶植物纲、龙胆目、龙胆科、龙胆属植物。

四、特征特性

（一）植物学特征

1. 秦　艽

多年生草本植物，植株高 20~35 厘米，直立或片状。直根粗壮，圆形，多为独根，或有少数分叉者，微呈扭曲状，黄色或黄褐色。茎圆形有节，光滑无毛。基生叶腐烂后，呈丝状纤维残存基部。叶片披针形，根生叶较大，茎生叶较小，叶基联合异鞘，叶片平滑，无毛，叶脉 5 出。花在茎顶或叶腋间轮状丛生，呈头状聚伞花序，花冠先端 5 裂，浅黄绿色。种子细小，椭圆形，褐色，有光泽。

2. 麻花秦艽

多年生草本植物，高可达 35 厘米，全株光滑无毛，须根多数，扭结成一个粗大、圆锥形的根。枝多斜生，近圆形。莲座丛叶片宽披针形或卵状椭圆形，两端渐狭，叶脉在两面均明显，叶柄宽，膜质，包被在枯存的纤维状叶鞘中；茎生叶线状披针形至线形，叶柄宽，聚伞花序顶生及腋生，排列成疏松的花序；花梗不等长，花萼筒膜质，黄绿色，一侧开裂，呈佛焰苞状，萼齿甚小，钻形，稀线形，花冠黄绿色，喉部具多数绿色斑点，裂片卵形或卵状三角形，雄蕊着生于冠筒中下部，整齐，花丝线状钻形，花药狭矩圆形，子房披针形或线形，花柱线形，蒴果内藏，椭圆状披针形，种子褐色，有光泽，狭矩圆形，7—10 月开花结果。

3. 粗茎秦艽

多年生草本，高 30~40 厘米，全株光滑无毛，基部被枯存的纤维状叶鞘包裹。

须根多条。枝少数丛生。莲座丛叶卵状、椭圆形或狭椭圆形。长 12 ~ 20 厘米，宽 4 ~ 6.5 厘米。花多数，无花梗，在茎顶簇生呈头状，稀腋生作轮状；花萼筒膜质，长 4 ~ 6 毫米。蒴果内藏，无柄；种子红褐色，有光泽。花果期 6—10 月。

4. 小秦艽

学名达乌里秦艽。多年生草本，高 10 ~ 25 厘米，全株光滑无毛，基部被枯存的纤维状叶鞘包裹。须根多条。枝多数丛生，斜生，黄绿色或紫红色，近圆形，光滑。莲座丛叶披针形或线状椭圆形。聚伞花序顶生及腋生，排列成疏松的花序；花梗斜伸，黄绿色或紫红色。蒴果内藏，无柄，狭椭圆形，长 2.5 ~ 3 厘米；种子淡褐色，有光泽，矩圆形，长 1.3 ~ 1.5 毫米，表面有细网纹。花果期 7—9 月。

（二）生物学特性

秦艽为高山药用植物。分布于海拔 2 400 ~ 3 500 米、气候冷凉、雨量较多、日照充足的高山地区，多生长在土层深厚、土壤肥沃、富含腐殖质的山坡草丛中。小秦艽喜温和气候，耐寒，耐旱，多生于海拔 1 000 ~ 1 800米山区、丘陵区的坡地、林缘及灌木丛中，以二阳坡生长较佳。土层深厚、肥沃的壤土及砂壤土生长较好，忌积水、盐碱地、强光。

五、繁　殖

1. 种子繁殖

播种分为春播和秋播，播种前种子处理，种子：沙为 1：3，埋在室外经低温处理。春季解冻后，在整平的畦面上，按行距 20 ~ 30 厘米，开成 3 厘米深、3 厘米宽的浅沟，然后把拌细土的种子均匀地撒在沟内，覆一薄层细沙即可。

2. 分株繁殖

分为春秋两季，春季萌动之前，挖出根，分成小簇，每簇 1 ~ 2 个芽，按行距 20 ~ 30 厘米、株距 10 ~ 15 厘米栽植，穴深根据苗的大小而定。栽根，埋上芽覆土 3 厘米左右，压实。土干要浇水，每亩 1.0 万株左右。

六、栽培技术

1. 选地整地

选浅山地带比较温暖的山地，含有丰富腐殖质的砂质壤土或壤土为好。在选好的地上施一次基肥，每亩用农家肥 2 500~3 000千克，磷酸二铵 25 千克，翻犁一次，深度 30 厘米左右，然后粗细整平，按 90~120 厘米宽做成畦。

2. 育　苗

（1）种子处理。在播种前 1~3 天，先用少量酒精溶解赤霉素后，配成水溶液浸种 12 小时，然后清水洗种，将种子用布袋控到不流水为止，再用 3%硝酸钾水溶液于室温下浸种 3 小时后用清水洗净，达到水无色为止，控出水，按细沙与种子以 3：1 的体积比拌种处理，待播。

（2）播种。春播在 4 月中旬至下旬为宜，将处理后的种子按（干种）每 100 平方米 0. 2~0. 25 千克的播种量，均匀撒播在整好的畦面上，然后用木板或平锹将畦面拍平，使种子与土壤紧密结合，并在畦面上覆一层长松针或稻草，覆盖厚度以似露土而非露土为宜，为 1~2 厘米。以早播为好，使幼苗有足够的生长时间，苗大根粗、越冬芽也较粗壮，有利于提高移栽成活率，形成壮芽。注意床上盖薄膜，这样保湿、透光较好，秋播不用处理种子，播种方法与春播相同。

（3）育苗管理。秦艽种子小，幼苗生长慢，苗期管理要保湿防旱、控光，视出苗情况适当调整透光度，另外应适时浇水和除草。一年生苗在 10 月下旬要盖上防寒物，最好是树叶、稻草，厚度为 2~3 厘米。

3. 移　栽

一年生或二年生苗，春栽时间为 4 月中旬至 5 月初，越冬芽萌动进行。移栽时在事先准备好的畦上，按行距 10 厘米横畦开沟，沟深 10~12 厘米，按株距 8~10 厘米摆苗，须根展开，覆土深度为芽孢似露非露土为宜。栽后浇透水，覆上 1~2 厘米稻草保温。

4. 田间管理

出苗时，若遇干旱，应及时浇水，保持土壤湿润，并盖草帘保墒，出苗 50%时，把草帘支高 10 厘米，80%出苗时撤掉帘子。秦艽虽然喜阳光，但怕强光照射。以后每年春季出苗时，清除地内残叶杂物，进行第一次松土除草；第二次在6—7月进行。每次松土除草后，薄施一次尿素，每亩10~15千克。现蕾时每亩施过磷酸钙25千克、尿素15千克，除留种外，其余花蕾全部摘掉。雨季应注意排水，防止烂根。

七、病虫害防治

（1）虫害。在播种后畦面的覆盖物下有蝼蛄为害，将麦麸炒香，用90%敌百虫晶体将麦麸拌潮，一堆一堆放在畦边，进行诱杀。毒饵每亩4~5千克。

（2）猝倒病。5月下旬至6月上旬为发病盛期，猝倒病属真菌引起的病害，症状为感病植株叶片出现水渍状，植株成片倒伏，5~8天后死亡，湿度过大，种植密度过高发病严重。一旦发病，停止浇水。用65%代森锰锌可湿性粉剂500倍液或多菌灵等杀菌剂进行防治。

（3）叶腐病。该病发生在两对真叶出现后至8月，发病症状为感病叶片萎蔫，逐渐变黑腐烂，重者边根烂掉，病区呈同心圆状向四周蔓延，温度高、湿度大利于发病。发病后暂停浇水，用甲基硫菌灵可湿性粉剂800倍液或50%多菌灵可湿性粉剂1 500倍液浇灌病区。发病前用多菌灵可湿性粉剂700~800倍液或代森锰锌可湿性粉剂500倍液叶面喷雾进行预防。

（4）斑枯病。每年6月末到10月发病。此病是为害秦艽严重的病害。患病叶片出现棕褐色圆形或椭圆形病斑，病斑中央颜色稍浅，边缘褐色，病斑两面处有黑小点，是病原菌的子实体分生孢子器，严重时病斑连成片，叶片枯死，最后导致整株枯萎。6月初至6月中旬用65%代森锰锌可湿性粉剂400~500倍液每5~7天喷施1次，6月中旬至10月用65%代森锰锌可湿性粉剂300倍液每3~5天喷施1次。也可用50%多菌灵可湿性粉剂400倍液，3~5天喷1次，与代森锰锌交替使用。

八、采收与加工

1. 收获时间

通常播种后3~5年即可采收。一般春季3—4月、秋季9—10月植株地上部分开始枯黄时采挖。

2. 产后处理

挖取后，除去茎叶、须根及泥土，晒干即可。也可将洗净的根置于阳光下，当其内部颜色变为黄棕色或黄绿色时，再摊开晒至全干即可入药、贮藏、包装。

此外，秦艽6月中旬开始开花，8月末大部分种子成熟，10月就可以开始大批量采摘收获种子。

参考文献

[1] 国家药典委员会. 中华人民共和国药典：一部［M］. 北京：中国医药科技出版社，2015：270.

[2] 佚名. 神农本草经［M］. 尚志钧，校注. 北京：学苑出版社，2008：118.

[3] 陶弘景. 名医别录［M］. 尚志钧，辑校. 北京：中国中医药出版社，2013：113.

第十五节　丹　参

一、概　述

丹参，中药名。为唇形科植物丹参的干燥根和根茎。以根入药，是常用中药材[1]。性苦，微温。归心经。活血祛瘀，安神宁心，排脓，止痛。主要含丹参酮甲、丹参酮乙、丹参酮丙、隐丹参酮，并含维生素E。《本草纲目》：活血，通心包络，治疝痛[2]。《神农本草经》：心腹邪气，肠鸣幽幽如走水，寒热积聚，破症除瘕，止烦满，益气[3]。久服利人。主产地四川，原料主要来源于人工栽培，也有部分是野生。以四川中江所产丹参产量多，质量好；此外，金堂、德昌、德阳等地亦有大量栽培。辽宁、内蒙古、河北、河南、山东、江苏、浙江、江西、安徽、湖北、贵州、云南、福建等省（区）亦有引种栽培。

二、别　名

丹参又名赤参、山参、紫丹参、红根、山红萝卜、活血根、靠山红、红参、精选酒壶根、野苏子根、山苏子根、血参根、红丹参。

三、分类地位

丹参属植物界、被子植物门、双子叶植物纲、唇形目、唇形科、鼠尾草属植物。

四、特征特性

（一）植物学特征

丹参，为唇形科的多年生草本。株高 30～80 厘米，全株密生黄白柔毛。根粗壮，圆柱形，根皮土红色，内部黄白色，长约 30 厘米，根茎 1～3 厘米，肉质有分枝。茎直立方形，表面有浅槽，带紫色，上部多分枝。叶对生，奇数羽状复叶；小叶 5 片或 7 片；叶片卵圆形，边缘有钝锯齿，叶面深绿色；叶背淡绿色，均有长柔毛，背面及叶脉上柔毛较多。总轮状花序顶生或腋生，每轮着生 8～10 朵花；花萼钟状，唇形，紫色；花冠蓝紫色或淡紫色，唇形。果为小坚果 4 个，椭圆形，被有绵状细毛。花期 6—9 月，果期 7—10 月。此外，四川省西昌、凉山所产野丹参系云南丹参，多未入药。

（二）生物学特性

丹参的种子千粒重 1.2 克，种子数量少，成熟期长，不易采收。丹参的根多具不定芽，常从上端断处萌发新株，萌蘖性强。丹参是一种直根系的深根性植物，侧根无水平方向生长的。根龄的大小和根的粗细直接影响丹参产量、品质及植株的生长发育。老根萌发的植株多须根，产量、品质较差。细根植株产量亦低。幼苗 4 月上旬出土，其侧根也开始生长发育，6 月上旬开花，7—8 月为盛花期。种子发芽率在 70%左右，寿命可保持两年。在 18～20℃，湿度良好时，播种后半个月会出苗。当年植株只形成叶簇，翌年 3 月开始返青生长，10 月底地上部分枯萎。

（三）对环境条件的要求

1. 温　度

丹参喜气候温暖的地区。在年平均气温 17～20℃，海拔 500 米左右的丘陵地带生长较好。气温偏低，生长期短，生长缓慢。

2. 湿　度

丹参喜湿润的气候和土壤。丹参既怕旱又怕涝。幼苗出土期干旱，则难出土，造成缺株。土壤积水又容易出现烂根死苗。主产地年降水量为 900～1 000毫米，年平均相对湿度为 70%～80%。

3. 日　照

丹参多生长在向阳，日照充足的环境。四川主产地中江县全年日照约 1 200 小时。

4. 土　壤

丹参系深根性植物，适宜土层疏松深厚、保水排水、透气良好的砂壤土和壤土栽培。沙质土和黏性土均不适合栽植丹参。以肥力中等的微酸、微碱、中性的土壤较合适。肥力过高的土壤（如菜园土）栽植丹参易发生枝叶徒长，根条不会长粗，降低产量和品质。

五、繁　殖

1. 分根繁殖方式

秋季收获丹参时，选择色红、无腐烂、发育充实、直径 0.7~1 厘米的根条作种根，用湿沙贮藏至翌春栽种。早春 4—5 月，在整平耙细的畦面上栽植，按行距 33~35 厘米、株距 23~25 厘米挖穴，穴深为 5~7 厘米，穴底施入适量的粪肥或土杂肥作基肥，与底土拌匀。然后，将径粗 0.7~1.0 厘米的嫩根，切成 5~7 厘米长的小段作种根，大头朝上，每穴直立栽入 1 段，栽后覆盖火土灰，再盖细土厚 2 厘米左右。可采用地膜覆盖培育种苗的方法。

2. 芦头繁殖方式

挖丹参根时，选取生长健壮、无病虫害的植株，粗根切下供药用，将径粗 0.6 厘米的细根连同根基上的芦头切下作种栽，按行株距 33 厘米×23 厘米挖穴，与分根的方法相同，栽入穴内。最后覆盖细土厚 2~3 厘米，稍加压实即可。

3. 种子繁殖方式

于 3 月下旬选阳畦播种。畦宽 1.3 米，按行距 33 厘米横向开沟条播，沟深 1 厘米，因丹参种子细小，要拌细沙均匀地撒入沟内，土不宜太厚，以不见种子为度，播后覆盖地膜保温，当地温达 18~22℃时，半个月左右即可出苗。出苗后在地膜上打孔放苗，当苗高 6 厘米时进行间苗，培育至 5 月下旬即可移栽。南方宜于 6 月种子成熟后，随采随播，出苗最多。亦可于立秋前后播种。

4. 扦插繁殖方式

于7—8月，在苗床的畦面上灌水、湿润，然后剪取生长健壮的茎枝，切成长17~20厘米的插穗，将插穗斜插入土中，深度为插条的1/3~1/2，随剪随插，不可久置，否则影响成苗率。插后保持床土湿润，适当遮阴，半个月左右即能生根。待根长3厘米时，定植于大田。

以上4种繁殖方法，采用芦头作繁殖材料，产量最高，其次是分根繁殖。

六、栽培技术

（一）繁殖方法

1. 插根繁殖法

（1）选用种根。准备作种用的根可留在地里不挖，到栽植时随挖、随栽。亦可结合大田收获选留优良种根，湿沙贮藏到翌年栽植。贮藏时应保留老根（上一年作种的根），以便栽植时容易识别。种根的选择以粗壮、根径约1厘米、色红、有光泽、无烂根的一年生侧根为宜。老根和细根不宜作种。老根易空心，须根多，细根植株生长不良，根条短小，产量、品质均低。

（2）选地整地。栽植丹参最好选择前作物为甘薯、玉米、花生的农地。前作物秋季收获后，进行深翻（30厘米深）后冬闲或种蔬菜、绿肥。在第二年春季栽参前，应把农地深翻耙平，做成宽1.2米、高20厘米的畦，畦沟宽约25厘米。如农地面积不大，排水良好，可以不做畦。整地时施入堆肥或厩肥1 500~2 000千克/亩，以作基肥，改良土壤结构，满足丹参后期生长需要。

（3）栽植方法。插根季节：插根于立春至春分，或立冬前进行。按行距30厘米，株距25厘米挖穴栽植。穴深为3~5厘米，每亩施农家有机肥1 500~2 000千克。栽根方法：每穴栽种根1~2节，每节种根长5~6厘米，边折边栽，种根的上端一定要向上直立穴中栽好。倒栽不会出苗而造成缺株。将种根埋入土中时，露出上端与畦面齐平或稍高出畦面。为了充分利用农地，增加收益，可以适当间种早熟玉米。玉米可种在畦边或中间一行。一般每亩可收鲜丹参200~250千克，玉米125~150千克。

2. 种子繁殖法

种子繁殖法分为育苗移栽和直播两种。

（1）育苗移栽。选择向阳的圃地深翻、细耙后作苗床，床宽 1～1.2 米。4 月上旬播种，多用条播法。覆土 0.5 厘米，常喷洒浇水，保持湿润，播后 15～20 天就会出苗。当苗高 8～10 厘米时就可以移植田间。

（2）直播。春季 4 月中旬或秋季 8 月中旬将丹参种子直接播种于大田。大田先行深翻、细耙、整平，做畦或不做畦。按行距 40～50 厘米，株距 25～30 厘米条播或穴播。每穴播种 10 多粒。开沟或挖穴深 2～3 厘米，覆土 0.5～1 厘米。每亩播种量 500 克左右。苗出齐后，当苗高 8 厘米左右时可以进行 1 次间苗。春旱时，播种前 2～3 天应先行灌溉。

（二）田间管理

1. 查苗补植

丹参在春分以前栽植，4 月上旬幼苗即可出土。但常因盖土过厚或土壤板结及倒栽根而造成不出苗。因此，在出苗期间应常进行田间查苗。凡盖土太厚、板结的应将盖土轻轻扒开，发现倒栽根的要重新栽好。

2. 锄草松土

一般锄草松土 3 次。第一次在 4 月苗高 6～8 厘米时进行，第二次在 6 月初开花时进行，第三次在 8 月中下旬进行。平时应做到见草就拔。

3. 施　肥

结合锄草松土同时施肥。第一次施尿素，每亩用 10～15 千克促苗。第二、第三次亩施有机肥 100～150 千克或腐熟菜籽饼 75～100 千克，促进丹参根的生长、增粗。施肥要在植株旁挖穴，施入后覆土盖好。

4. 排灌水

丹参地最忌积水，积水影响丹参根的生长，降低产量、品质，还会烂根死苗。每次降雨之后应及时疏通排水沟，排尽积水。出苗期间如遇春旱，也应适当浇灌水湿润土壤，以利出苗。

七、病虫害防治

1. 病害防治

丹参的病害主要有白绢病、菌核病、根腐病、紫纹羽病，主要为害丹参的根、茎基及芽头，引起腐烂而导致整株萎蔫或死亡。防治措施：加强田间管理，及时疏沟排水；实行水旱轮作；用抗病、无病种苗；发现病株及时烧毁，用50%氯硝柳胺可湿性粉剂0.5千克加石灰水10千克，洒在病株周围地面消毒；初发病时，用50%腐霉利可湿性粉剂或50%甲基硫菌灵可湿性粉剂800~1 000倍液浇灌病株。建立无病留种田，加强检疫；与禾本科作物轮作。

此外，为害丹参地上部分的病害有褐斑病、斑枯病、细菌性斑点病等及寄生于茎上的中国菟丝子。防治措施：加强栽培管理，冬季清除病茎叶集中烧毁，注意通沟、排水，保持田间通风透光；初发病时，用50%多菌灵可湿性粉剂，或50%甲基硫菌灵可湿性粉剂800~1 000倍液，或1：2：200波尔多液喷治。

2. 虫害防治

虫害主要有粉纹夜蛾，棉铃虫，为害丹参的叶、花蕾、花、果等，造成减产。初发生时用90%敌百虫晶体800倍液喷雾防治。棉铃虫可用50%辛硫磷乳油1 500倍液喷雾防治。

八、收获与加工

1. 收获时间

根插栽种的丹参当年11月上旬至翌年3月上旬未萌发前均可收获，以立冬（11月上旬）后收获为最适时间；种子育苗和直播栽培的丹参在第二、第三年秋季地上部分枯萎后收获为好。

2. 收获方法

选择晴天，土壤半干半湿时进行收获。把全部的根挖出、去泥，运回加工，注意不能水洗，否则会影响质量。亩产可达200~250千克，高产者达1 000千克左右。

3. 加　工

收回的丹参根条，可放在晒场上，晾或晒干五六成时，待根发软后顺成一束，堆放2~3天“发汗”，再摊开晾晒至全干。用火燎烧去除细须根后整齐摆放在竹篓内，轻轻摇动，使之相互摩擦，除净根条上的泥灰及未净须根即得干品。老根不易干燥，应切开检查，须完全干透心才行，否则易霉烂。

参考文献

［1］ 国家药典委员会．中华人民共和国药典：一部［M］．北京：中国医药科技出版社，2020：76.
［2］ 李时珍．本草纲目［M］．刘衡如，刘永山校注．北京：华夏出版社，2013：529.
［3］ 佚名．神农本草经［M］．森立之辑．北京：北京科学技术出版社，2016：41.

第十六节　大　黄

一、概　述

大黄，中药名。为蓼科大黄属植物掌叶大黄、唐古特大黄和药用大黄的根及根茎。以根及根状茎入药。入胃、大肠、肝经。味苦，寒。《神农本草经》中记载大黄有“下瘀血，血闭，寒热，破癥瘕积聚，留饮宿食，荡涤肠胃，推陈致新，通利水谷，调中化食，安和五脏”的功效，被认为在治疗急性胰腺炎过程中起到较大的作用，目前在临床上被广泛使用[1]。大黄泻热毒，荡积滞，且有活血化瘀的作用，可以改善肾脏微循环，是治疗急慢性肾功能衰竭的良药[2]。现代医学证明，大黄还有抗病原微生物，抗内毒素、清除体内自由基、抗炎、解热、利胆、利尿，治疗肾功能衰竭，促进免疫等多方面的作用。临床观察，大黄对多种病症及急危重症的救治收到良效。它不仅是一味泻下药，更是一味良好的急救药和“理虚”药，一药顾多症，值得进一步研究[3-4]。作为商品以掌叶大黄产量大，唐古特大黄次之，药用大黄少见。大黄的主要化学成分包括结合和游离型蒽醌类、蒽酮类、二苯乙烯类、苯丁酮类、色原酮类、黄酮类及鞣质类化合物。除了具有优良的药用价值外，还具有良好的生态防护和水土保持功能。

二、别　名

大黄又名将军、黄良、火参、肤如、蜀大黄、锦纹大黄、牛舌大黄、锦纹、生军、川军等。

三、分类地位

大黄为被子植物门、双子叶植物纲、核桃目、蓼科、大黄属植物。

四、特征特性

（一）植物学特征

1. 掌叶大黄（又名：葵叶大黄、北大黄、天水大黄）

多年生高大草本。根茎粗壮，茎直立，高 2 米左右，中空，光滑无毛。基生叶大，有粗壮的肉质长柄，约与叶片等长；叶片宽心形或近圆形，径达 40 厘米以上，3~7 掌状深裂，每裂片常再羽状分裂，上面流生乳头状小突起，下面有柔毛；茎生叶较小，有短柄；托叶鞘筒状，密生短柔毛。花序大圆锥状，顶生；花梗纤细，中下部有关节。花紫红色或带红紫色；花被片 6 枚，长约 1.5 毫米，排成 2 轮；雄蕊 9 枚；花柱 3 枚。瘦果有 3 棱，沿棱生翅，顶端微凹陷，基部近心形，暗褐色。花期 6—7 月，果期 7—8 月。

2. 唐古特大黄

多年生高大草本，高 2 米左右。茎无毛或有毛。根生叶略呈圆形或宽心形，直径 40~70 厘米，3~7 掌状深裂，裂片狭长，常再作羽状浅裂，先端锐尖，基部心形；茎生叶较小，柄亦较短。圆锥花序大型，幼时多呈浓紫色，亦有绿白色者，分枝紧密，小枝挺直向上；花小，具较长花梗；花被 6 枚，2 轮；雄蕊一般 9 枚；子房三角形，花柱 3 枚。瘦果三角形，有翅，顶端圆或微凹，基部心形。花期 6—7 月，果期 7—9 月。

3. 药用大黄（又名：南大黄）

多年生高大草本，高 1.5 米左右。茎直立，茎上疏被短柔毛，节处较密。根生叶有长柄，叶片圆形、卵圆形，直径 40~70 厘米，掌状浅裂，或仅有缺刻及粗锯齿，前端锐尖，基部心形，主脉通常5条，基出，上面无毛，下面被毛，多分布于叶脉及叶缘；茎生叶较小，柄亦短；叶鞘筒状，疏被短毛，分裂至基部。圆锥花序大型，分枝开展，花小，直径3~4毫米，4~10朵成簇；花被6枚，淡绿色或黄白色，2轮，内轮者长圆形，长约2毫米，先端圆，边缘不甚整齐，外轮者稍短小；雄蕊9枚，不外露；子房三角形，花柱3枚。瘦果三角形，有翅，长8~10毫米，宽6~9毫米，顶端下凹，红色。花果期6—7月。

（二）生物学特性

大黄主要分布在亚温带及亚热带的高寒山区，其道地产区为甘肃、四川、西藏等高海拔地区。野生大黄多生于海拔2 000~3 700米气候冷凉的高寒地区，生于林缘、灌木丛、山坡草地。性喜冷凉气候，耐寒，忌高温。对土壤要求较严，一般以土层深厚、富含腐殖质、排水良好的壤土或砂壤土最好。在黏重酸性的土壤栽种，造成根茎生长不良，影响产量。排水不良、地下水位过高的地块，不宜种植。大黄种子容易萌发，在15~25℃的温度条件下，发芽率可达85%以上。种子保存1~2年后，生活力会下降，种子发芽率会降低。播种当年或第二年形成叶簇，每年3月下旬至4月返青，第三年5—7月开花结果，6月下旬至8月中旬果实成熟，11月地上部枯萎，生长期210天左右。大黄忌连作，需经4~5年后再种，宜与豆科、禾本科作物轮作，或以党参、黄连为前作。

五、繁　殖

大黄主要用种子繁殖，也可用子芽繁殖。种子繁殖又分直播和育苗移栽两种方法。

1. 种子直播

在初秋或早春进行。直播时按行株距70厘米×60厘米穴播，穴深为3厘米左右，每穴播种5~6粒，覆土2厘米左右。每亩用种量2~2.5千克。

2. 育苗移栽

为了节约种子和提高土地利用率，常采用育苗方法移栽大田。在整好的农田内做成宽1.2米、高10~15厘米的高畦，四边开好排水沟。横向在畦上开沟条播，行距12厘米，深5厘米，将种子均匀撒入沟内，覆土2~3厘米，再覆一层草。发芽出土后揭去覆草。苗期做好除草工作，5—6月亩追施5~6千克尿素。第一年10月中旬在大黄的苗行上培土3~5厘米，以防幼苗受冻，第二年的4月中旬，选1~1.5厘米粗的幼苗，将侧根及主根的细长部分剪去，按行距70厘米，株距50厘米开穴，穴深为30厘米左右，每穴栽苗1株进行移栽，覆土，稍埋住芦头，压实土壤，使根与土紧密结合。移栽时可采取“曲根定植”，即定植时将种苗根尖端向上弯曲呈“L”形，可大大降低植株的抽薹率。

3. 子芽繁殖

在收获大黄时，将母株根茎上萌生的健壮而较大的子芽摘下，按行株距60厘米×55厘米挖穴，每穴放1个子芽，芽眼向上，覆土6~7厘米，踏实。栽种时，为防止伤口处腐烂，可在伤口涂上草木灰。

六、栽培技术

（一）整　地

选择土层深厚、疏松、肥沃、排水良好的土壤，并结合深翻整地，亩施优质农家肥3 000~4 000千克，磷酸二铵30千克，硫酸钾20千克。并做成宽1~1.2米的畦。

（二）播　种

1. 选　种

大黄品种易杂交变异，应选择生长健壮、无病虫害、品种较纯的3~4年生植株作为种株，当种子田的植株生长到30~50厘米时，仔细观察，并按选种标准选定大黄植株移栽，第三年7月上中旬采籽作种用，要求植株性状典型纯正，叶色深绿，无皱叶，无病虫害，生长健壮。随成熟、随采收。成熟的大黄种子为淡棕黄色，果翅张开呈三棱形，种胚膨大呈黑色。据研究，采种株生长年限短，所繁殖的后代易发生早期抽薹现象。

2. 种子处理

将选好的饱满、健康种子在20~30℃的温水中浸泡4~8小时，沥干水分，拌草木灰后即可播种。播种时在畦面上按行距20厘米开5厘米深浅沟，将种子均匀撒于沟内，覆土0.5~1.0厘米为度，保持土壤湿润，15~20天即可出苗。

如果采用育苗移栽，于第二年的4月中旬，选1~1.5厘米粗的幼苗，将侧根及主根的细长部分剪去，按行距70厘米，株距50厘米开穴，穴深为30厘米左右，每穴栽苗1株进行移栽，覆土，稍埋住芦头，压实土壤，使根与土紧密结合。移栽时可采取“曲根定植”，即定植时将种苗根尖端向上弯曲呈“L”形，可大大降低植株的抽薹率。

（三）田间管理

1. 中耕除草

大黄栽后1~2年植株尚小，杂草容易滋生，中耕除草的次数宜多，至第三年植株生长健壮，能遮盖地面抑制杂草生长，每年中耕、除草2次即可。一般在5月上旬大黄出苗齐后进行第一次中耕，并将杂草拔除干净。6月中旬大黄三叶期后，进行第二次中耕、除草。

2. 培土追肥

6月中旬进行第二次中耕、除草，并适当培土，8月上旬第二次培土。第二年3月下旬每亩施优质农家肥4 000千克、磷酸二铵15千克，混匀培土到茎基部。

3. 割除花薹

除种子田外，在花薹刚抽出时，用镰刀将花薹割去并培土至割薹处，用脚踏实，防止雨水浸入空心花序茎中引起根茎腐烂。

4. 抹　芽

割除花薹后，大黄头部周围会发出无数个侧芽，如不抹除侧芽，块茎无法膨大，为此必须进行抹芽。抹芽的方法是：将大黄头部周围的土抛开露出所有的侧芽，留1个或对称的壮芽2个，其余全部抹掉，并追施1次尿素，每亩10~15千克，促进块茎形成。

5. 壅土防冻

大黄根块肥大，不断向上生长，故在每次中耕除草施肥时，结合壅土于植株四周，逐渐做成土堆状，既能促进块根生长，又利排水。在冬季叶片枯萎时，壅土或蒿草堆肥等覆盖6~10厘米厚，防止根茎冻坏，引起腐烂。

七、病虫害防治

1. 病害防治

大黄主要病害有根腐病、轮纹病、炭疽病和霜霉病等。

（1）根腐病。在收获的当年或前一年7—8月高温、高湿的情况下易发病，潮湿和连作的地块发病最重。发病后大黄地下根茎最初出现湿润性不规则的褐色斑点，随即迅速扩大，深入根茎内部，并向四周蔓延腐烂，致使全部根茎变黑。地上部分先从植株外缘叶柄基部发病，逐渐蔓延，使叶柄全部变黑，导致全株枯死。

防治方法：①实行轮作。与豆科、禾本科作物轮作，也可与党参、黄连轮作。②保持土壤排水良好，或将畦面做成龟背形，以利排水。③及早拔除病株烧毁，病株处的土壤用石灰消毒以避免病原菌蔓延。④清除枯枝落叶及杂草，消灭过冬病原菌。⑤发病前或发病中用77%可杀得（氢氧化铜）可湿性粉剂800倍液，或80%代森锰锌可湿性粉剂500~600倍液喷雾或浇灌，每隔7~10天1次，连续3~4次。

（2）轮纹病。叶片受害后病斑近圆形，直径1~2厘米，红褐色，具同心轮纹，内密生黑褐色小点，即病原菌的分生孢子器。病害严重时，可使叶片枯死。轮纹病在大黄出苗后不久即会发生，一直可持续到收获。病菌以菌丝体在病斑里或子芽上越冬，借风雨进行传播。防治方法：①秋末冬初清除落叶并摘除枯叶，减少越冬菌源。②加强早期中耕除草，增加有机肥，提高抗病力。③从出苗后15天起，连续喷洒77%可杀得（氢氧化铜）可湿性粉剂800倍液，或75%代森锰锌可湿性粉剂600倍液。

（3）炭疽病。大黄叶片受害后，病斑圆形或近圆形，直径2~4厘米，中心部分淡褐色，边缘紫红色，以后生紫黑色小点，即病原菌的分生孢子盘，但肉眼不易看清。最后，病斑往往穿孔。防治方法：炭疽病发生时间一般偏早，可参照轮纹病的防治。

（4）霜霉病。叶上病斑呈多角形至不规则形，黄绿色，边缘不明显。发病严重时，叶片变黄渐次干枯。天气湿润时，在叶背的病斑处可见紫色的霜状霉层。病菌以卵孢子在被害叶的病斑中越冬。防治方法：①实行轮作，保持土壤排水良好。②及时拔除病株并加以烧毁。病穴土壤用石灰消毒，清除田间枯枝落叶及杂草，消灭越冬菌源。③用80%代森锰锌可湿性粉剂500~600倍液喷雾，或施用甲霜灵锰锌可湿性粉剂800倍液，7~10天喷1次，连续喷3~4次。病后应尽快清除病株，秋季收集枯枝落叶焚烧，减少细菌来源。

2. 虫害防治

（1）蚜虫。又名腻虫、蜜虫，属半翅目、蚜科。以成虫、若虫为害嫩叶。防治方法：冬季清理园地，将枯死的病株和落叶深埋或烧毁。发生期喷50%杀螟硫磷乳油1 000~2 000倍液，每7~10天喷1次，连续4~5次。

（2）甘蓝夜蛾。以幼虫为害叶片，造成缺刻。防治方法：灯光诱杀，或在发生期掌握幼龄阶段，喷90%敌百虫晶体800倍液，或50%磷胺乳油1 500倍液，7~10天喷1次，连续2~3次。

（3）金花虫。以成虫及幼虫为害叶片，造成孔洞。防治方法：用90%敌百虫乳油800倍液，或4%鱼藤酮乳油800倍液喷雾，每隔7~10天1次，连续2~3次。

（4）蛴螬。又名白地蚕。以幼虫为害，咬断幼苗或幼根，造成断苗或根部空洞。可在被害株根部或附近土下10~20厘米处找到害虫，进行人工灭杀。也可采用毒饵诱杀。

八、采收与加工

采收：大黄栽种2~3年后，在9—10月地上部枯萎时收获。收获时，先剪去地上部分，将根茎与根全部挖出，仔细将土抖掉，过大的根茎可切成几块，中、小型的切成片，风干、晒干或烘干。干后装于木箱，或于撞药设备内冲撞，撞去粗皮，露出黄色即可。每亩可收干货400千克左右。

烘干：搭架棚，棚的高度距离地面约1.5米，棚上要留排湿通气孔。将大黄断面朝下摆放，摆放厚度50厘米，用柴火、炭火或煤块火烘烤，第一次7天左右翻转，之后隔10天翻1次，一般翻4~5次。烘烤时把握温度，要相对稳定，棚温最初保持在30℃，以后视大黄干湿度逐渐升温至50℃，最后烘至全干，一般40天左右即干。

晒干：采用日光晒干时，先搭架，要求架宽45~60厘米，防雨、防水，将大黄切茬面朝上，向阳单排斜立摆放，每架3层，约2个月即干。

参考文献

［1］ 刘雷，方茂勇，徐周纬，等．急性胆源性胰腺炎术后应用大黄治疗的临床分析［J］．中国普通外科杂志，2013，22（3）：368-370.

［2］ 王绪华，季丛芝．大黄与活性碳混悬液对氟乙酰胺中毒患者胃肠道保护及肾

功能不全的治疗研究［J］. 中国误诊学杂志，2006，6（10）：1883.

［3］ 孙志刚 . 大黄胶囊治疗高脂血症 32 例分析［J］. 中国误诊学杂志，2006，6（17）：3415.

［4］ 马颖光，夏兴洲，杜桂荣，等 . 生大黄联合芒硝在重症急性胰腺炎治疗中的应用价值［J］. 中国误诊学杂志，2005，5（9）：1674.

第三章

茎类中草药

第一节 麻 黄

一、概 述

麻黄为常用中药材，包括草麻黄、木贼麻黄与中麻黄三种麻黄属的植物，均为草本状灌木，采用部位为草质茎和根，为中药中的发散风寒药，始载于《神农本草经》。因《本草纲目》“其味麻，其色黄”而得名。麻黄生物碱含量丰富，是提取麻黄碱的主要资源，草麻黄、中麻黄和木贼麻黄主含左旋麻黄碱、右旋伪麻黄碱、左旋去甲基麻黄碱、右旋去甲基伪麻黄碱等多种生物碱成分，尚含挥发油等。麻黄中空而浮，长于升散，其气微香，善达肌表，开腠理，透毛窍。主治伤寒表证、咳嗽气喘、风水水肿、小便不利、风湿痹痛、阴疽痰核、肌肤不仁以及风疹瘙痒等[1]。现代研究表明，麻黄药理作用主要有调节血压、利尿、平喘、发汗、兴奋中枢、抗凝血、抗病毒和抗癌、免疫抑制、抗氧化等，对中枢神经系统、心血管系统、平滑肌等具有广泛的作用[2-3]。草麻黄分布于华北及吉林、辽宁、陕西、新疆、河南西北部等地。木贼麻黄分布于华北及陕西西部、甘肃、新疆等地。中麻黄分布于华北、西北及辽宁、山东等地，以西北地区最为习见[4]。

二、别 名

麻黄又名龙沙、狗骨、卑相等。

三、分类地位

麻黄属植物界、裸子植物门、盖子植物纲、麻黄目、麻黄科、麻黄属植物。

四、特征特性

（一）植物学特征

1. 草麻黄

草麻黄呈细长圆柱形，少分枝，直径1~2毫米。有的带少量棕色木质茎。表面淡绿色至黄绿色，有细纵脊线，触之微有粗糙感。节明显，节间长2~6厘米。节上有膜质鳞叶，长3~4毫米；裂片2（稀3），锐三角形，先端灰白色，反曲，基部联合成筒状，红棕色。体轻，质脆，易折断，断面略呈纤维性，周边绿黄色，髓部红棕色，近圆形。气微香，味涩、微苦。

2. 中麻黄

灌木，高20~100厘米；茎直立或匍匐斜上，粗壮，基部分枝多；绿色小枝常被白粉呈灰绿色，直径1~2毫米，节间通常长3~6厘米，纵槽纹较细浅。叶3裂或2裂混见，下部约2/3合生成鞘状，上部裂片钝三角形或窄三角披针形。雄球花通常无梗，数个密集于节上成团状，稀2~3个对生或轮生于节上，具5~7对交叉对生或5~7轮（每轮3片）苞片，雄花有5~8枚雄蕊，花丝全部合生，花药无梗；雌球花2~3成簇，对生或轮生于节上，无梗或有短梗，苞片3~5轮（每轮3片）或3~5对交叉对生，通常仅基部合生，边缘常有明显膜质窄边，最上一轮苞片有2~3朵雌花；雌花的珠被管长3毫米，常呈螺旋状弯曲。雌球花成熟时肉质红色，椭圆形、卵圆形，或矩圆状卵圆形，长6~10毫米，直径5~8毫米。种子包于红色肉质的苞片内，不外露，3粒或2粒，形状变异颇大，常呈卵圆形或长卵圆形，长5~6毫米，直径约3毫米。花期5—6月，种子7—8月成熟。

3. 木贼麻黄

麻黄木贼麻黄是麻黄科，麻黄属直立小灌木，高可达1米，木质茎粗长，直立，小枝细，节间短，叶褐色，大部合生，裂片短三角形，先端钝。雄球花无梗或开花时有短梗，卵圆形或窄卵圆形，假花被近圆形，花丝全部合生，雌球花窄卵圆形或窄菱形，苞片菱形或卵状菱形，雌球花成熟时肉质红色，长卵圆形或卵圆形，种子窄长卵圆形，6—7月开花，8—9月种子成熟。

（二）生物学特性

麻黄生长于山坡、平原、干燥荒地、河床及草原等处，常组成大面积的单纯群落。温度影响麻黄的地理分布。从麻黄的分布范围看。麻黄可在−31.6～42.6℃的极端气温条件下生存。兼有耐热植物和耐寒植物的特性，在极端生境条件下具有较大的生存概率。麻黄的正常生长发育仍要求有较高的气温，且在年平均气温6.0～7.0℃的区域内麻黄分布广、数量多，形成优势群丛；在年平均气温4.3～6.0℃的区域内，麻黄生长发育正常，并随着年平均气温降低数量减少，在年均温−1.61～4.2℃的区域内鲜有麻黄分布。麻黄的地理分布，随着年降水量的增多而减少，在降水量为300～340毫米的区域内，年湿润度在0.38以下，麻黄集中分布，是最适合的生长环境；而在降水量为400～500毫米、年湿润度为0.6～0.8的区域内，几乎没有麻黄分布。当地下水位上升，土壤含水量增大，草地植被形成低地草甸草原时，麻黄完全消失。麻黄对土壤要求不严格，砂质壤土、砂土、壤土均可生长，低洼地和排水不良的黏土地不宜栽培。

五、繁　殖

麻黄的繁殖方式有种子繁殖、分株繁殖和育苗移栽3种。

1. 种子繁殖

采用条播，在地上开6厘米深的沟，行距30～40厘米，之后把种子撒在沟内，再盖好细土镇压，表面盖1厘米厚的河沙，以防土壤板结，播后立即灌水，出苗前保持土壤湿润，10～15天就可以出苗。

2. 分株繁殖

在春季解冻以后，或者在秋季，将已经成年的植株挖出来，再将整株分成6～11个单株，按照行距40厘米，株距30厘米种植，之后压实土壤，及时浇水即可。如果增加保湿措施，效果更好。

3. 育苗移栽

在整细、整平、施好有机肥的地块上做好播种床，一般床宽1米，高10厘米，然后在床面上开2厘米深的小沟播种，采用条播，亩播种量为1.5～2千克，也可采用小球果直播。麻黄播种后4～5天开始出苗，12天左右苗木出齐。在此期间，要经常保持土壤湿润，浇水应少量多次。一般每隔 3 天浇水 1 次即可。苗木出齐后结合浇水追施 1 次硫酸亚铁。在生长期内再加施 1 次硫酸亚铁和氮肥，并进行间苗、定苗，株行距为 4 厘米×10 厘米，松土除草 2~3 次。8 月要控制浇水以利蹲苗，10 月中旬浇防冻水，麻黄耐寒，可露天越冬。麻黄苗木一般在第二年春出圃，移栽于大田中。

六、栽培技术

1. 选用良种

我国药用麻黄有 11 种，河西走廊的中麻黄和草麻黄分布面积大、品位高、质量好，为麻黄加工厂主要的收购对象，也是栽培的主要品种。

2. 整地施肥

种植麻黄，最好在中性、养分丰富、排水良好且土层深厚的砂壤土。播前先要深翻整地，以深翻 25~30 厘米为宜。结合深耕施足基肥，一般 1 亩可以施 2 500~3 000千克的腐熟农家肥，30 千克磷酸二铵，20 千克硫酸钾。

3. 精细播种

在播种之前，先把麻黄用 30℃的温水泡 5 小时催芽。无论是条播还是穴播，麻黄种子出土的能力较弱，播种深度以 1 厘米为宜，覆土后盖 1 厘米的河沙，15 天就可以生长出苗，亩播种量为 0. 5~1 千克种子，苗齐以后，分 2 次间苗、定苗，株行距 30 厘米×40 厘米为宜。如果采用育苗移栽的方法，种植的效果会更好。

4. 中耕除草

麻黄是多年生植物，常伴生有许多杂草，与麻黄争水争肥，对麻黄的产量和含碱量影响极大。因此，要结合中耕，及时除草，中耕在第一年可进行 3~4 次，等植株封行时停止中耕。除草的方法除人工措施外，还可采用：①建麻黄田前，进行土壤处理。在播种麻黄种子前 40 天，用扑草净或氟乐灵进行土壤处理，对麻黄田杂草的防效达 90%以上，对麻黄的种子发芽和幼苗生长没有影响。②化学药剂处理茎叶。用 5%精喹禾灵 160 毫升，用水量 40 千克/亩，进行茎叶处理，30 天后，对禾本科杂草的防效达 92. 8%；或用 24%的克阔乐（乳氟禾草灵）30 毫升，用水量 40 千克/亩对 5 叶期以下的杂草进行茎叶处理，20 天后，防效达 89. 7%，但对 6 叶期以上杂草，防效较差。

5. 水肥管理

播种后，立刻灌水。50%的种子出苗后，灌第二次水。分枝旺盛出现时，灌第三次水。灌三水时，追施尿素10千克/亩；11月中旬灌冬水。第二年春，嫩枝旺盛出现时，结合灌水亩施磷酸二铵20千克，尿素20千克，能撒施农家肥更好。麻黄耐干旱，除苗期保证水分的供应外，根据天气和麻黄的生长情况适当酌情灌水。

七、病虫害防治

（1）立枯病。出苗前或刚出土时易发生，幼苗芽或根变棕色，病芽扭曲、腐烂而死。芽基部有霉层。发病初期要立即喷施或灌施福美双、百菌清、苯菌灵、抗枯宁或代森锰锌等杀菌剂。隔两周后再喷施1次，以后是否再施用，根据幼苗染病情况而定。同时，要控制灌水量和灌水次数，尽量不要在地下水位高或低回阴湿地育苗。

（2）猝倒病。猝倒病常发生在幼苗出土后、真叶尚未展开前。病菌侵染后幼苗茎基部发生水渍状暗色斑，继而绕茎扩展，逐渐缢缩呈细线状，使幼苗地上部因失去支撑能力而倒状。湿度大时，病苗上或其附近常密生白色棉絮状菌丝。喷施百维灵、氨丙灵、地茂散等均有效，病情初发期喷施1次，两周后再喷施1次。如病情蔓延面积较大，每5天喷施1次。

（3）蚜虫。常在寄主的叶和茎上吸汁为害。春天抽芽发叶时，也可群集为害新芽、新枝，茎的伸长和发育受到影响。在麻黄蚜虫发生期，要及时用杀虫药交替使用防治，可喷施50%杀螟硫磷乳油1 000~2 000倍液，或20%速灭杀丁（氰戊菊酯）乳油4 000~5 000倍液，或灭蚜松、抗蚜威等杀虫剂，喷药间隔1周后再连续喷施1~2次，可消灭虫害。

（4）蝼蛄。直接为害：成虫和若虫咬食植物幼苗的根和嫩茎。间接为害：成虫和若虫在土下活动开掘隧道，使苗的根和土壤分离，造成幼苗干枯死亡，致使麻黄田缺苗断垄，育苗减产或育苗失败。麻黄的幼苗期要做好蝼蛄的防治工作，用2.5%敌杀死乳油、50%辛硫磷乳油、90%敌百虫原药0.5千克，加水5千克，拌饵料50千克。饵料煮至半熟或炒至七分熟，可选豆饼、麦麸、米糠等，傍晚均匀撒于苗床上。

（5）菟丝子。麻黄是强阳性植物，所以要坚决杜绝杂草的发生，对只有零星片状菟丝子寄生的麻黄地，可以将寄附有菟丝子的宿株用镰刀割掉或连根拔除，如果有大片菟丝子出现为害时可用“鲁保一号”消灭。

八、适期采收

一般5—6月为麻黄旺盛生长期，9—10月为麻黄碱积累高值期，采收不可在高值期进行。种子直播麻黄田，在第二年或第三年的10月底或11月初采收为宜。收获后长出的再生株，每两年轮采一次最佳。采收时应保留3厘米的芦头，以利于再生。

参考文献

[1] 李时珍．本草纲目［M］．2版．王育杰，整理．北京：人民卫生出版社，2004：829-830.

[2] 苗俊玲．麻黄的药理及临床应用研究［J］．中国保健营养（下旬刊），2013，23（8）：4777.

[3] 严兴海，蔡基鸿．麻黄在张仲景治哮喘诸方中的应用浅析［J］．西部中医药，2012，25（3）：9-11.

[4] 王国强．全国中草药汇编［M］．北京：人民卫生出版社，2014.

第二节　杜　仲

一、概　述

杜仲，中药材名，为杜仲科植物杜仲的树皮。杜仲，又名胶木，是中国的特有种。为了保护资源，一般采用局部剥皮法。其味甘，性温。有补益肝肾、强筋壮骨、调理冲任、固经安胎的功效。始载于《神农本草经》，列为上品。传统以皮入药，但由于杜仲皮生长周期长，仅以皮作为药源会使资源紧缺。现代科学研究证实杜仲叶和皮化学成分基本一致，与皮具有同等功效，可以叶代替皮入药[1]。随着人们对杜仲叶有效成分和药理作用的研究不断深入，杜仲叶的各种药用功效逐渐为人们所重视，已成为当今药用及保健品领域开发的热点，目前已开发的产品有杜仲胶囊、杜仲平压片、杜仲壮骨丸、杜仲茶等[2]。《神农本草经》记载“杜仲味辛平。主腰膝痛，补中益精气，坚筋骨，强志。除阴下痒湿，小便余沥[3]。”分布于陕西、甘肃、河南、湖北、四川、云南、贵州、湖南、安徽、陕西、江西、广西及浙江等地，现各地广泛栽种。

二、别　名

杜仲又名丝楝树皮、丝棉皮、棉树皮、胶树等。

三、分类地位

杜仲属植物界、被子植物门、双子叶植物纲、蔷薇目、杜仲科、杜仲属植物。

四、特征特性

1. 植物学特征

杜仲为落叶乔木，高达 20 米。小枝光滑，黄褐色或较淡，具片状髓。皮、枝及叶均含胶质。单叶互生；椭圆形或卵形，长 7~15 厘米，宽 3.5~6.5 厘米，先端渐尖，基部广楔形，边缘有锯齿，幼叶上面有疏被柔毛，下面毛较密，老叶上面光滑，下面叶脉处有疏被毛；叶柄长 1~2 厘米。花单性，雌雄异株，花与叶同时开放，或先叶开放，生于一年生枝基部苞片的腋内，有花柄；无花被；雄花有雄蕊 6~10 枚；雌花有一裸露而延长的子房，子房 1 室，顶端有 2 叉状花柱。翅果卵状长椭圆形而扁，先端下凹，内有种子 1 粒。花期 4—5 月。果期 9 月。

2. 生物学特性

杜仲喜温暖湿润气候和阳光充足的环境，能耐严寒，成株在-30℃的条件下可正常生存，适应性很强，我国大部地区均可栽培。对土壤没有严格要求，但以土层深厚、疏松肥沃、湿润、排水良好的壤土最宜。杜仲树的生长速度在幼年期较缓慢，速生期出现在 7~20 年，20 年后生长速度又逐年降低，50 年后，杜仲树高生长基本停止，植株自然枯萎。多生长于海拔 300~500 米的低山，谷地或低坡的树林里。

五、繁　殖

杜仲的繁殖方式有种子繁殖、扦插繁殖、压条繁殖和嫁接繁殖 4 种。

1. 种子繁殖

于 10 月中旬，选择生长 10 年以上的杜仲树，采集新鲜、饱满、黄褐色有光泽的种子，于春季气温达 10℃以上时播种，种子忌干燥，故宜在土壤墒情好时播种。采种后的种子在播种前应进行低温层积处理，种子与湿沙的比例为 1∶10；或于播种前，用 30℃温水浸种 1~2 天，每天换水 1~2 次，待种子膨胀后取出，稍晒干后播种，可提高发芽率。

2. 扦插繁殖

春夏之交，剪取一年生嫩枝，剪成长 6~10 厘米的插条，插入苗床，插入土深 4~5 厘米，在土温 21~25℃下，经 15~30 天即可生根。如用 0.05 毫升/升的萘乙酸处理插条 24 小时，插条成活率可达 80%以上。

3. 压条繁殖

春季选强壮枝条压入土中，深 15 厘米，待萌蘖抽生高达 7~10 厘米时，培土压实。经 15~30 天，萌蘖基部可发生新根。深秋或翌年春挖起，将萌蘖逐一分开即可定植。

4. 嫁接繁殖

用二年生苗作砧木，选优良母本树上一年生枝作接穗，于早春切接于砧木上，成活率可达 90%以上。

六、栽培技术

1. 选地整地

选土层深厚、疏松肥沃、土壤酸性至微碱性、排水良好的向阳缓坡地，深翻土壤，耙平，挖穴。每穴内施入优质农家肥 2.5 千克，骨粉或过磷酸钙 0.2 千克及草木灰等。

2. 播种育苗

播种前浇透水，待水渗下后，将处理好的种子撒下，进行育苗。覆细土 0.7~1 厘米，播后在畦面盖草。行距为 40 厘米，播种量每亩 4~6 千克。苗高 60 厘米时，即可起苗移栽。要边起苗边移栽，每穴栽苗 1 株。

3. 苗期管理

种子出苗后，注意中耕除草，浇水施肥。幼苗忌烈日，要适当遮阴，旱季要及时喷灌防旱，雨季要注意防涝。结合中耕除草，适当追肥4~5次，每次施肥不宜多。并进行间苗、定苗，株距以25厘米为宜。如果树干弯曲，可于早春沿地表将地上部全部剪去，促发新枝，从中选留1个壮旺挺直的新枝作新干，其余全部除去。

一、二年生苗高达60厘米以上时，就可于落叶后至翌春萌芽前定植。行株距以3米×2米为宜。幼树生长缓慢，宜加强抚育，每年春夏应进行中耕除草，并结合施肥。秋天或翌春要及时除去基生枝条，剪去交叉枝和过密枝。对成年树也应酌情追施有机肥。从8月开始停止施肥，以避免晚期生长过旺而降低抗寒性。

杜仲苗定植后，待萌发枝条生长50~60厘米时，及时摘除顶心，以防枝条徒长，促进主干增粗生长。一般当年的幼树可长到2.5~3米，以后每年冬季将主干上的枝条及时剪去，主干的高度始终控制在2.5米左右。每年生长期间可喷洒“杜皮厚”激素，以促进树干增粗，树皮增厚，进而提高产量。

4. 成年树的管理

杜仲生长两年以后，每年3—4月和5—6月各追肥1次，每株施氮肥8~12千克、磷肥8~12千克、钾肥4~6千克。8月底后停止施肥，避免晚期生长过旺而降低抗寒性。施肥后立即灌水，以后根据植株的长势长相和天气状况适当灌水。

七、病虫害防治

1. 病害防治

（1）立枯病。又称猝倒病，对杜仲幼苗影响最大，尤其是种子繁殖的杜仲幼苗。一般来说，嫁接苗很少患立枯病。立枯病主要发生在高温多雨的季节，易引起病原菌感染。杜仲幼苗叶腐烂，出现腐斑状，最终导致根系侵染，造成根腐、杜仲枯萎倒伏。发病初期要立即喷施或灌施福美双、百菌清、苯菌灵或代森锰锌等杀菌剂，隔两周后再喷施1次。

（2）角斑病。杜仲角斑病为害叶片，无论是苗期还是成株期发病率都很高。当病害发生时，叶片上会出现褐色的多边形斑块，然后在斑点生长的地方会出现黑灰色的发霉物质。当病情恶化时，叶片会完全变黑，然后脱落。当杜仲发生角斑病时，通常采用波尔多溶液进行防治，但最重要的是加强栽培管理，提高杜仲的抗性。

（3）根腐病。根腐病的高发期为6—8月，苗期为害最大，但对杜仲成株也有较大影响。根腐病为害杜仲的根系，首先是侧根，然后随着病害的恶化，蔓延到主根，最后导致整个根部腐烂，整个植株失去活力而逐渐枯萎。防治方法：选择排水良好的地块作苗床，实行轮作，发病初期用50%托布津可湿性粉剂1 000倍液，或用50%退菌特灌根。

（4）叶枯病。发病叶初期出现黑褐色斑点，病斑边缘绿色，中间灰白色，有时破裂穿孔，直至叶片枯死。防治方法：冬季清除枯枝叶，发病初期摘除病叶，并且用波尔多液或65%代森锌可湿性粉剂500倍液5~7天喷1次，连续2~3次。

2. 虫害防治

（1）蚜虫。常在寄主的叶和茎上吸汁为害。春天抽芽发叶时，也可群集为害新芽、新叶，导致新叶难于展开，茎的伸长和发育受到影响。杜仲蚜虫发生期，及时用杀虫药交替使用防治，可喷施50%杀螟硫磷乳油1 000~2 000倍液，或20%速灭杀丁乳油4 000~5 000倍液，或灭蚜松、抗蚜威等杀虫剂，喷药间隔1周喷施1次，连喷3次。

（2）蝼蛄。成虫和若虫咬食植物幼苗的根和嫩茎造成直接为害；间接为害是成虫和若虫在土下活动开掘隧道，使苗的根和土壤分离，造成幼苗干枯死亡，致使苗床缺苗断垄，育苗减产或育苗失败。杜仲的幼苗期要做好蝼蛄的防治工作，用2.5%敌杀死乳油、50%辛硫磷乳油、90%美曲磷脂原药0.5千克，加水5千克，拌饵料50千克。饵料煮至半熟或炒至七分熟，可选豆饼、麦麸、米糠等，傍晚均匀撒于苗床上。

（3）豹纹木蠹蛾。幼虫蛀食树干、树枝，造成中空，严重时全株枯萎。防治方法：注意冬季清园，在6月初成虫产卵前用生石灰10份，硫黄粉1份，水40份调好后用毛刷涂刷在树干上防止成虫产卵。幼虫蛀入树干后，用棉球蘸敌敌畏、敌百虫塞入蛀孔内毒杀。

八、采　收

杜仲皮：栽培10~20年后，用半环剥法剥取树皮。在每年的4—7月高温湿润季节进行剥皮采收，此时杜仲树形成层细胞分裂比较旺盛，树皮内汁液多，易剥离，且再生能力强，有利于新皮再生。剥皮的方法有两种，一种是整株采收，另一种是环剥采收。

1. 整株采收

每年4—7月，从树干基部约20厘米处沿树干环割一刀，环割后每80厘米环割一刀，于两环割间笔直纵向割一刀。至基部割完后，将树砍倒，继续把其余的皮用同样的方法环割下来。采伐后的树桩仍可发芽更新，选留 1~2 条萌条，7~8 年后又能砍伐剥皮。

2. 环剥采收

5 月上旬至 7 月上旬，选择阴天而无雨天气，先在杜仲树干分枝处的下面和树干基部离地面 20 厘米处分别环割一刀，然后在两环割处之间纵向割一刀，并从纵向刀割处向两侧剥皮。环剥交错位置进行，交错剥取树干周围面积 1/4~1/3 的树皮，第二年更换部位进行环剥。刀割时以不伤木质部为宜。剥皮后，树皮暂不取下，待新皮生长时取皮加工。

剥皮中应注意的是：第一，剥皮时间以春夏季即 4—6 月，气温较高，空气湿度较大时为好。第二，剥皮时不能割伤形成层木质部，也不能碰伤木质部表面的细嫩部分。新鲜细嫩部分稍受损伤，就会形成愈伤组织，影响新皮的再生。第三，采用环割的杜仲树，宜选用生长旺盛，易于生长新皮的树干。剥皮前 3~5 天适当浇水，以增加树液，使树皮易于剥取，剥后成活率高。第四，避免在雨天剥皮。最好选择阴天进行。第五，避免烈日暴晒，要将原皮盖在树干上，用绳子捆好，隔一段时间后再将原皮取下加工。也可用塑料薄膜遮盖，防止水分过量蒸发或淋雨，24 小时内避免日光直射，不喷洒化学药物。一般在剥皮后 3~4 天表面出现淡黄绿色，说明已开始长新皮，若呈现黑色，则说明将死亡。

九、加　工

将剥下的树皮搬回适当的场所，用开水烫后放置平地，以稻草垫底，将杜仲皮紧密重叠铺上，上用木板加重物（石头）压平，四周用稻草盖严，使之发汗，注意树皮间不能留有空隙，否则发汗不匀。1 周后，从中间抽出一块检查，如呈紫黑色，即可取出晒干，刮去粗糙表皮，使之平滑，把边缘切修整齐，然后再分成各档规格。

出口杜仲加工：选皮厚 15 毫米以上、长 15 厘米以上、宽 6 厘米以上的杜仲，清水浸 10 分钟，捞起堆放，定时淋水，变软后摊平叠放于长、宽、高均为 80 厘米的方垛，垛上置平木板，上压重物，两昼夜即成平坦的杜仲板。然后剪成四周整齐的长方形，分别以长 30~55 厘米和 15~30 厘米两种规格修剪，用 4 根竹条或木条分两道将杜仲夹紧、扎牢，表皮向外（以 2~3 层为宜，以利水分散发），置阳光下晒干，干燥后用片刀刮去粗皮（不宜过深，以不起刨花为度），用钢丝刷刷去杂物，最后分为3个规格装箱：长30厘米以上，厚3厘米以上；长30厘米以上，厚3厘米以下；长30厘米以下，不论厚薄，分别装入63厘米×40厘米×50厘米的竹篾胶板箱中，每箱重25千克，贴上标签。

参考文献

[1] 晏媛，郭丹．杜仲叶的化学成分及药理活性研究进展［J］．中成药，2003，25（6）：491-492.

[2] 龚桂珍，宫本红，张学俊，等．杜仲叶和杜仲皮中化学成分的比较［J］．西南大学学报（自然科学版），2010，32（7）：165-172.

[3] 唐慎微．重修政和经史证类备用本草·卷十二［M］．上海：商务印书馆，1919：40-41.

第三节　锁　阳

一、概　述

锁阳是锁阳科的单属植物，多年生肉质草本，多寄生于白刺属植物根部，是全寄生种子植物，对寄主专一性较强的自然状况下，锁阳要完成一个生活周期，至少需要一年或更长时间。锁阳称为“不老药”，因其有锁精壮阳的功效，所以得名锁阳。性甘，温。归肾经。含花色苷、三萜皂苷和鞣质。《本草纲目》记载锁阳“甘、温、无毒。大补阴气，益精血，利大便。润燥养筋，治痿弱”[1]。锁阳中含有黄酮类、甾体类、萜类、有机酸类、多糖类、鞣质类等多种活性成分[2-3]。近来多人从化学、药理及临床的研究证明，锁阳具有多种生理活性，特别是免疫、抗衰老、调节内分泌、改善性机能及润肠通便，治疗老年性疾病理想的药物。锁阳的挥发性成分与党参挥发性成分相似，很值得深入研究和开发利用[4]。锁阳生于沙漠地带，对稳定生态环境具有重要意义。在内蒙古、甘肃一带，当地人有挖、食锁阳的习俗，或鲜吃，或晒干泡水、熬粥、蒸食等。锁阳与一般植物不同，它怕铁器，一碰菜刀之类的东西会变黑。锁阳分布于我国新疆（准噶尔盆地、吐鲁番盆地、塔里木盆地、阿尔泰山地、天山山地等）、青海（柴达木盆地等）、甘肃（民勤、金塔、武威、张掖、酒泉等）、宁夏（银北）、内蒙古（锡林郭勒西北部、乌兰察布北部、巴彦淖尔、鄂尔多斯西北部、阿拉善左旗、阿拉善右旗、阿拉善额济纳旗等）、陕西（榆林等地）等省（区）。

二、别　名

锁阳又名琐阳、不老药、锈铁棒、地毛球、黄骨狼、锁严子、羊锁不拉等。

三、分类地位

锁阳属被子植物门、木兰纲、虎耳草目、锁阳科、锁阳属植物。国家二级保护植物。

四、特征特性

1. 植物学特征

锁阳为多年生肉质寄生草本植物，鳞片叶卵状三角形，先端尖；肉穗花序生于茎顶，伸出地面，呈棒状；雄花、雌花和两性相伴杂生，有香气，花序中散生鳞片状叶；果为小坚果状，多数非常小，近球形或椭圆形，果皮白色，顶端有宿存浅黄色花柱；种子近球形，为深红色，种皮坚硬而厚；花期5—7月，果期6—7月。

2. 生物学特性

锁阳生于荒漠草原、草原化荒漠与荒漠地带。多在轻度盐渍化低地、湖盆边缘、河流沿岸阶地、山前洪积、冲积扇缘地生长，土壤为灰漠土、棕漠土、风沙土、盐土。喜干旱少雨，具有耐旱的特性。锁阳寄生在白刺属植物的根部。寄生根系庞大，主侧根很发达，主根可深入2米以下，侧根一般趋于水平走向，四周延伸达10米以上，地上部枝很多，耐沙埋能力极强。锁阳寄生深度0.5~1.8米，一般在积沙量大的植株寄生量多。这与寄主所处环境、寄主供寄能力有密切的关系。每窝有5~10株不等，鲜重为0.5~1千克，含水率85%。寄主根上着生的锁阳芽体生命力很强，只要不铲断寄生根，不伤芽体，及时填埋采挖坑，可以连年生长。锁阳在完成一个生命发育周期的过程中，整个植株大部时间都潜埋于地下，只有在开花时，生于茎顶部的花穗才伸出地面，进行有性繁殖。种子成熟后地下茎枯朽腐烂，植株死亡，完成一个生命周期。

五、繁　殖

锁阳的繁殖方式主要是用种子繁殖。

六、栽培技术

因锁阳寄生于白刺的根部，锁阳的栽培主要体现在白刺的栽培上。

1. 栽培基地选择

锁阳和寄主白刺适宜生长的条件是干旱、温差大、降水少、日照时数长的荒漠环境，因此选择沙质土、半固定沙丘，地下水位适中，土壤比较疏松，透气性较好的地块，然后在基地四周种植防风林带或围栏，防止放牧或野生动物啃食白刺、锁阳植株。对有灌溉条件，但地面起伏较大的沙地或滩涂沟坡，可用工程措施将地面整平，以便于种植和管理，也可以选择自然生长白刺种群的地域进行接种。

2. 整　地

采取全面整地。可用人工或机械作穴，在穴内造林。采用白刺植苗造林的方式，于每年春季的 4 月初至 5 月底进行造林。

3. 苗木质量

要求苗木健壮、根系完整、无病虫害。裸根苗苗高 30~50 厘米、直径 0.5 厘米以上。容器苗苗高一般在 15~30 厘米为宜。

4. 白刺栽植模式

栽植模式按照株行距 1 米×4 米，栽植穴为 30 厘米×30 厘米×25 厘米（深）。裸根苗栽植前要对苗木根系进行修剪、浸水、蘸泥浆等处理。栽植前施足底肥，栽植后填土踏实，随栽、随浇。

5. 仿野生人工接种锁阳方法

选取粒大、饱满、成熟高的锁阳种子。用萘乙酸液浸泡锁阳种子 24 小时，打破锁阳种子的休眠期，捞出后自然干燥，将种子与含水率 15%左右的沙子按 1：250 左右的比例充分搅拌均匀待用。

6. 人工接种锁阳

于 4 月底至 5 月初或 9 月底至 10 月初接种，采用机械开沟直播接种法。选择移栽一年以上白刺作为寄主，在白刺植株一侧距离主根 60 厘米处进行开沟接种，沟深 60 厘米，将拌有锁阳种子、腐熟有机肥的沙土一次撒入，锁阳种子用种量 50 克/亩。接种后根据土壤墒情采取滴灌浇水。

7. 田间管理

加强抚育管理，实时浇水、除草、施肥，同时注意病虫鼠害防治。第一年浇水 3~4 次，采用滴灌浇灌，以后每年浇水 2 次。每年春季或秋季施有机肥 1 次，全年除草 3~4 次，尤其是白刺移栽的当年，避免杂草与白刺争抢水肥。

七、病虫害防治

1. 病害防治

（1）白粉病。主要采取叶面喷施代森锰锌、多抗霉素和复硝酚钠加以预防和治疗。

（2）立枯病。可用五氯酚钠 0.33%~0.40%、5%硫酸铜溶液浇灌苗根，应及时喷洒多菌灵、甲基硫菌灵或 70%敌克松可湿性粉剂防治，喷洒的次数应 10 天 1 次，连续喷洒 3~4 次。

2. 虫害防治

（1）白刺食心虫。主要用高渗吡虫啉和灭幼脲三号等生物杀虫剂来防治。

（2）白刺潜叶蛾。主要用阿维菌素、吡虫啉和杀虫单等药剂以及应用工具、光、热、射线等物理机械防治方法及时扑杀害虫。

八、采收与加工

春秋两季均可采挖，以春季为宜。3—5 月，当锁阳刚刚出土或即将顶出沙土时采收，质量最好。采收后除去花序避免消耗养分，继续生长开花，折断成节，摆在沙滩上日晒，每天翻动 1 次，20 天左右可以晒干。或半埋于沙中，边晒、边沙烫，使之干燥。也有少数地区趁鲜时，把切片晒干。秋季采收水分多，不易干燥，干后质地较硬。

参考文献

[1] 国家药典委员会．中华人民共和国药典：一部［M］．北京：中国医药科技

出版社，2022：360.

[2] 曾朝珍，张永茂，李新明，等. 锁阳生理活性成分研究进展［J］. 食品工业科技，2011，32（11）：491，495.

[3] 王晓飞，李辉，刘铭佩，等. 锁阳化学成分的研究［J］. 中成药，2015，37（8）：1737-1739.

[4] 高永. 寄生植物锁阳的开发利用前景［J］. 内蒙古林学院学报，1996（3）：1737-1739.

第四章

全草类中草药

第一节　薄　荷

一、概　述

薄荷是唇形科的一种多年生草本植物。薄荷是中医常用中药之一，也是一种有特种经济价值的芳香作物。薄荷味辛，性凉，具有疏散风热，清利头目的功效，可用于风热感冒，风温初起等病症，在2020年版《中国药典》中同样收载了3种，分别为薄荷、薄荷素油及薄荷脑，2020年版《中国药典》中收载含薄荷及其加工品的成方制剂共有177种。目前薄荷中的挥发油成分研究最多[1-2]，非挥发性成分也被证明属于薄荷的药效成分[3-4]。薄荷多为野生，广泛分布于北半球的亚热带和温带地区。在中国薄荷主要以江苏、安徽两省产量最大。幼嫩茎尖可作菜食。

二、别　名

薄荷又名银丹草、夜息香。

三、分类地位

薄荷属被子植物门、双子叶植物纲、唇形目、唇形科、薄荷属植物。

四、特征特性

1. 植物学特征

薄荷是多年生草本。株高30~60厘米。根茎横生地下，茎方形，主茎通常直立挺拔，下部数节具有纤细的须根及水平生长的匍匐根状茎。叶片长圆状披针形、披针形、椭圆形或卵状披针形，稀长圆形，长 3~5（7）厘米，宽 0.8~3 厘米，先端锐尖，基部楔形至近圆形，边缘在基部以上疏生粗大的牙齿状锯齿，侧脉 5~6 对。夏末开红色、白色或紫色的花，花朵非常小而多，呈轮伞花序腋生，轮廓球形。花萼管状钟形，长约 2.5 毫米，萼齿 5 枚，狭三角状钻形，先端长锐尖。花冠淡紫，冠檐 4 裂，上裂片先端 2 裂，较大，其余 3 裂片近等大，长圆形，先端钝。雄蕊 4 枚。花柱略超出雄蕊，先端近相等 2 浅裂，裂片钻形。花盘平顶。开花后，结暗棕色的细小果实。小坚果卵形，黄褐色，具有小腺窝。花期 7—9 月，果期 10 月。

2. 生物学特性

薄荷喜温暖湿润、阳光充足的地方，多生于山野湿地、水沟边。每逢盛夏，无论是荒山野岭，还是低洼沼泽地，都有野生薄荷的分布。对温度适应能力强，既能在高温环境中快速生长，也能在低温的情况下通过根茎宿存安全越冬。根耐寒，能耐-15℃低温。其最适宜的生长温度为 25~30℃。薄荷对土壤环境要求不高，只要不是过酸或过碱的土壤，一般土壤都能良好栽培，以砂质土壤、河流冲击土为宜。薄荷喜光照，日照能促进薄荷生长、开花，有利于形成薄荷醇。薄荷对环境条件适应能力较强，在海拔 2 100 米以下地区可生长，生于水旁潮湿地，海拔可高达 3 500米。

五、繁　殖

薄荷有种子繁殖、根茎繁殖和扦插繁殖 3 种。

1. 种子繁殖

利用风选法，选出质量较好的种子，于春季的 3—5 月进行播种，将种子均匀地撒播在基质上，然后覆盖一层细土，1~2 厘米厚即可，然后浇一次透水，大概 15~30 天即可出苗。待幼苗长到 10 厘米左右的高度时可进行移栽。

2. 根茎繁殖

将培育的种根，于 4 月下旬或 8 月下旬进行繁殖。在田间选择生长健壮、无病虫害的植株作母株，按株行距 20 厘米×10 厘米种植。初冬收割地上茎叶后，根茎留在原地作为种株。

3. 扦插繁殖

5—6月，将地上茎枝切成10厘米长的插条，在整好的苗床上，按行株距7厘米×3厘米进行扦插育苗，待生根、发芽后移植到大田培育。

六、栽培技术

1. 选地整地

薄荷对土壤要求不严，除了过酸或过碱的土壤外都能栽培。薄荷不宜连作，选择2~3年未种过薄荷、有排灌条件的，光照充足的塘边、屋边、水渠边等零散土地种植，其中，在土质肥沃、地势平坦的壤土种植最为适宜。光照不足、干旱、易积水、盐碱地不易栽种。结合整地亩施腐熟农家肥3 000~4 000千克，磷酸二铵15千克，或磷钾复合肥20~30千克。

2. 选择良种

良种是获得优质高产的先决条件。薄荷良种以亚洲39号和阜油1号长势旺，抗病力强，含油量高，香味纯正。因此，在育苗时，最好选择这两个品种。

3. 移　栽

薄荷在第二年早春尚未萌发叶片之前移栽，早栽早发芽，生长期长，产量高。栽时挖起根茎，选择粗壮、节间短、无病害的根茎作种根，截成7~10厘米长的小段，然后在整好的畦面上按行距25厘米开10厘米深的沟。将种根按10厘米株距斜摆在沟内盖细土、踩实、浇水。待幼苗形成后，及时查苗，发现缺苗做好补栽工作。

4. 中耕除草

为起到保墒、增（地）温、消灭杂草、促苗生长的作用，出苗全后，行间及时进行中耕除草，在封行前中耕2~3次。注意田间操作不要伤及幼苗。

5. 适时追肥

在苗高10~15厘米时开沟追肥，每亩施尿素10千克，封行后每亩施尿素15~20千克；后期亩喷施5毫升喷施宝水溶肥+尿素250克两次。

6. 合理浇水

薄荷生长初期，根系尚未形成，需水较多，一般15天左右浇1次水，之后结合施肥浇3~4次水。封行后应适量轻浇，以免茎叶疯长，发生倒伏，降低产量和品质。收割前20~25天停水。

7. 打顶摘心

5月当植株旺盛生长时，要及时摘去顶芽，促进侧枝茎叶生长，有利增产。

七、病虫害防治

1. 病害防治

（1）黑茎病。发生于苗期，症状是茎基部收缩凹陷，变黑、腐烂，植株倒伏、枯萎。防治上可在发病期间，亩用70%百菌清或40%多菌灵100~150克，兑水喷洒。

（2）薄荷锈病。主要侵染叶片、叶柄及茎。病害从下部叶片开始逐渐向上部蔓延。发病初期叶片上出现黄色小斑点，后病斑稍加扩大呈不规则形。5—7月易发病。在发病初期用15%三唑酮可湿性粉剂1 000倍液，或40%多菌灵胶悬剂800倍液喷雾。也可用300倍液敌锈钠，或1∶1∶200波尔多液喷雾，收获前30天停止喷药。

（3）斑枯病。又称白星病，病原是真菌中一种半知菌，为害叶部。5—10月发生，叶部病斑小圆形、暗绿色，以后逐渐扩大变为灰暗褐色，中心灰白色，呈白星状。

防治方法：可用30%绿得保（碱式硫酸铜）悬浮剂400倍液，或30%氧氯化铜悬浮剂800倍液，或70%甲基硫菌灵悬浮剂800~900倍液，每7~10天喷1次，连续2~3次，收获前3天停止用药。

2. 虫害防治

（1）尺蛾。尺蛾爬行时弯腰造桥，故又名步曲、造桥虫，以幼虫为害，初孵幼虫常集结为害，啃食叶肉，3龄后食成缺刻，3~4代幼虫在10月下旬至11月中旬入土化蛹越冬。为害期在6月中旬、8月下旬。每亩可用溴氰菊酯乳油15~20毫升，喷洒1~2次；或用80%敌敌畏乳油1 000倍液；或用25%灭幼脲3号悬浮剂 1 500倍液；或 50%辛硫磷乳油 1 000倍液喷雾。收获前 30 天停止用药。

（2）小地老虎。主要为害薄荷叶和花蕾，以幼虫咬食叶片，造成孔洞。防治方法：用 90%敌百虫原粉 800 倍液；或 50%杀螟硫磷 100 倍液喷雾。收割前 20 天内停止用药。

八、收　获

薄荷每年收割 2 次。第一次在 6 月下旬至 7 月上旬，但不得迟于 7 月中旬，否则影响第二次产量。第二次在 10 月上旬开花期进行。收割时，选在晴天 10：00—16：00，以 12：00—14：00 最好，此时收割的薄荷叶中所含薄荷油、薄荷脑含量最高。由于植株体内的薄荷油、薄荷脑的含量常随生育时期和不同天气状况发生变化，因此，在含油量高时及时收获，是实现薄荷油、薄荷脑高产丰产的关键，具体做到“三看”。一是看苗：薄荷叶片在现蕾期含油量高，开花期薄荷脑含量高，所以，头茬薄荷在现蕾期，并见少量开花时，开始收割。二茬薄荷在开花 30%~40%时，顶层叶片反卷皱缩时收获，这时如果把薄荷叶尖拿在手上，轻拨风动便有浓郁的香味，即宜收获。二是看天：在温度高、连续晴天、阳光强、风力小的天气，叶片含油量高，所以，要选在连续晴天高温后的第 4~5 天，无风或微风的天气收割为宜。早晨、晚上、阴天、雨天、温度低、刮大风，均不宜收获。三是看地：要在地面干燥发白后收割，以防踏伤地下根茎。收割时，应尽量平齐地面将地上茎割下，并摊晒在地上至五六成干。最好当天割，当天运回蒸馏，蒸馏不完的叶片，要及时摊晾，不要堆放，以防发热，茎叶霉烂，油分挥发。收割后残留田间的叶片，也可收集起来蒸油。

另外，割去地上茎叶后，再将地下种茎刨出即可进行扩繁种植。每亩种茎可扩种 10 亩。

参考文献

［1］陈智坤，梁呈元，任冰如，等．薄荷属植物挥发性成分及药理作用研究进展［J］．天然产物研究与开发，2013，25（6）：856-861，865.

［2］李岗，余德顺，杨军，等．超临界 CO_2 萃取薄荷挥发油及其抗氧化能力的研究［J］．食品科技，2013，38（1）：276-279.

［3］周文菊，豆小文，杨美华，等．薄荷及其饮片质量控制研究进展［J］．中国中药杂志，2016，41（9）：1569-1577.

[4] 华燕青．薄荷化学成分及其提取方法研究进展［J］．陕西农业科学，2018，64（4）：83-86.

第二节 甜叶菊

一、概 述

甜叶菊，是菊科多年生草本植物。以叶和嫩茎入药，归肺、胃二经。甜叶菊干叶中的主要成分为甜菊糖苷，不仅甜度高、热量低，还具有一定的药理作用。甜叶菊糖主要有治疗糖尿病、控制血糖、降低血压、抗肿瘤、抗腹泻、提高免疫力、促进新陈代谢等作用，对控制肥胖症、调节胃酸、恢复神经疲劳有很好的功效，对心脏病、小儿龋齿等也有显著疗效，最重要的是它可消除蔗糖的副作用。甜叶菊于《中华本草》中记载："味甘，性平，能生津止渴，降血压，主治消渴，高血压病"[1]。药理研究证明，甜叶菊有生津止渴、化痰止咳、清热解毒的功效[2-3]，动物实验发现甜菊糖苷具有一定的抗高血压作用[4]和促进胰岛素分泌、明显降低血糖水平、抵制高血糖素分泌的作用。联合国粮食及农业组织、世界卫生组织食品添加剂联合专家委员会在 2008 年 6 月第 69 届会议报告中明确表明：正常人甜菊糖每日摄入量在 4 毫克/千克体重以下时对人体没有副作用。南美、东南亚、远东地区，甜叶菊糖苷被广泛应用于食品和药品领域。卫生部在 1985 年批准了甜叶菊糖苷为不限量使用的天然甜味剂，又于 1990 年批准了甜叶菊糖苷为医药用的甜味剂辅料。甜叶菊原产于南美巴拉圭和巴西交界的高山草地。自 1977 年以来我国的北京、河北、陕西、甘肃、江苏、安徽、福建、湖南、云南等地均有引种栽培，它被用作非营养性甜味剂和草药补充剂。叶片含有菊糖苷 6%~12%，精品为白色粉末状，是一种低热量、高甜度的天然甜味剂，是食品及药品工业的原料之一。

二、别 名

甜叶菊又名甜茶。

三、分类地位

甜叶菊属植物界、被子植物门、双子叶植物纲、桔梗目、菊科、甜叶菊属植物。

四、特征特性

1. 植物学特征

多年生草本，株高1~1.3米。浅根系，由初生根和次生根组成。根系分布深度为20~40厘米，二年生根翌年能萌发几个至数十个茎，可进行分株繁殖。根梢肥大，50~60条，茎直立、圆形。一年生苗为单茎，多年生以后呈丛生。基部梢木质化，上部柔嫩，密生短茸毛，单叶对生，少数三叶轮生，叶片短，倒卵形或披针形，边缘有浅锯齿，两面被短茸毛，绿或浓绿色，叶脉三出。头状花序小，两性花，总苞筒状，总苞片5~6层，边等长；花冠基部浅紫红色或白色，上部白色。瘦果线形，稍扁，褐色，具冠毛。7月下旬至8月上旬为现蕾期。花期7—9月，果期9—11月。

2. 生物学特性

甜叶菊喜在温暖、湿润的环境中生长，但亦能耐-5℃的低温，气温在20~30℃时最适宜茎叶生长。甜叶菊属于短日照植物，对光敏感，临界日长为12小时。甜叶菊根系浅，是一种喜水又怕水的植物，抗旱能力差，忌涝。最佳生长时期为100~120天。开花授粉的胚珠需25~30天才能发育为成熟种子，当种子成熟后冠毛随风飘扬到处传播。种子细小，千粒重仅有0.25~0.40克。无休眠期，成熟种子的发芽适宜温度为20~25℃，光能促进种子萌发。种子寿命不足1年。种子不实率高，极易失去发芽力。

五、繁　殖

主要有扦插繁殖、种子繁殖两种，生产上种子繁殖多采用育苗移栽。

1. 扦插繁殖

从3月下旬到8月下旬均可扦插，在植株现蕾之前剪取分枝，截成10~15厘米长的插穗，扦插到湿润的苗床，其成活率极高。扦插时选择符合要求的健壮枝条，将插条的1/3~1/2插入床土中，株行距为5厘米×10厘米。插后及时浇水，顶部最好有塑料棚膜覆盖，夜间要有保温措施，待长出新芽时，在中午要适当通风，育苗后期逐步锻炼幼苗对外界的适应性，以形成根系发达、茎叶健壮、色泽正常的壮苗为目标。

2. 育苗移栽

甜叶菊育苗在日光温室或大棚内进行，播种前精选良种，并除去种子冠毛，经风选或水选，浸种一天后晾干。育苗的苗床要平整，土壤上虚下实，整地时施入一些腐熟厩肥。播种时将种子直接撒播在畦面上，用扫帚轻轻拍压，使之与土壤结合紧密，用塑料薄膜覆盖于畦面。每亩播种 3~4 千克，出苗可供 20 公顷大田栽种。播种后保持床土湿润，5~7 天后出苗，50 天以后选取具有 10 片以上真叶的苗移栽。

六、栽培技术

（一）整地施肥

移栽前 10 天左右进行精细整地，结合整地施足基肥。据研究，甜叶菊每产 100 千克干叶，需纯氮 5.0~6.0 千克，五氧化二磷 1.0~2.0 千克，氧化钾 6.0~8.0 千克。在中上等土壤肥力条件下，底肥一般要亩施优质有机肥 3 000千克以上，磷酸二铵 20~25 千克，硫酸钾 25~30 千克。整地后，按畦面宽 0.7~0.8 米、沟宽 0.4 米开沟做畦。用 50%辛硫磷乳油 1 000倍液或 20%速灭杀丁（氰戊菊酯）乳油 40 毫升兑水 50 千克进行地面喷雾，防止地老虎为害。

（二）适期移栽

在日平均气温稳定在 12~15℃、地温达到 10℃以上时可以移栽。地膜覆盖在 4 月上旬移栽，露地栽培可适当推迟一些。行距 30~35 厘米，株距 15~20 厘米，密度 0.8 万~1 万株/亩。移栽应选择阴天或晴天 15：00 后进行，栽后浇足定根水，天旱时要连浇 1~2 次，不宜大水漫灌。

（三）大田管理

1. 查苗补缺

移栽 7~10 天后田间查苗，发现缺苗，要及时选大苗补植，并浇肥水以利于缓苗。移栽后，菊株尚未封闭畦面时，杂草较多，可结合中耕，除去杂草，一般中耕 2~3 次。

2. 摘心、施肥

待甜叶菊活棵后，长到 5~7 对真叶时，即可第一次摘心，施用尿素 5.0~10 千克/亩，并浇水，为促进枝叶繁茂，增加产量，当分枝长到 5~7 对真叶时再摘分枝顶心，并追施尿素 10~15 千克/亩。8 月中旬追施尿素 15~20 千克/亩；9 月上旬叶面施 1 次 0.15%磷酸二氢钾，可加施一些微肥，以后每隔 10 天喷 1 次，共喷 3 次，可以达到增产效果。摘心应及时，过迟摘心，一是分枝部位高，容易折断；二是田间荫蔽，引发病害。上年种植甜叶菊的地块，老根原地越冬苗长势不良的不摘心。甜叶菊喜湿、怕旱、不耐渍，浇水把握少量多次的原则。同时，在甜叶菊生长期间，叶面喷洒叶面肥 3~4 次，效果较好。浇水在傍晚进行，多雨季节要及时排水，防止涝害造成植株死亡。

3. 采收留种

叶片中甜菊糖苷的含量以现蕾期最高，叶片的风干率也最高。因此，田间只要有 30%~40%的植株现蕾时，即可作为收获时期。收获时在离地面约 20 厘米处剪下枝干，并注意每株留下 1~2 个带叶的分枝，以利于植株的生长。收后立即脱叶摊晒，力争当日晒干，以免变黑。有条件的地方，可进行人工烘烤，质量更佳。

甜叶菊喜光照，但日照长不利于开花结实，如果要繁殖种子，可在日光温室内进行栽植，在植株长到 40~60 厘米时，每天加罩遮光 3~4 小时，这样连续 10 天左右，种子即可成熟。同时，甜叶菊是宿根性作物，翌年春天将田间老根挖出，即可直接栽植于田间。

七、病虫害防治

（1）立枯病。受害幼苗茎基部产生椭圆形暗褐色病斑，带有轮纹，发病前期，发病苗白天萎蔫，夜晚恢复，病斑逐渐凹陷。湿度大时产生淡褐色蛛丝状霉，但不明显，病部没有白色棉絮状霉。病斑逐渐扩大后绕茎一周，甚至木质外露，最后病部收缩干枯，叶片萎蔫不能恢复原状，幼苗呈猝倒伏状，逐渐干枯死亡。地下根部皮层变褐色或腐烂，但不易折倒，病部具有轮纹状或淡褐色网状霉层。防治方法：①可选排水良好、土质疏松的地块育苗；②播种前每亩用 50%多菌灵可湿性粉剂 2 千克，进行土壤处理；③发病初期用 50%多菌灵可湿性粉剂 1 000~1 500倍液喷雾或 500 倍液浇灌；④及时拔除病株，并用 3：1 草木灰和生石灰混合粉处理病穴。

（2）叶斑病。在栽植密度过大，雨后田间积水或施用氮肥过多，茎叶组织柔嫩，7—8 月天气炎热、温度高、湿度大的情况下易发生叶斑病。其分生孢子随风雨传播侵染，被害叶片开始出现淡黄色小斑，以后逐渐扩大为深褐色病斑，有同心轮纹，严重时全株叶片枯萎。防治方法：①于 5—6 月注意排水减少土壤的湿度，并多施钾肥提高植株抗病能力；②发病初期用50%多菌灵可湿性粉剂1 000倍液，或45%炭枯净粉剂1 500倍液喷雾防治；③收获后清园，处理残株，集中烧毁。

（3）白绢病。土壤湿度过大往往容易发生。病株在接近地面的茎秆周围产生大量白色粉状菌丝，最后形成芥菜籽大小的菌核，逐渐变成米黄色乃至黄褐色。防治方法：①合理密植，注意田间通风透光；②增施磷、钾肥，避免幼苗徒长；③一旦发现病株，立即拔除，在病穴周围撒施石灰消毒；④发病初期可用50%多菌灵可湿性粉剂1 000倍液浇灌病区以控制病情蔓延。

（4）尺蛾。又名量尺虫、造桥虫。其幼虫在晚上或日出前取食，严重发生时能将叶片吃光，仅留叶脉，造成枝干光秃。防治方法：可保护尺蠖的天敌绒茧蜂，或用20%甲氰菊酯乳油2 000倍稀释液喷雾防治，收获前20天禁用。

八、采　收

甜叶菊在盛蕾期糖苷含量最高，也是采收的最佳时期。长江以南地区栽培的一年可收割3次，黄河沿岸各地可以收割2次，华北北部和东北、内蒙古一带每年只能收割1次。收获时，务必选择晴天，在植株离地面15～20厘米处全部割下，当天采收的枝条应当边摘叶边摊开，以免叶片因堆积发热、变黑，影响质量。大面积种植宜用烘干机加工干燥，烘干的温度控制在60～80℃，使叶片水分含量不超过10%。干燥的叶片应尽快用可食用的塑料袋包装并密封在袋口，并及时包装在指定地点。

参考文献

［1］ 国家中医药管理局《中华本草》编委会．中华本草［M］．1版．上海：上海科学技术出版社，1999.

［2］ 赵瑜藏，张运生．甜叶菊的化学成分及开发利用研究［J］．安阳师范学院学报，2000，11（2）：40-42.

［3］ 曹芳，冯文静，等．甜菊糖苷降糖作用研究［J］．中国药物与临床，2009. 9（2）：127.

［4］ LEE C N，WONG K L，LIU J C，et al. 2001. Inhibitory effect of stevioside on calcium in flux to produce antihypertension［J］. Planta Medica，2001，67（9）：796-799.

第三节 紫 苏

一、概 述

紫苏是唇形科、紫苏属一年生草本植物。紫苏可供药用和香料用。入药部分以茎叶及子实为主，性温，味辛。归肺、脾经。明代李时珍曾记载："紫苏嫩时有叶，和蔬茹之，或盐及梅卤作菹食甚香，夏月作熟汤饮之"，由此可见紫苏在我国人民的饮食文化中较为多见。紫苏作为我国医食同源的众多药材之一，具有特别的香气、极高的药用价值及食用价值[1]。根据中医学理论，紫苏的入药部位为叶、梗、籽，其中叶具有解表散寒，行气和胃的作用，主要用于风寒感冒，咳嗽呕恶，妊娠呕吐，鱼蟹中毒；梗及籽具有理气宽中，止痛，安胎的作用，适用于胸膈痞闷，胃脘疼痛，嗳气呕吐，胎动不安[2]。其主要成分有紫苏醛，紫苏酮，紫苏醇，D-柠檬烯，β-石竹烯，β-芳樟醇等挥发油类[3]、脂肪酸类[4]、芳樟醇、β-榄香烯、石竹烯等单萜、倍半萜及其含氧衍生物[5]。紫苏嫩叶营养丰富，含有蛋白质、脂肪、可溶性糖、膳食纤维、胡萝卜素、维生素 B_1、维生素 B_2、维生素 C、钾、钙、磷、铁、锰和硒等成分，此外，叶中含有挥发油，具有特异芳香，有防腐作用。紫苏原产于中国，在中国已有 2 000多年种植历史，分布范围广，中国各地均有栽培，在国外分布于不丹、印度、朝鲜等地。

二、别 名

紫苏又名桂荏、白苏、赤苏、红苏、黑苏、白紫苏、青苏、苏麻、水升麻等。

三、分类地位

紫苏为被子植物门、木兰纲、唇形目、唇形科、紫苏属植物。

四、特征特性

1. 植物学特征

紫苏一年生草本株高 60~180 厘米，有特异芳香。茎秆呈四棱形，紫色、绿紫色或绿色，密被紫色或白色长柔毛。叶对生，有长柄，叶片皱，叶柄长 2. 5~12 厘米，宽4.5~16厘米，基部圆形或广楔形，先端渐尖或尾状尖，边缘有粗锯齿，单叶对生，叶片宽卵形或圆卵形，先端突尖或渐尖，边缘有粗圆锯齿，两面紫色，或表面绿色，背面紫色。总状花序，顶生或腋生，花淡紫红色或淡红色，花萼钟状。小坚果倒卵形，灰棕色，种子椭圆形，细小。花期6—7月，果期7—9月。

2. 生物学特性

紫苏适应性很强，对土壤要求不严，排水良好，砂质壤土，壤土，黏壤土，房前屋后，沟边地边，肥沃的土壤上栽培，生长良好。前茬作物以蔬菜为好。果树幼林下均能栽种。紫苏对气候条件适应性较强，但在温暖湿润的环境下生长旺盛，产量较高。土壤以疏松、肥沃、排灌方便为好。在黏性土或干燥、瘠薄的沙土上生长不良。紫苏需要充足的阳光。种子发芽的最适温度为25℃左右，在湿度适宜的条件下，3~4天可发芽。白苏种子发芽所需温度较低，15~18℃即可发芽。紫苏属短命种子，常温下贮藏1~2年后发芽率大幅度下降，因此种子采收后宜在低温处存放。紫苏生长要求较高的温度，因此前期生长缓慢，6月以后气温高，光照强，生长旺盛。当株高15~20厘米时，基部第一对叶片的腋间萌发幼芽，开始侧枝的生长。7月底以后陆续开花。从开花到种子成熟约需1个月。花期7—8月，果期8—9月。

五、繁　殖

紫苏用成熟的种子进行繁殖。一般在种子量少、天气干旱或温度较低的情况下采取育苗移栽的方法。育苗时应选择朝阳、温暖且土质良好的地块做畦，施足底肥，浇一次透水，水下渗苗床，温度升高后在畦间进行撒播，然后覆土。在此期间应保持苗床湿度，若此时遇到低温，可覆盖并分次间苗，剔除过小和过密的弱苗。当苗高5厘米左右时选择阴天或午后进行移栽，栽后及时浇1~2次透水，保证移栽的成活率。

六、栽培技术

1. 选地整地

种植紫苏的田块要求地势平坦、排灌便利。耕深宜为25~30厘米，结合整地，每亩施腐熟厩肥2 000~2 500千克、复合肥30千克。经充分耕耙后做畦，畦面宽宜为0.9~1.0米，沟宽30~40厘米、沟深10~15厘米。畦面应尽量整平、实、细。

2. 种苗准备

采用塑料薄膜大棚或小拱棚育苗。紫苏种子具有休眠期，一般采种后4~5个月才能完全发芽。播种前，将种子用100毫克/升的赤霉素溶液浸泡15分钟左右，有利于提高发芽率和发芽势。将处理的种子采用撒播，每平方米播种10~15克，按大田面积的8%~10%确定播种苗床面积。播种后，轻轻镇压畦面，并在畦面上洒水，待水下渗后覆盖地膜。出苗前不揭薄膜，待出苗时，揭除地膜。育苗期应注意调控设施内的温湿度。幼苗第一片真叶展开后，进行间苗，苗间距为3厘米左右。

3. 移　栽

幼苗苗龄达30天时，即可移置于大田定植。移栽前先放入通风处缓苗。移栽行距宜为40厘米，株距宜为25厘米，每穴1株。定植后应及时浇定苗水。

如果采用大田直播，可穴播或条播，应在土壤墒情较好时播种，每亩播种1.0~1.5千克，行距40厘米，穴播时的穴距宜为25厘米。播种后轻轻镇压畦面，根据土壤墒情确定是否灌水。幼苗具1~2片真叶时开始间苗，间苗时，拔除瘦苗、弱苗、病苗，保留健壮苗，间苗分2次进行。定苗株距宜为25厘米。

4. 肥水管理

田间生长期间，追肥2~3次，定苗后追第一次肥，每亩宜用尿素5~10千克，并浇水一次；30天后第二次追肥，每亩宜用尿素10~15千克，浇第二次水；8月中旬到下旬，每亩宜施尿素15~20千克，浇第三次水。高温干旱天气时，根据苗情进行灌溉，保持土壤湿润。

5. 中耕除草

在植株封行前中耕2~3次，并及时人工去除株间杂草。

6. 摘心、除老叶

以采收茎叶为目的时，可摘除已进行花芽分化的顶端，促进茎叶旺盛生长。以采收籽粒为目的时，宜及时摘除部分老叶，以增加株间通风透光性。

七、病虫害防治

紫苏主要病害有白粉病、锈病、斑枯病和根腐病，虫害主要有红蜘蛛、蚜虫、银纹夜蛾等。

1. 主要病害防治

（1）白粉病。俗称白毛病，是一种真菌性病害，病菌在田间病残体上越冬，成为翌年初侵染源。发病适温为16～24℃。高温高湿与高温干旱交替天气，植株生长势弱时，发病严重。农业防治：重病地实行2年以上与非寄主作物轮作；选地势较高、排水良好的田块种植；施足腐熟的畜禽粪，培育壮苗；注意田间通风透光，降低湿度；加强肥水管理，及时追施肥料，防止植株徒长或脱肥早衰；烧毁病株残体，消灭菌源。药剂防治：发病初期，喷25%三唑酮可湿性粉剂2 000倍液，或15%三唑酮可湿性粉剂1 000倍液，或40%多菌灵硫黄胶悬剂500倍液，或50%甲基硫菌灵胶悬剂500倍液，每隔7～10天喷1次，连喷2次；也可在刚发病时，立即喷洒小苏打500倍液，每隔3天喷1次，连续4～5次，均可控制为害。

（2）锈病。叶背面散生黄色近圆形、裸生的小疱，即病原菌的夏孢子堆，发生严重时，病斑数量很多，布满叶背，但叶片未见干枯；有时可见到叶背面的夏孢子堆几乎呈白色。防治方法：发病初期可用25%三唑酮可湿性粉剂1 000倍液，或50%代森锰锌可湿性粉剂600倍液，或70%代森锰锌可湿性粉剂1 000倍液喷洒防治，注意交替喷雾防治。

（3）斑枯病。紫苏斑枯病是由紫苏壳针孢引起的，主要为害叶片。染病叶片多从叶缘发病，初出现水渍状小斑，后逐渐扩大成不规则形、黑褐色至黑色的大病斑。空气潮湿时，病斑上散生小黑点。严重时，病斑干枯导致叶枯死。防治方法：可选用250克/升嘧菌酯悬浮剂（阿米西达）800～1 000倍液（每亩用量60～75克）；或20%苯醚甲环唑微乳剂（捷菌）1 500～2 000倍液（每亩用量25～30克）；或10%苯醚甲环唑水分散粒剂（世高）1 000～1 200倍液（每亩用量50～60克）；或50%多菌灵可湿性粉剂800～1 000倍液（每亩用量60～75克）；或80%代森锰锌可湿性粉剂600～800倍液（每亩用量75～100克）等喷雾防治。

（4）根腐病。属真菌病害，主要靠雨水、未腐熟的农家肥和农具传播。在高温多湿、低洼积水、土质黏重、多年重茬的情况下，发病严重。为害根茎，主根受害腐烂，不出侧根，植株矮小，严重时茎叶枯萎死亡。农业防治：实行轮作，不能重茬；苗床播种前要充分翻晒，施足腐熟粪肥，培育无病壮苗；深沟高畦，搞好排水，改善田间生态环境；集中烧毁病株，发病处用石灰消毒。药剂防治：发病初期，喷50%甲基硫菌灵可湿性粉剂500倍液，或90%噁霉灵可湿性粉剂2 000倍液，或75%百菌清可湿性粉剂600倍液，或75%敌磺钠可湿性粉剂1 000倍液，或

40%多硫悬浮剂800倍液，主要淋洒根茎部或灌根，混合土壤调理剂嘉美红利800倍液灌根效果更佳，每隔7天左右喷1次，连喷2~3次。

2. 主要虫害防治

（1）红蜘蛛。主要刺吸紫苏叶片和幼嫩部分，特别在紫苏生长中后期，为害严重，造成植株畸形、早衰。防治方法包括农业防治和药剂防治。农业防治：及时清除田间及附近的杂草，紫苏采收后，清除枯枝落叶，以减少虫源；适量少施氮肥，增施磷、钾套餐肥，促进紫苏生长健壮，增强抗虫能力；夏季如遇高温干旱天气，一定要适时灌水抗旱，控制虫情发展。药剂防治：发现红蜘蛛后，及早喷洒73%克螨特乳油1 200倍液，或40%环丙杀螨醇可湿性粉剂1 500~2 000倍液，或20%三氯杀螨醇乳油1 000倍液，10天左右喷1次，连喷2~3次。

（2）蚜虫。俗称蜜虫，繁殖特快，刺吸叶片汁液，一旦发生若不及时防治，就能为害成灾。农业防治：在紫苏生长期间，及时铲除田间、地边杂草，紫苏收获后，妥善处理残株、落叶，以切断蚜虫中间寄主和栖息场所，消灭部分蚜虫。药剂防治：用药剂防治时，除要求喷洒周到细致外，在用药上应尽量选择具有融杀、内吸、熏蒸三重作用的农药。常用的有50%抗蚜威可湿性粉剂2 000~3 000倍液，2. 5%溴氰菊酯乳油或2. 5%氯氟氰菊酯乳油2 000~3 000倍液。

（3）银纹夜蛾。主要为害叶片，低龄幼虫蚕食叶肉，残留一侧表皮，呈透明状，大龄幼虫吃成孔洞或缺刻，甚至将叶片吃光。对其防治，要抓住低龄幼虫期，在其未扩散前用药，在用药时间上要针对夜蛾昼伏夜出的特点，20：00以后喷药效果较好。可选用2. 5%溴氰菊酯或2. 5%氯氟氰菊酯乳油3 000倍液，或90%敌百虫晶体1 000倍液，或Bt乳剂（苏云金杆菌制剂）500~1 000倍液防治。

八、采　收

如果采收嫩叶食用，可随时采收。紫苏成品叶采收标准宜为宽12厘米以上的完整、无病斑叶片。一般始采期为5月下旬至6月初，在植株具4~5对真叶时采收。采收盛期每3~4天采收1对叶，其他时期每6~7天采收1对叶，采收时先采下部叶，由下而上。每株平均可采收20~22对成品叶。

如果以采收种子为目的，应及时采收，防止种子自然脱粒。一般在40%~50%的种子成熟时一次性收割，晾晒3~4天后脱粒。

以采收药材为目的者，分为苏叶和苏梗2种。苏叶宜在夏、秋季节采收叶或带叶小枝，阴干后收贮入药；亦可在秋季割取全株，先挂在通风处阴干，再取叶入药。苏叶以叶大、色紫、不碎、香气浓、无枝梗者为好。苏梗分为嫩苏梗和老苏梗2种，6—9月采收嫩苏梗，9月与紫苏籽同时采收者为老苏梗。采收苏梗时，应除去小枝、叶和果实，取主茎，晒干或切片后晒干。苏梗以外皮紫棕色、分枝少、香气浓者为好。

九、加　工

紫苏收获后，摊在地上或悬挂通风处阴干，干后连叶捆好，称全苏；如摘下叶子，拣出碎枝、杂物，则为苏叶；抖出种子即为苏籽；其余茎秆枝条即为苏梗；紫苏籽收获后，植株下部无叶粗梗入药，称为老苏梗。

参考文献

[1] 庞磊，史斌．常用药食两用植物在中餐凉菜制作中的应用［J］．现代食品，2021（1）：26-28.

[2] 国家药典委员会．中华人民共和国药典：一部［M］．2020年版．北京：中国医药科技出版社，2020：293.

[3] 张辰露，梁宗锁，吴三桥，等．不同方法提取紫苏叶挥发油成分GC-MS分析［J］．中药材，2016，39（2）：337-341.

[4] 周晓晶，李可，范航，等．不同变种及种源紫苏种子油脂肪酸组成及含量比较［J］．北京林业大学学报，2015，37（1）：98-106.

[5] CHEN J H，XIA Z H，TAN R X. High-performance liquid chromatographic analysis of bioactive triterpenes in *Perilla frutescens*［J］. J Pharm Biomed Anal，2003，32：1175-1179.

第四节　益母草

一、概　述

益母草因其妇科多用，故有“益母”之名。《中华人民共和国药典》（1985年版和2000年版）收藏的益母草为唇形科植物益母草和细叶益母草。益母草为唇形科一年生或二年生直立草本，其新鲜或干燥地上部分均可入药。益母草味苦、辛，性微寒，归肝、心包、膀胱经，具有活血调经、利尿消肿、清热解毒功效[1]。目前，从益母草中已分离出生物碱类、萜类、黄酮类和挥发油等多种化合物[2]。现代药理学研究发现，这些天然植物活性成分在生殖系统[3]、心血管系统[4]和免疫系统[5]等方面发挥重要功能。益母草可作为天然药用植物添加剂应用于动物生产，可以增强机体抵抗力，提升畜禽的生产性能，并对生殖疾病具有防治作用[6]。主要含益母草碱、水苏碱、益母草定、益母草宁等多种生物碱，苯甲酸、多量氯化钾、月桂酸、亚麻酸、油酸、甾醇、维生素 A、芸香苷等黄酮类。种子含脂肪油，可榨取工业用油。全株含芳香油，可提取香料。全草可作植物性杀虫剂。幼苗可食，可蘸酱、腌渍、炒食、调拌凉菜、制罐头、加工什锦袋菜等。嫩茎叶可作牛、马、羊等家畜饲料。在中国分布于内蒙古、河北北部、山西、陕西北部、黑龙江（泰来等西部草原）、吉林（辉南、柳河、通化、和龙及西部草原）、辽宁（西丰、康平、新民、彰武、桓仁等市县）等地。

二、别　名

益母草又名风车草、细叶益母草、石麻、红龙串彩、龙串彩、风葫芦草、四美草、白花细叶益母草。

三、分类地位

益母草属植物界、被子植物门、双子叶植物纲、管状花目、唇形科、益母草属植物。

四、特征特性

（一）植物学特征

1. 益母草

一年生或二年生草本，高 60~100 厘米。茎直立，单一或有分枝，四棱形，被微毛。叶对生；叶形多种；叶柄长 0.5~8 厘米。一年生植物基生叶具长柄，叶片略呈圆形，直径 4~8 厘米，5~9 浅裂，裂片具 2~3 钝齿，基部心形；茎中部叶有短柄，3 全裂，裂片近披针形，中央裂片常再 3 裂，两侧裂片再 1~2 裂，先端渐尖，边缘疏生锯齿或近全缘；最上部叶不分裂，线形，近无柄，上面绿色，被糙伏毛，下面淡绿色，被疏柔毛及腺点。轮伞花序腋生，具花 8~15 朵；小苞片针刺状，无花梗；花萼钟形，外面贴生微柔毛，先端 5 齿裂，具刺尖，下方 2 齿比上方 2 齿长，宿存；花冠唇形，淡红色或紫红色，长 9~12 毫米，外面被柔毛，上唇与下唇几等长，上唇长圆形，全缘，边缘具纤毛，下唇 3 裂，中央裂片较大，倒心形；雄蕊 4 枚，二强，着生在花冠内面近中部，花丝疏被鳞状毛；雌蕊 1 枚，子房 4 裂，花柱丝状，略长于雄蕊，柱头 2 裂。小坚果褐色，三棱形，上端较宽而平截，基部楔形，长约 2.5 毫米。花期 6—9 月，果期 7—10 月。

2. 细叶益母草

一年生或二年生草本，有圆锥形的主根。茎直立，高 20~80 厘米，钝四棱形，微具槽。茎最下部的叶早落，中部的叶轮廓为卵形，长 5 厘米，宽 4 厘米，基部宽楔形，掌状 3 全裂。轮伞状花序腋生，多花，轮廓为圆球形，直径 3~3.5 厘米，多数，向顶渐次密集组成长穗状。小坚果长圆状三棱形，长 2.5 毫米，顶端截平，基部楔形，褐色。花期 7—9 月，果期 9 月。

（二）生物学特性

生长于石质及砂质草地、松林、山野荒地、田埂、草地、溪边等处，海拔可达 1 500米。全国大部分地区均有分布。喜温暖湿润气候，益母草最适宜的生长温度是 25℃左右。适应性比较强。对土壤要求不严，但以土层深厚，疏松肥沃的砂质壤土或壤土为好。

五、繁　殖

益母草用种子繁殖。一般采用种子直播。整地后采用穴播，行距 25~30 厘米，穴距 20 厘米，播深 3 厘米左右，每亩用种子 350~400 克，拌成种子灰播种即可。

六、栽培技术

1. 选地整地

选地势高、排水好，土层深厚的田块，精细耕作。结合整地，施足基肥，一般每亩施优质农家肥 2 000~3 000千克、磷酸二铵 20 千克、硫酸钾肥 15 千克。然后做畦，等待播种。

2. 适时播种

春、夏、秋均可播种。以春播为主，春播在 3—4 月。播种前，畦面要浇透水，等水渗下后，可条播或撒播，一般以条播为主。

（1）撒播。将种子拌细沙均匀撒于畦面，稍盖薄土，以盖住种子为度，随后轻轻镇压，使种子与土紧密结合，上面盖 1 厘米的河沙，以利出苗。

（2）条播。按行距 25～30 厘米，开 1 厘米浅沟，同样盖以薄土。发芽前注意浇水，经常保持土壤湿润。出苗后可将覆盖物逐渐撤掉，不可一次撤光，以防烈日晒死幼苗。当苗高 15 厘米时可全部撤掉盖草，也可在畦边间种高秆作物玉米、高粱等，但不可过密。

3. 定　植

苗高 3～6 厘米时，分两次进行间苗和定苗，按行距 25～30 厘米，株距 10～15 厘米定苗。间苗时发现缺苗，要及时移栽补植。

4. 中耕除草

中耕除草是保证益母草产量的主要因素之一，应勤除杂草，疏松土壤。特别是早春和苗期更要注意除草。生产上分别在苗高 5 厘米、15 厘米、30 厘米左右时进行中耕除草，操作时松土不要过深，以免伤根；幼苗期中耕，要保护好幼苗，防止被土块压迫，更不可碰伤苗茎；最后一次中耕后，要培土护根。

5. 追肥浇水

每次中耕除草后，要追肥一次，以施氮肥为佳，一般每次追施尿素 10～15 千克，前轻后重，追肥后要注意浇水，切忌肥料过浓，以免伤苗。雨季雨水集中时，要防止积水，应注意适时排水，防止烂根。

七、病虫害防治

1. 病害防治

（1）白粉病。在谷雨至立夏期间或春末夏初时易发生。发病后叶片变黄褪绿，并生有白色粉状物，重者可致叶片枯萎。防治方法：可用 25%三唑酮可湿性粉剂 1 000倍液喷雾。除治白粉病应赶早期，发生初期要防治 1 次，发病旺期连续防治 2～3 次。

（2）锈病。多发生在 4—6 月清明至芒种期间，为害叶片。发病后，叶背出现赤褐色突起，叶面生有黄色斑点，导致全叶卷缩枯萎脱落。防治方法：发病初期喷洒敌锈纳晶体 300~400 倍液，或 0.2~0.3 波美度石硫合剂，以后每隔 7~10 天再喷 2~3 次。

（3）菌核病。是为害益母草较严重的病害。整个生长期内均会发生，春播品种在谷雨至立夏期间、秋播品种在霜降至立冬期间病害发生严重。染病后，益母草基部出现白色斑点，继而皮层腐烂，病部有白色丝绢状菌丝。幼苗染病时，患部腐烂死亡，若在抽薹期染病，则表皮脱落，内部呈纤维状直至植株死亡。防治方法：一是与禾本作物轮作；二是在发现病菌侵蚀时，及时铲除病土，并撒生石灰粉处理，同时用 70%甲基硫菌灵可湿性粉剂或 40%菌核净可湿性粉剂 1 500倍液防治。

2. 虫害防治

虫害主要有蚜虫、红蜘蛛等。应注意远离制种田与容易发生蚜虫、红蜘蛛的寄主如小麦、玉米等，生长期注意及时除草，减少中间寄主。

（1）蚜虫。虫体小，杂食性，寄主多，蚜虫可孤雌生殖，繁殖速度快。每年可发生 10~20 代。常群集在嫩叶的背面吸取汁液，严重时造成叶片卷曲皱缩变形，甚至干枯，还可以传播病毒，严重影响顶部幼芽叶片、花蕾和花的正常生长。防治方法：一是适时播种，避开害虫生长期，减轻蚜虫为害；二是发生虫害后，用烟草石灰水（1∶1∶10）溶液，或 1.8%阿维菌素晶体 3 000~4 000倍液喷杀。

（2）红蜘蛛。虫体小，圆形或卵圆形，橘黄色或红褐色。由于体小不易被发现，一旦发现其为害时，植株往往受害已严重。为害方式是以口器刺入叶片内吮吸汁液，使叶片叶绿素受到破坏，叶片呈现灰黄点或斑块，枯黄甚至脱落。红蜘蛛的繁殖能力很强，最快约 5 天可繁殖一代。此虫在高温干旱的气候条件下繁殖迅速，为害严重。防治方法：用 73%炔螨特乳油 1 500倍液，或 25%灭螨锰可湿性粉剂 1 000~1 500倍液，或 1.8%阿维菌素乳油 3 000~4 000倍液喷雾。

八、收获与加工

益母草以全草入药，一般以花开 2/3 时收获。收获时选晴天，用镰刀齐地割下地上部分。晾晒全干后，略微回润，就可打捆贮运，放通风干燥处，防受潮发霉和生虫。

以种子入药，则是在全株花谢后，下部种子成熟时收获。收获时把全株割下，操作要轻，以免种子散失。然后充分晾晒、干燥。在干燥过程中，不要堆积，以免发酵，叶片变黄，也不能受雨淋，否则影响质量。用于收获种子的植株，割下后立放 4~5 天，然后晒干打下种子，筛去叶片粗渣，再晒干簸净即成。所剩茎秆，也可作药用。

参考文献

［1］ GARRAN T A. 中西益母草比较研究［D］. 北京：中国中医科学院，2020.

［2］ 廖玉雪，陶志勇，刘晓辉，等．益母草粉对待产母猪分娩过程、产仔性能和产后炎症的影响［J］. 饲料博览，2021（12）：29-32.

［3］ 张微，李君，胡玉霞，等．蒙药益母草对心血管系统和中枢神经系统的影响［J］. 中南药学，2021，19（7）：1269-1274.

［4］ 杨莉．益母草碱对肉仔鸡的免疫和抗氧化作用及其机制研究［D］. 石河子：石河子大学，2019.

［5］ 刘培培．益母草和地黄多糖提取物对蛋鸡生产性能，蛋品质，抗氧化能力和免疫力的影响［D］. 保定：河北农业大学，2017.

［6］ 刘培培，臧素敏，杨丽亚，等．益母草提取物对蛋鸡生产性能和蛋品质的影响［J］. 黑龙江畜牧兽医，2017（8）：178-180.

第五节　荆　芥

一、概　述

荆芥，中药名。为唇形科植物荆芥的干燥地上部分。味辛，性微温。归肺、肝经。秋季花开穗绿时割取地上部分，晒干。亦有先单独摘取花穗，再割取茎枝，分别晒干，前者称“荆芥穗”，后者称“荆芥”。其茎叶主治发表，祛风，理血；炒炭止血。治感冒发热，头痛，咽喉肿痛，中风口噤，便血；崩漏，产后血晕；痈肿，疮疥，瘰疬。荆芥穗效用相同，惟发散之力较强。《吴普本草》记载：“假苏，一名鼠蓂，一名姜芥也，名荆芥，叶似落藜而细，蜀中生啖之”[1]。荆芥的茎叶含较为丰富的维生素和微量元素，嫩茎叶可凉拌，作调味品或作汤，清香可口，增进食欲，利喉。鱼虾中放入洗净切碎的荆芥叶，可除去鱼腥味。含挥发油 1.8%，油中主成分为右旋薄荷酮、消旋薄荷酮、少量右旋柠檬烯。除蔬菜、药厂用作原料外，近年来荆芥还广泛应用于饲料、香料加工行业，荆芥油出口东南亚各国的数量也逐年增加，使得其商品社会需求量不断增大。产于新疆、甘肃、陕西、河南、山西、山东、湖北、贵州、四川及云南等地；多生于宅旁或灌丛中，海拔一般不超过2 500米。自中南欧经阿富汗向东一直分布到日本，在美洲及非洲南部逸为野生。

二、别　名

荆芥又名假荆芥、樟脑草。

三、分类地位

荆芥为被子植物门、双子叶植物纲、唇形目、唇形科、荆芥属植物。

四、特征特性

1. 植物学特征

一年生草本，高60~90厘米。茎直立，四棱形，基部稍带紫色，上部多分枝，全株被短柔毛，叶对生，羽状深裂，茎基部的叶裂片5；中部及上部的叶裂片3~5，线形或披针形，长1.5~2厘米，宽2~4毫米，全缘，两面均被柔毛；下面具凹陷腺点，呈穗状轮伞花序，多密集于枝端，长3~8厘米；苞片叶状，线形，长0.4~1.7厘米，绿色，无柄；花萼钟形，长约3毫米，距纵脉5条，被毛，先端5齿裂；花冠淡紫色，2唇形，长约4毫米，上唇2裂，下唇较大，3裂；雄蕊4枚，二强；子房4裂，花柱基生，柱头2裂。小坚果卵形或椭圆形，长约1毫米，棕色。花期6—8月。果期7—9月。

2. 生物学特性

荆芥喜温暖湿润气候。喜阳光充足，怕干旱，忌积水。忌连作。荆芥对环境的适应性较强，最适于生长在肥沃、疏松的土壤，湿度适中、阳光充足和温和的气候条件下。幼苗能耐0℃左右低温，-2℃以下会出现冻害，适宜生长温度为25℃，低于12℃则生长缓慢。荆芥的花授粉后可结果，果实小，容易因风吹、昆虫触碰等条件掉落，种子容易萌发，萌发最适温度为15~25℃，种子寿命为1年。忌干旱与积水，忌连作。多生于宅旁、灌丛中、山坡、路旁或山谷。海拔一般不超过2 500米。

五、繁　殖

荆芥多为种子繁殖，于3月下旬至4月上旬播种，10天左右出苗。

六、栽培技术

1. 选地整地

种植荆芥以湿润的气候环境为佳，种子出苗期要求土壤湿润，忌干旱和积水。幼苗喜湿润环境，又怕雨水过多和积水。成苗喜欢较干燥的环境，雨水多则生长不良。土壤以较肥沃湿润、排水良好、质地为轻壤至中壤的土壤为好，如砂壤土、油砂土等。黏重的土壤和易干燥的粗砂土、冷砂土等，均生长不良。地势以日照充足、平坦、排水良好或排灌方便的地块为好。低洼积水、荫蔽的地方不宜种植。忌连作，前作以玉米、花生、棉花、地瓜等为好，麦类作物亦可。整地必须细致，才利于出苗。整地前宜施足基肥，每亩施腐熟有机肥 2 000~2 500 千克，磷酸二铵 25~30 千克。耕作深度为 25 厘米左右，反复细耙，务使土块细碎，土面平整，然后做畦。

2. 播　种

3 月下旬至 4 月上旬为播种适期。播种前应对种子进行筛选，拣出其中的杂质和已损伤的种子，然后用温水浸泡 12~24 小时，捞出后晾晒到通风干燥处，这样可使种子内部新陈代谢加快，增强成活力，提高发芽率。由于荆芥种子细小，为使播种更均匀，可等到种子表面无水时掺拌适量细沙或细土，种子与沙土的比例为 3：1，搅拌均匀后即可播种。采用条播，行距 20~25 厘米，沟深 1.0 厘米，将种子播于沟内，覆土镇压，浇水湿润。每亩用种 1 千克左右。

3. 间苗补苗

出苗后注意及时间苗，以免幼苗生长过密，发育纤细柔弱。当苗高 6~10 厘米时定苗，条播 7~10 厘米留苗 1 株，若有缺苗，应将间出的大苗、壮苗带土移栽，最好选阴天移栽，避免在阳光强烈时进行。移苗时尽量多带原土，补苗后要及时浇水，以利于幼苗成活。

4. 中耕除草

在间苗、定苗时结合中耕，做好除草工作。第一次中耕宜浅，避免压倒幼苗；第二次中耕可深一些。以后视土壤是否板结和杂草多少，再中耕除草 1~2 次。

5. 合理施肥

荆芥幼苗期需氮肥较多，为了促使秆壮穗多，在苗高 15~20 厘米时，每亩追施尿素 7~10 千克。当苗高 20~25 厘米时，加施氯化钾 10 千克，尿素 10~15 千克，开沟施入，施后培土。当苗高 30 厘米以上时，每亩追施尿素 15 千克，并可配施少量磷、钾肥。7 月荆芥进入生长后期，此时一般不进行田间管理，让其自然生长，这样可以抑制生殖生长，有利于营养生长，提高产量和质量。

6. 灌溉排水

种子发芽至幼苗期，应注意保持土壤湿润，采用少量多次浇灌，以利生长。成株后抗旱能力增强，可不再进行浇灌，但夏季久旱无雨，土壤含水量在 8%以下，植株呈萎蔫状态时应轻浇水，每次浇水量不宜过大。荆芥在此时期怕水涝，如雨水过多，应及时排掉田间积水，以免引起病害。

七、病虫害防治

1. 病害防治

（1）茎腐病。病原主要是腐霉菌属和镰刀菌属。荆芥茎腐病主要特征是茎基部变黑，根部腐烂。防治方法：①用枯草芽孢杆菌 500 倍液灌根。②发病初期，及时拔除病株，用生石灰封穴。③播种前可用 50%多菌灵可湿性粉剂 500 倍液浸种 20 分钟再播种；播种前用石灰对土壤进行消毒，出苗后或发病初期用 50%多菌灵可湿性粉剂 600 倍液，或 70%甲基硫菌灵可湿性粉剂 800 倍液，或 80%代森锰锌络合物 800 倍液，或 2. 5%咯菌腈可湿性粉剂 1 000倍液，或 30%噁霉灵+25%咪鲜胺按 1∶1复配 1 000倍液等灌根，7 天喷灌 1 次，喷灌 3 次以上。

（2）立枯病。多发生在 5—6 月，低温多雨、土壤很潮湿时易发病，发病初期苗茎部发生水渍状小黑点，小黑点扩大后呈褐色，茎基部变细，重者枯死。防治方法：选用良种，加强田间管理，遇低温多雨天气，做好排水工作。发现中心病株，及时喷波尔多液 1∶1∶100 倍液，10 天喷 1 次，连喷 2~3 次。

2. 虫害防治

虫害主要有地老虎、蝼蛄等。防治方法：栽植前用辛硫磷等进行土壤处理；蝼蛄可采用毒饵诱杀；地老虎幼虫发生期喷苏云金杆菌乳剂或灭幼脲等，发生严重时喷洒菊酯类农药防治。

八、采　收

采收茎叶宜在夏季孕穗而未抽穗时进行，荆芥刚开花时采收质量最好。采收芥穗宜于秋季种子50%成熟、50%还在开花时采收。将植株割下，剪下果穗，分别晒干入药。

《中国药典》2015 年版规定：药材水分不得超过 12.0%，总灰分不得超过10.0%，酸不溶性灰分不得超过 3.0%，荆芥按干燥品计算，挥发油含量不得少于0.6%（毫升/克），胡薄荷酮含量不得少于 0.020%。荆芥的穗按照干燥品计算，挥发油含量不得少于 0.4%（毫升/克），胡薄荷酮含量不得少于 0.080%。

九、留种技术

收获前于田间选择株型大、枝繁叶茂、穗大、香气浓、无病虫害的植株留种。较大田晚收 15~20 天，待荆芥呈红色，种子充分成熟，籽粒饱满，呈深褐色或褐棕色时，把果穗剪下扎成小把，晒干脱粒。装在布袋里，放在通风干燥处保存。

参考文献

[1] 吴普．吴普本草［M］．尚志钧，辑校．北京：人民卫生出版社，1987：80.

第六节　蒲公英

一、概　述

中药蒲公英为菊科植物蒲公英、碱地蒲公英或同属数种植物的干燥全草。苦、甘，寒。主要用于疔疮肿毒，乳痈，瘰疬，目赤，咽痛，肺痈，肠痈，湿热黄疸，热淋涩痛等，为常用中药材。味苦、甘，性寒，入肝、胃二经，具有清热解毒、消肿散结和利尿通淋等功效。“蒲公草”一味最早出现于晋代《刘涓子鬼遗方》[1]，唐代《新修本草》称其为“蒲公草”“构耨草”[2]。《医学入门》讲述了蒲公草命名的原因，即“蒲公用此草治痈肿得效，故名”[3]，然缺乏依据，似为附会之说。《千金方》称其为“凫公英”[4]。《本草衍义》称其为“地丁”，因贴地而生、开黄花，又名“黄花地丁”，南方人称其为“黄花郎”[5]。明代《本草纲目》释蒲公英："俗呼蒲公丁，又呼黄花地丁。淮人谓之白鼓钉，蜀人谓之耳瘢草，关中谓之狗乳草”[6]。分布于东北、华北、西北、华东、华中及西南地区，以西南和西北地区最多。

二、别　名

蒲公英又名黄花地丁、婆婆丁、华花郎等。

三、分类地位

蒲公英为被子植物门、双子叶植物纲、菊目、菊科、蒲公英属植物。

四、特征特性

（一）植物学特征

1. 蒲公英

叶为倒卵状披针形、倒披针形或长圆状披针形，叶柄及主脉常带红紫色；花为黄色，花的基部淡绿色，上部紫红色；内层为线状披针形；瘦果为暗褐色倒卵状披针形，冠毛为白色，长约6毫米；花期为4—9月，果期为5—10月。

2. 碱地蒲公英

小叶为规则的羽状分裂。总苞片先端无角状突起；花冠黄色；瘦果披针形，长约4毫米，喙长4~5.5毫米。花期为4—9月，果期为5—10月。生于稍潮湿的盐碱地或原野上。

（二）生物学特性

蒲公英在中国大部分地区均可见，生于中、低海拔地区的山坡草地、路边、田野、河滩。蒲公英种子随风飘散，繁殖力强。蒲公英适应性广，抗逆性强。抗寒又耐热，早春地温1~2℃时即可萌发，种子发芽最适温度为15~25℃，30℃以上发芽缓慢，叶生长最适温度为20~22℃。蒲公英在生长过程中需要充足的光照，确保充足的光照是提高质量的保证。抗旱、抗涝能力较强。可在各种类型的土壤条件下生长，但最适在肥沃、湿润、疏松、有机质含量高的土壤上栽培。

五、繁　殖

1. 露地直播法

初春、盛夏至晚秋均可播种。采用撒播或条播。在畦内开小沟，沟间距 20 厘米，小沟宽 5~10 厘米，在沟底撒施种肥尿素，每亩用种子 20~100 克，播后覆土，土厚 0.5~1 厘米。

2. 育苗移栽法

在春、夏、秋 3 个季节育苗，一般露地育苗即可。选择肥沃、疏松、灌溉方便的地块，浇足底水，3~5 天后施足基肥，然后翻地做畦，畦宽 1.2 米，大沟宽 0.3 米。均匀地将种子撒在地表，然后用铁耙将表土耙平，令表土覆盖种子 0.5~1 厘米即可。种子 10~15 天出苗，再经过 20~25 天的生长即可移栽到大田进行管护。

六、栽培技术

（一）选地与整地

人工栽培应选用向阳、肥沃、可灌溉的砂质壤土地。土地深翻 25~30 厘米，每亩施有机肥 2 500~3 000千克、磷酸二铵 20~35 千克。整细、整平，做畦待播，畦宽 1.2 米，沟宽 0.3 米。

1. 露地直播法

（1）种子消毒。有些病害是通过种子传播的，有些细菌常常附着或寄生于种子上，因此进行种子消毒可有效防止病害的传播。将种子浸入 0.1%高锰酸钾溶液中浸泡 10 分钟，可防止病毒病的发生。

（2）种子催芽。在寒冬、早春或盛夏，当外界温度过低或过高时，种子发芽困难，可进行催芽处理。蒲公英的催芽温度为 20~25℃，将蒲公英种子置于 30~45℃的温水中，搅拌至水凉后，再浸泡 8 小时，捞出种子包于湿布内，放在 25℃左右的环境中，保持湿度，3~4 天种子萌动，待 50%的种子露白时即可播种。

（3）播种。初春、盛夏至晚秋均可播种。采用撒播或条播。在畦内开小沟，沟间距为 20 厘米，小沟宽 5~10 厘米，在沟底撒施种肥尿素，每亩用种子 20~100 克，播后覆土，土厚 0.5~1 厘米。也可在做畦后，直接将种子撒播，然后覆土 1 厘米。播种时要求土壤湿润，如遇干旱，在播种前两天浇透水，以保证全苗。若早春播种气温过低可覆盖地膜，夏天可覆盖杂草保持一定水分，以保证出苗整齐。

2. 育苗移栽法

在早春、盛夏自然气候不适合种子萌发的情况下，为了提高种子发芽率、减少苗期管理、避免种子浪费、提高经济效益，可在小环境中育苗，然后移栽到大田中进行管理。

（1）育苗。在春、夏、秋 3 个季节育苗，一般露地育苗即可。种子处理方法如前所述。选择肥沃、疏松、灌溉方便的地块，浇足底水，3~5 天后施足基肥，然后翻地做畦，畦宽 1.2 米，大沟宽 0.3 米。均匀地将种子撒在地表，然后用铁耙将表土耙平，表土覆盖种子 0.5~1 厘米即可。在早春气温较低的情况下应增加保温措施，如阳畦和温室等。种子 10~15 天出苗，再经过 20~25 天的生长即可移栽到大田进行管护。

（2）定植。在育苗畦内，苗高达到 10 厘米以上，幼苗 4 片真叶以上时可以移栽定植。按不同的栽培目的采用不同的株行距。作药用或食用栽培时，株行距一般为 20 厘米×30 厘米。定植后浇定植水和缓苗水，然后中耕锄草。

（二）田间管理

1. 播种当年的田间管理

出苗前，保持土壤湿润。如果出苗前土壤干旱，可在播种畦的畦面，先稀疏散盖一些麦或茅草；然后轻浇水，待苗出齐后去掉覆盖物；出苗后应适当控制水分，使幼苗茁壮成长，防止徒长和倒伏；在叶片迅速生长期，要保持田间湿润，以促进叶片旺盛生长；冬前浇 1 次透水，然后覆盖农家肥或麦秸等，利于越冬。

2. 中耕除草

当蒲公英出苗 10 天左右可进行第一次中耕除草，以后每 10 天左右中耕一次，直到封畦为止，做到田间无杂草。

3. 间苗定苗

结合中耕除草进行间苗、定苗。出苗后 10 天左右进行间苗，株距 20~30 厘米，经20~30天即可进行定苗，行距35厘米，株距20~30厘米，撒播时株距20厘米即可。

4. 肥水管理

播种地应保持土壤湿润，以保证全苗。出苗后，也要始终保持土壤有适当的水分。生长期间追1~2次肥，每次每亩施尿素10~14千克、磷酸二氢钾5~6千克。经常浇水，以保证全苗及出苗后生长所需。秋播者入冬后，在畦面上每亩施有机肥2 500千克、过磷酸钙20千克，既起到施肥作用，又可以保护根系安全越冬，并且灌好越冬水。翌年返青后可结合浇水再追施一次肥。

5. 多年生植株的田间管理

蒲公英植株生育年限越长，根系越发达，地上植株生长也越茂盛，收获的产品产量高、品质好。因此，生产上应进行多年生栽培。多年生栽培的地块，要注意除草，并在生长季节加强水肥管理，适时采收。为提早上市，早春时可采用小拱棚覆盖。每次采收完，要薄施一次尿素。秋末冬初，应浇一次透水，然后在畦面上覆盖一层马粪或麦秸等，以利于宿根越冬和翌年春季较早萌发新株。

七、病虫害防治

1. 主要病害

蒲公英抗病能力很强，一般病害发生程度较轻。

（1）白粉病。发病部位为叶片，初期叶片上出现白色粉状小斑点，后逐渐扩大，受害叶面上布满白色、粉霉状物，即菌丝体和分生孢子。潮湿时可见黑色小点。病情严重的叶片扭曲变形或枯黄脱落。病株发育不良、矮化，叶片变形，枯萎或脱落。防治方法：合理施肥，培育壮苗，增加抵抗力；发现病株及时清理；发病初期可喷36%甲基硫菌灵悬浮剂500倍液，每隔7天喷施1次，连续喷施2~3次。

（2）霜霉病。主要为害叶片、嫩茎、花梗和花蕾。发病初叶褪绿，叶斑不规则，界限不明显，呈浅绿色；后变为黄褐色，病叶皱绿。叶背面菌丝稀疏，初为白色或黄白色，后变为淡褐色或深褐色。防治方法：合理密植，适当控制水分；发现病株应及时拔除，集中深埋或烧毁；发病初期可用72%克露（霜脲·锰锌）可湿性粉剂800倍液，或69%安克·锰锌可湿性粉剂1 000倍液防治，也可用25%百菌清可湿性粉剂500倍液喷雾。隔10天左右用药1次，连喷2~3次。采收前20天停止用药。

2. 主要虫害

蒲公英抗虫能力很强，虫害相对较少。

（1）蛴螬。蛴螬是蒲公英地下害虫之一，大量发生时咬断幼苗根茎，造成幼苗枯死。防治方法：秋季或春季深翻土地，合理轮作；田间发现为害可用90%敌百虫晶体800~1 000倍液喷雾或灌根防治，或用90%敌百虫晶体拌毒土撒在地面，结合耙地杀灭害虫，每亩用100~150克拌细土15~20千克。

（2）地老虎。地老虎以幼虫为害蒲公英幼苗，将幼苗从茎基部咬断，或咬食根茎。防治方法：加强田间管理，深翻土地，清除杂草，以杀灭虫卵；利用糖醋液或黑光灯进行田间诱杀；采新鲜泡桐叶，用水泡后，每亩50~70张于傍晚放置在为害田里。翌日清晨人工捕捉叶下幼虫；对3龄前的地老虎幼虫，可用2.5%敌百虫粉剂每亩1.5~2千克加10千克细土撒在植株周围。也可用20%杀灭菊酯乳油2 000倍液进行地面喷雾。

八、采收与加工

1. 菜用收获方法

第一年收割1次或者不收割，可在幼苗期分批采摘外层大叶食用或用刀割取心叶以外的叶片食用。自第二年起，每隔15~20天割1次，当叶基部长至10~15厘米时，可一次性整株割取，捆扎上市。

2. 药用收获方法

若作为药材出售，第一年收割1次或者不收割，可采摘外层大叶或用刀割取心叶以外的叶片，晒干药用。自第二年起每年可收割2~4次，春季1~2次，秋季1~2次。亦可在晚秋采挖出带根的全草，抖净泥土晒干即可，药用效果较佳。

参考文献

[1] 刘涓子．刘涓子鬼遗方［M］．2版．于文忠，龚庆宣，辑校．北京：人民卫生出版社，1986：163.

[2] 苏敬．新修本草［M］．上海：上海卫生出版社，1957：18.

[3] 李梴．医学入门［M］．金嫣莉，何源，乔占兵，校注．北京：中国中医药出版社，1995：200.
[4] 孙思邈．千金方［M］．李春深，王朝闻，校注．天津：天津科学技术出版社，2017：20.
[5] 寇宗奭．本草衍义［M］．梁茂新，范颖，点评．北京：中国医药科技出版社，2018：149.
[6] 李时珍．本草纲目［M］．马美著，点校．武汉：崇文书局，2017：119-120.

第七节　苦豆子

一、概　述

苦豆子，中药名。为豆科植物苦豆子的种子。苦豆子的干燥全草、根及种子均可药用，并收载于1977年版《中国药典》《宁夏中药志》《新疆中草药》《内蒙古中药志》等，其全株具有清热燥湿，止痛杀虫等作用。近年来，随着对苦豆子化学成分及药理作用研究的不断深入，已经分离鉴定生物碱20多种，包括苦参碱、槐果碱、氧化苦参碱、金雀花碱等[1]。同时，药理研究表明苦豆子生物碱具有镇静[2]、抗惊厥[3]、抗炎、抗心律失常[4]、抗菌抗病毒[5]等作用。传统医学认为，苦豆子药性苦、寒，归胃、大肠经，具有清热解毒、祛风燥湿、止痛杀虫的作用。苦豆子有毒，因此孕妇应忌用，以免影响胎儿发育。此外，苦豆子是优良的固沙植物和可利用牧草。在干旱沙漠地区通过人工大面积栽培苦豆子，不仅能够产生很好的社会效益和生态效益，同时还能产生较高的经济效益，是干旱沙漠地区恢复植被的理想栽培植物。苦豆子的残渣可用作造纸原料。苦豆子开花期较长，是西北荒漠和半荒漠地区一种非常重要的蜜源植物。分布于中国内蒙古、山西、陕西、宁夏、甘肃、青海、新疆、河南、西藏。俄罗斯、阿富汗、伊朗、土耳其、巴基斯坦和印度北部也有分布。多生于干旱沙漠和草原边缘地带。

二、别　名

苦豆子又名苦槐、白头蒿子。

三、分类地位

苦豆子为被子植物门、木兰纲、豆目、豆科、苦参属植物。

四、特征特性

1. 植物学特征

苦豆子属草本或基部木质化成亚灌木状植物，高可达 1 米。羽状复叶；托叶着生于小叶柄的侧面，钻状，小叶对生或近互生，纸质，叶片披针状长圆形或椭圆状长圆形，侧脉不明显。总状花序顶生；花多数，密生；苞片似托叶，脱落；花萼斜钟状，花冠白色或淡黄色，旗瓣形状多变，翼瓣常单侧生，龙骨瓣与翼瓣相似，先端明显具突尖，背部明显呈龙骨状盖叠，柄纤细，花丝不同程度连合，柱头圆点状，荚果串珠状，种子卵球形，稍扁，5—6 月开花，8—10 月结果。

2. 生物学特性

苦豆子耐旱、耐盐，抗风固沙作用强，具有良好的沙生特性。生于阳光充足、排水良好的石灰性土壤上。苦豆子一般在 4 月上中旬萌发，6 月至 7 月上旬开花，7 月至 8 月中旬结果，8 月至 9 月中旬果实成熟。荚果成熟后不易脱落，生长期 140~150 天。第一年苦豆子实生苗不会开花现蕾，第二年 7—8 月采收种子。苦豆子当年生的枝条冬季枯死，翌年在根茎各节，由地下芽发出数条新株。随着根茎的发展，经多年繁殖便成片丛生。苦豆子根茎发达，根幅长可达 2~3 米，垂直根向下可达 2 米。不定根不具分层性，均匀扩散，蔓延很广，有利于吸收水分和养分。苦豆子适合生长于荒漠区较潮湿的风沙地段、阶地，地下水位较高的低湿地和地下水溢出带，湖盆沙地、半固定沙丘和固定沙丘的低湿处，绿洲边缘及农区的沟旁和田边地头。苦豆子是耐盐植物，一般生于全盐量小于 0. 2%的土壤。全盐量为 0. 3%时生长受到抑制，0. 4%时未见生长。

五、繁　殖

苦豆子用种子及根芽进行有性繁殖和无性繁殖。

六、栽培技术

1. 选地整地

种植苦豆子的田块要求地势平坦、排灌便利。耕作深度以 25~30 厘米为宜，结合深翻每亩施腐熟厩肥 2 000~2 500千克、复合肥 30 千克。经充分耕耙后平整土地。

2. 播　种

（1）种子处理。苦豆子种子的种皮坚硬，发芽率较低。可将 100 克种子用 50 毫升硫酸处理 25 分钟，处理后的种子用水冲洗 6～7 次，以洗净种子表面的硫酸，并置于通风处晾干用于播种。浓硫酸处理可以大大提高发芽率，确保一播全苗。或用碾米机打磨，打磨 1 次出苗率为 52%左右，打磨 2 次出苗率为 70%左右，打磨 3 次出苗率可提高到 90%左右；如再经水浸泡处理，出苗率还可比常规处理高出 4～5 个百分点。

（2）播种。于 4 月中旬到 4 月下旬播种。苦豆子播种采用条播，播种沟宽 1～2 厘米，沟深 1.0～1.5 厘米，行距 45～50 厘米。播种后覆土 1 厘米，播种量为 4～5 千克/亩。

3. 田间管理

（1）定苗。苗高 10 厘米时，按照株距 10 厘米进行定苗，间苗应去弱留强，并在缺苗处适当补苗。

（2）中耕除草。苦豆子田间杂草主要为稗草，应在 6 月至 7 月中旬分别进行人工除草，或用五氟磺草胺 450～750 毫克/公顷兑水喷雾防治。

（3）水肥管理。定苗后薄施尿素 3～5 千克，施后立即灌水，全年灌水 6～7 次，灌水量 450 米^3/亩，每次灌水量不宜过大。在 7 月中旬进行追肥，施用尿素 15～20 千克/亩，硫酸钾（含 K_2O 50%）10 千克/亩。

七、病虫害防治

苦豆子的病虫害发生较少。7 月中下旬有蚜虫虫害，侵害部位有叶片、茎部，症状是叶片发白、卷曲。防治方法：用马拉硫黄乳剂 1 000～1 500倍液，或 46%氟啶·啶虫脒水分散粒剂，或 75%螺虫·吡蚜酮水分散粒剂，或 50%氟啶虫胺腈水分散粒剂，或 20%氟啶虫酰胺水分散粒剂等药剂都可以用来喷雾防治蚜虫。

八、采　收

1. 全草的采收

苦豆子全草采收在 8 月下旬进行。苦豆子生长 1～2 年即可在开花前或秋季采收，收获时须从畦的一端开深沟，按顺序采挖。挖出后除去残茎、细梢、毛须及泥土，在通风处晒至九成干时捆成 0.5~1.0 千克的小把，再晒或烤至全干即成。全草采收后晾干，除杂。

2. 种子的采收

种子采收在 10 月下旬荚果变为黄褐色时进行。要分期分批及时采收成熟的豆荚，避免在地里爆裂或发霉。

九、加　工

苦豆子的种子过筛后，将各等级种子分装。贮藏苦豆子的仓库应通风、干燥、避光，最好有空调和除湿设备，以保证药材安全存放，不发生霉变和虫害。

全草晒干后装袋，摆放在距离墙壁和地面 40 厘米以上，并经常检查，防止药材霉变、生虫、泛油等现象发生。

参考文献

[1] 杨家新，喻志芳．苦豆子的研究进展［J］．天津药学，1998（1）：43.

[2] 蒋袁絮，余建强，彭建中．氧化苦参碱对小鼠的中枢抑制作用［J］．西北药学杂志，2000，22（s1）：157.

[3] 陆钊罡，侯延辉，卢宁清，等．槐定碱致大鼠惊厥作用的研究［J］．宁夏医科大学学报，2009，31（6）：723.

[4] 冯慧，周远鹏．苦豆子八种生物碱抗心律失常作用研究概况［J］．中药药理与临床，2000，16（3）：47.

[5] MONAKHOVA T E，TOLKACHEV O N，KABANOV V S，et al. Study of the alkaloids of *Sophora alopecuroides*［J］. Chem Nat Comp，1974，10（2）：275.

第八节　艾

一、概　述

艾为菊科草本植物，为我国传统中药，以叶入药。艾叶味苦、辛，性温。有小毒。归肝、脾、肾经。具有温经止血、散寒止痛、调经安胎、除湿止痒、通经活络等功效，用于少腹冷痛、经寒不调、宫冷不孕、吐血、衄血、崩漏经多、妊娠下血、皮肤瘙痒等病症[1]。艾主要化学成分为挥发性油类、黄酮类、苯丙素类、三萜类等[2]。艾与中国人的生活有着密切的关系，每至端午节之际，人们总是将艾置于家中以“避邪”，干枯后的株体泡水熏蒸以达消毒止痒，产妇多用艾水洗澡或熏蒸。艾具有独特的味道，会被加入传统糕点中，其嫩芽及幼苗也可作菜蔬供人食用。艾叶晒干捣碎得“艾绒”，制艾条供艾灸用，又可作印泥的原料。全草作杀虫的农药或薰烟作房间消毒、杀虫药。艾晒干后粉碎成艾粉，是畜禽优质饲料添加剂。还可以作天然植物染料使用。艾在自然界分布广泛，遍及中国各地，以及俄罗斯、蒙古国、朝鲜、日本等地。

二、别　名

艾又名冰台、遏草、香艾、蕲艾、艾蒿、灸草、医草、黄草、艾绒等。

三、分类地位

艾属植物界、被子植物门、双子叶植物纲、木兰纲、菊目、菊科、蒿属植物。

四、特征特性

1. 植物学特征

多年生草本，高 0.5~1.2 米。茎直立，密被茸毛，上部分枝。茎中部叶卵状三角形或椭圆形，有柄，羽状分裂，裂片椭圆形至椭圆状披针形，边缘具不规则的锯齿，上面深绿色，有腺点和蛛丝状毛，下面被灰白色茸毛；茎顶部的叶全缘或 3 裂。头状花序长约 3 毫米，直径 2~3 毫米，排成复总状花序；总苞卵形，总苞片 4~5 层，密被白色丝状毛；小花筒状，带红色，雌花长约 1 毫米，两性花长约 2 毫米，瘦果椭圆形，长约 0.8 毫米，无毛。花期 7—10 月。

2. 生物学特性

艾的自然分布广泛，除极干旱与高寒地区外，几乎遍及全中国。生于低海拔至中海拔地区的荒地、路旁河边及山坡等地，也见于森林草原及草原地区，局部地区为植物群落的优势种。艾极易繁衍生长，对气候和土壤的适应性较强，耐寒耐旱，田边、地头、山坡、荒地均可种植，以土层深厚、土壤通透性好、有机质丰富的中性土壤为好，为了节约土地资源，应选择丘陵等进行合理布局。艾对气候和土壤的适应性较强，耐寒耐旱，喜温暖、湿润的气候，以潮湿肥沃的土壤生长较好。人工栽培在丘陵、低中山地区，生长繁盛期适温 24~30℃。

五、繁　殖

繁殖方式有种子繁殖和分株繁殖两种。

1. 种子繁殖

早春播种，3—4 月可直播或育苗移栽，直播行距 40~50 厘米，播种后覆土不宜太厚，以 0.5 厘米为宜或以盖严种子为度。苗高 10~15 厘米时，按株距 20~30 厘米定苗。

2. 分株繁殖

艾分蘖能力强，一般 1 株艾一年能分蘖成几株至几十株，可以作为分株繁殖的材料。因此，生产上大部分采用分株繁殖的方式，该方式也是人工栽培的主要繁殖方式。每年 3—4 月，由根茎生长出的幼苗高 15~20 厘米时，在土壤湿润时，最好是雨后或浇水后，挖取艾全株按照行株距 45 厘米×30 厘米种植，栽培后 2~3 天若无降水要灌水保墒。

六、栽培技术

1. 选地整地

场地应有灌溉水条件，土壤应无有毒有害药物残留、生活垃圾污染，并按规定定期进行检测，根据种植地土层结构特点，播种前要施足底肥，一般每亩施腐熟的农家肥 2 500~3 000千克，磷酸二铵 25~30 千克，深耕与土壤充分混匀，适度掌握犁耙次数，做成宽 1.5 米左右的畦，畦面中间高，两边低，似“鱼背”形，以免积水，造成病害。

2. 播　种

播种的时间一般是在 4 月初，这个时候天气渐渐暖和，适合艾的生长。如果想要苗齐、苗全、苗壮，可以先进行种子处理。处理方法是播种前 1 天用 35℃的温水浸泡种子 12 小时后，再用 40~50℃的温水浸泡 8~12 小时。取沉底的饱满种子，控干水分备用。播种可进行撒播，也可条播，但以条播为好。行距 25~30 厘米，播种后再轻微耙一遍即可。深开沟浅覆土，沟深15~20厘米，镇压1次。

除直接播种之外，还可以用根茎来进行移栽，一般是在9月底至10月进行，移栽根茎在第二年生长速度相对更快一些。在生产田内按行距40~50厘米，株距20~30厘米横向开沟栽植，沟深5~8厘米，覆土、压实，随即浇足定根水。

如果采用育苗移栽，苗期应注意除草管理，在苗高5~6厘米时开始间苗、定苗，以株距8~10厘米为宜。移栽前5~7天，揭膜炼苗。当幼苗长到2~3对真叶，平均气温稳定在12℃以上时，逐步揭去薄膜，早揭、晚盖，到移栽前7~10天，夜间不再盖膜。5月上中旬，苗高10~15厘米时，有6~8片真叶即可移栽。

3. 田间管理

（1）中耕与除草。开春后，当日平均气温达到9~10℃时，待艾幼苗长出后，若有杂草，则在3月下旬和4月上旬各中耕除草1次，要求中耕均匀，深度不得大于10厘米，艾根部杂草需人工拔除。

（2）追肥。最好苗高30厘米左右时进行，选在雨天，沿行撒匀艾专用提苗肥5~10千克/亩，追肥也可与中耕松土一起进行，先撒艾专用肥，再松土，松土深度10厘米。化肥催苗仅适合第一年栽种的第一茬，以后各生长期（即二季、三季等）不得使用化肥，否则影响有效成分的积累，降低艾品质。

（3）灌溉。艾适应性强，且在种植之前已将畦（厢）面整成龟背形，有相应的排水沟，及时做好雨天、雨后的清沟排水工作，以防积水造成渍害。干旱季节，苗高80厘米以下时进行叶面喷灌；苗高80厘米以上则全园漫灌。艾一年可收获两次，第一次是每年6月上中旬，第二次是9月上旬。株高30~50厘米时，一般在离地面5~10厘米处割取，平摊置于阴凉处，防止霉烂变质。

七、病虫害防治

1. 病害防治

（1）白粉病。主要为害叶片、叶柄和茎。病部生有薄或厚的白色无定形斑片。严重时整个叶面或植株全部覆满白粉，导致艾全株呈白色。防治方法：发病初期可喷洒50%多菌灵可湿性粉剂800~1 000倍液，或25%甲基硫菌灵可湿性粉剂1 000倍液。发芽前喷洒石硫合剂，或波尔多液1∶2∶（100~200），隔7~10天喷药1次，刚发生时，也可用小苏打500倍液，隔3天喷1次，连喷5~6次。

（2）根腐病。根腐病的高发期为6—8月，苗期为害最大。根腐病为害艾的根系，首先是侧根，然后随着病害的恶化，蔓延到主根，最后导致整个根部腐烂，整个植株失去活力而逐渐枯萎。防治方法：选择排水良好的地块作苗床，实行轮作，发病初期用50%甲基硫菌灵可湿性粉剂1 000倍液，或50%退菌特可湿性粉剂1 000倍液灌根。

（3）叶枯病。发病叶初期先出现黑褐色斑点，病斑边缘绿色，中间灰白色，有时破裂穿孔，直至叶片枯死。防治方法：冬季清除枯枝叶，病初摘除病叶，发病期用波尔多液或65%代森锌可湿性粉剂500倍液，每隔5~7天喷1次，连续2~3次。

2. 虫害防治

（1）蚜虫。以刺吸式口器从苗中吸收大量汁液，使其生长停滞或延迟，严重会致畸形生长，诱发煤污病，传播多种植物病毒。防治方法：①用新鲜的尖辣椒或干红辣椒50克，加水30~50克，煮半小时左右，用其滤液喷洒受害植株。②用洗衣粉3~4克，加水100克，搅拌成溶液后，连喷2~3次。③用风油精加水配成600~800倍液，用喷雾器对害虫仔细喷洒，使虫体沾上药水，杀灭蚜虫的效果在95%以上，而植株不会产生药害。④用防治蚜虫的特效药如1.8%阿维菌素（虫螨克）乳油3 000~5 000倍液，或10%吡虫啉可湿性粉剂2 000倍液防治，或50%抗蚜威可湿性粉剂1 500~2 000倍液喷雾。喷药的重点部位是生长点和叶片背面。

（2）红蜘蛛。红蜘蛛又叫短须螨，主要为害艾的叶片、花朵。其刺吸茎叶汁液，使受害部位失绿变白，叶表面呈现密集苍白的小斑点，卷曲发黄。严重时植株发生黄叶、焦叶、卷叶、落叶和死亡等现象。同时，红蜘蛛还是病毒病的传播介体。防治方法：可用20%三氯杀螨醇乳油500~600倍液，或20%甲氰菊酯乳油2 000倍液，交替喷雾2次。

（3）介壳虫。介壳虫是艾上最常见的害虫之一，被害植株轻者枝叶变黄、枯萎，并易诱发煤污病，影响生长和观赏；重者可整株衰亡。防治方法：①介壳虫出现初期，需喷洒40%噻嗪酮的稀释溶液，每5~7天使用一次即可。②用29%石硫合剂水剂30~70倍液，对全株均匀喷雾，由于石硫合剂有很强的氧化性，可杀灭越冬期的介壳虫，减少越冬基数。③在介壳虫若虫孵化高峰期（每年的5月中旬至6月中旬），用20%阿维·螺虫乙酯悬浮剂3 000~3 500倍液均匀喷雾，对成虫、若虫都有很好的防治效果。

八、采　收

艾第一茬收获期为6月初，于晴天及时收割，割取地上带有叶片的茎枝，并进行茎叶分离，摊晒在太阳下晒干，或者低温烘干，打包存放。9 月上旬，选择晴好天气收获第二茬。

参考文献

[1] 国家中医药管理局中华本草编委会．中华本草（上）[M]．上海：上海科学技术出版社，1998.

[2] 王新芳，董岩，孔春燕．艾蒿的化学成分及药理作用研究进展 [J]．时珍国医国药，2006，17（2）：174-175.

第五章

花类中草药

第一节　雪　菊

一、概　述

雪菊，学名两色金鸡菊（*Coreopsis tinctoria* Nutt.），维吾尔语名为“古丽恰尔”，又名“血菊”，因其金黄色的花瓣经沸水冲泡后，汤自然呈现出绛红色，淡稠适中，红润剔透，近似血液而得名。又名昆仑雪菊，为菊科金鸡菊属植物，因其能够生长在海拔3 000米以上的积雪高山区域而得名“雪菊”，一年生草本，以干燥头状花序入药。研究发现，雪菊富含黄酮类、有机酸、氨基酸类、皂苷类、挥发油类、鞣质、糖类和酚类等多种化学成分，相关药理学研究表明其具有抗衰老、降血糖、抗肿瘤、抗菌、保护心脏、降血压、抗氧化、降血脂、增强免疫功能等活性[1]。雪菊提取物中总黄酮含量占比高达28.40%[2]，雪菊黄酮以马里苷含量最高[3]。雪菊水提物无肝、肾毒性[4]，且雪菊水提物对小鼠肠道菌群具有一定调节作用[5]，富含多种对人体有益的成分，可作为一种茶饮，是与天山雪莲齐名的名贵药材。雪菊全草性味：苦、辛。归肺、肝经。原产于北美，现主要分布于新疆和田地区海拔1 500~3 000米的昆仑山区，后来被新疆及全国各地引种种植。

二、别　名

两色金鸡菊又叫天山雪菊、冰山雪菊、高寒香菊等。

三、分类地位

两色金鸡菊为被子植物门、双子叶植物纲、菊目、菊科、金鸡菊属植物。

四、特征特性

1. 植物学特征

一年生草本，无毛，高 30~100 厘米。茎直立，上部有分枝。叶对生，下部及中部的叶有长柄，二次羽状全裂，裂片线形或线状披针形，全缘；上部叶无柄或下延成翅状柄，线形。头状花序多数，有细长花序梗，直径 2~4 厘米，排列成伞房或疏圆锥花序状。总苞半球形，总苞片外层较短，长约 3 毫米，内层卵状长圆形，长 5~6 毫米，顶端尖。舌状花黄色，舌片倒卵形，长 8~15 毫米，管状花红褐色、狭钟形。瘦果长圆形或纺锤形，长 2.5~3 毫米，两面光滑或有瘤状突起，顶端有 2 细芒。花期 5—9 月，果期 8—10 月。

2. 生物学特性

雪菊天然生长在昆仑山海拔 2 000 米的高寒山区，喜欢温暖和凉爽的气候。根系发达，吸肥和吸水能力强，移植成活率高。在苗期和分枝期的最佳生长温度约为 20℃。花能经受微霜，幼苗生长和分枝期需要较高的气温，最适生长温度为 20℃左右。萌发温度为 20~25℃。耐干旱和贫瘠。过于干旱则分枝较少，植株发育缓慢；花期如缺水，会影响花的数量和质量；喜肥，喜排水良好的中性或微碱性砂质壤土。光照与黑暗条件均可正常发芽。喜阳光充足，耐干旱、耐瘠薄，在肥沃土壤中栽培易徒长倒伏，凉爽季节生长较佳。忌荫蔽，怕风害。雪菊是喜欢光照的长日性作物，在整个生长发育过程中都要求充分的光照，尤其开花期更需要足够的阳光，因此栽培上要采用合理的播种量和密度。雪菊原产于北美，中国各地广为栽培。中性或弱碱性排水良好的砂质土壤适合耕作，盐碱土壤不适合耕种。

五、繁　殖

雪菊以种子繁殖。播种时间为 4 月下旬至 5 月上旬，播种方式为条播。由于雪菊种子小而轻，播种时将雪菊的种子与细沙均匀搅拌后条播。播种深度控制在 1~1.5 厘米，行距控制在 20~30 厘米。播种后进行滴灌使土壤保持湿润，这是保证出苗率的关键技术。5~8 天发芽。

六、栽培技术

1. 整地做畦

种植雪菊的地块最好选择土层深厚，土质疏松、肥沃、排水良好、向阳高燥的砂质壤土，前茬以豆科、禾本科作物为宜。耕深达 25 厘米以上，结合整地施肥，深施到耕层 20 厘米左右为宜，结合整地，每亩施入农家肥 2 000~3 000千克，复合肥 35 千克，氯化钾 15 千克。整地质量直接影响雪菊的出苗及生长发育，要做好播种前的准备工作，协调土壤中水、气、肥、热等因子，为作物播种出苗，根系生长创造条件。做到土壤上实下虚，无大的土块，及时镇压，达到待播状态。做平畦，畦宽为 1 米左右，并在畦间铺设滴灌带。

2. 种子处理和播种

播种在 4 月初进行，为了使种子充分吸收水分并促进发芽，播种前，将精选的种子用 40℃的温水浸泡 10~12 小时，直到种子吸水并膨胀起来。由于雪菊的种子体积小，质量轻，因此，将种子和河沙搅拌均匀进行开沟撒播，播种深度为 1.0 厘米，每亩播种量在 800 克左右。行距以 50 厘米为宜。播后浇水，5~8 天发芽。当幼苗长成 6 片或 7 片真叶时，以 15 厘米的株距进行定植。

3. 中耕除草

定苗一周后，松土结合除草，中耕 3 次。第一次、第二次要浅锄，第三次中耕后在植株根部培土，保护植株不倒伏。每次中耕，应注意勿伤植株。

4. 打顶摘心

雪菊在开花前要进行 2 次摘心，可促生更多的开花枝条，有利于多蕾多花。一般情况下，当雪菊生长到 10~15 厘米时进行第一次摘心，以此促进侧枝的生长。当一级侧枝生长至 10~15 厘米，进行第二次摘心。

5. 肥水管理

雪菊对肥水要求较多，肥水措施应遵循“量少次多、营养齐全”的原则，同时，根据天气、土壤湿度和植物生长情况考虑浇水。雪菊移栽结束后，应立即灌水，5 月中旬灌一次水，并追施尿素 5~7 千克/亩。开花期是需水高峰期，结合灌水追施尿素 15~20 千克/亩，采摘花的过程中，可以结合雪菊苗的长势滴灌浇水并薄施尿素 10 千克/亩，生长后期叶面喷施 0.2% 的磷酸二氢钾肥 3 次，每 7 天喷 1 次。遇到下雨停止灌水。

七、病虫害防治

1. 病害防治

（1）根腐病。根腐病从根部开始发病，引起局部或全部腐烂，茎叶发黄、枯萎。叶片也会渐渐发黄倒伏，植株的生长也会变得异常缓慢、减缓雪菊的花期。根腐病发生的最大原因，有可能是雪菊浇水过多，本来雪菊的根部吸收水分比较缓慢，一旦有积水浸泡根，就会导致根部缺氧，甚至腐烂，因此，要减少浇灌水量。

（2）叶斑病。叶斑病是雪菊的常见病，会影响雪菊叶片的光合性能，一般春、秋两季是叶斑病的高发期，雪菊一旦感病，叶片上面会出现褐色的病斑，病斑会随着病菌的扩散而蔓延。如果长时间感病，会导致雪菊生长缓慢，甚至会渐渐枯萎死亡。一旦在雪菊上发现叶斑病的存在，应该及时剪去病叶，将其烧毁防止疾病的扩散。当然还要选择杀菌剂彻底根除，可以用 38%恶霜嘧酮菌酯水剂 800~1 000倍液；或 50%甲基硫菌灵可湿性粉剂 1 000倍液，或 80%代森锰锌可湿性粉剂 400~600 倍液等杀菌剂喷洒防治，注意交替使用药剂，能够有效杀灭病菌。

（3）病毒病。病毒病是雪菊最严重的一种病，会造成各种各样的症状，如叶片失绿，叶片变黄，雪菊烂根坏死，产生畸形等。选择抗病品种，可以预防病毒病；发病初期喷洒 32%核苷 · 溴 · 吗啉胍或病毒立克或病毒杀星进行防治。

2. 虫害防治

（1）蚜虫。蚜虫是雪菊最容易遭遇的虫害之一，一旦出现蚜虫，很快就能够大量繁殖、蔓延。蚜虫用口器专门吸食雪菊的汁液营养，使雪菊的生长减缓。防治方法：可选用稀释的肥皂水 1：(100~300) 进行喷洒。

（2）菊天牛。潜伏在雪菊的根中越冬。菊天牛的幼虫会躲在泥土中啃食雪菊的根茎，造成伤口，导致雪菊营养不良，同时还会诱发根腐病的发生。可用敌敌畏乳油 100 倍液灌根，灭杀菊天牛。

八、采收与加工

1. 采　收

雪菊从7月初开始采收，到10月结束，随海拔高度增加，采收时间延后。采收时选择花朵大、花瓣平直、花心展开的花为宜，采花时间选择在早晨露水已干时进行。采收时用食指和中指夹住花柄，向上折断。每隔2~3天采摘1次。

2. 加工（干制）

采下的鲜花立即干制。采摘的鲜花最好烘干或阴干，切忌堆放，不能淋雨，否则花的色泽差，品质下降。采用阴干时，雪菊应及时放置在竹帘或其他晾具上，疏松铺开，铺层宜薄不宜厚，每天进行轻翻，以免花瓣脱落，影响品质，晾晒12~15天后根据质量进行分级贮藏。一般5千克鲜花可晾晒1千克干花，每亩可产干菊花30~50千克。

九、分　级

新疆的雪菊等级划分标准：海拔高度在3 000米以上的为特级昆仑雪菊；海拔高度在3 000米左右的为一等品；海拔高度在2 000米以上的为二等品；海拔高度在1 000米左右的为三级雪菊。

参考文献

[1] 张真真，沙爱龙．两色金鸡菊黄酮类化合物药理作用研究进展［J］．畜牧与饲料科学，2020，41（4）：81-84.

[2] 程雪静，王誉程，何俊，等．新疆两色金鸡菊中绿原酸与总黄酮含量测定［J］．辽宁中医药大学学报，2019，21（11）：77-81.

[3] 刘谢英，张玉珊，姚新成．两色金鸡菊HPLC特征图谱的建立及多指标成分含量测定［J］．中药材，2018，41（5）：1129-1132.

[4] 杨丽莹，陈新梅，杜月，等．雪菊水提物对小鼠肝及肾功能的影响［J］．华西药学杂志，2018，33（4）：373-375.

[5] 王蟾月，王烨，迪丽娜孜·卡日，等．新疆昆仑雪菊水提物对小鼠肠道菌群的调节作用［J］．中国微生态学杂志，2019，31（6）：621-623，627.

第二节　金银花

一、概　述

金银花为忍冬科植物忍冬的干燥花蕾或带初开的花[1]，是忍冬科多年生半常绿缠绕灌木。带叶的枝名叫忍冬藤，供药用。亦作观赏植物。花初开为雪白，后变金黄，同时出现于同一枝上，白、黄两色分明，故名金银花。又因其叶子经冬不凋，春来新叶将出，老叶才慢慢落去，所以又叫忍冬。忍冬是一种具有悠久历史的常用中药，其药用记载首见于《名医别录》，被列为上品，清热解毒，疏散风热，是治疗风热瘟病的常用中药[2]。作为一种药食两用的植物，1995 年，金银花被列入《中华人民共和国药典》，在临床上用于治疗风热、温病、疮、癣等传染病，此外花蕾和花可以制成酒和茶。金银花富含黄酮类、有机酸类、挥发油类、环烯醚萜类等多种活性成分[3]，其中多糖是金银花的主要活性成分之一。金银花是中药制剂、清凉饮料、食品添加等重要原料，目前已成为我国市场需求量很大的大宗药材之一，药材生产发展空间很大。我国大部分地区多有分布，不少地区已栽培生产，广泛分布于河南、山东、河北、陕西、浙江等地。

二、别　名

金银花又叫银藤、金银藤、二色花藤、二宝藤、右转藤、子风藤、蜜桷藤、鸳鸯藤、老翁须等。

三、分类地位

金银花属植物界、被子植物门、双子叶植物纲、茜草目、忍冬科、忍冬属植物。

四、特征特性

1. 植物学特征

多年生半常绿缠绕木质藤本，长达 9 米。茎中空，多分枝，幼枝密被短柔毛和腺毛。叶对生；叶柄长 4~10 厘米，密被短柔毛；叶纸质，叶片卵形、长圆卵形或卵状披针形，先端短尖、渐尖或钝圆，基部圆形或近心形，全缘，两面和边缘均被短柔毛。花成对腋生，花梗密被短柔毛和腺毛；总花梗通常单生于小枝上部叶腋，与对柄等长或稍短，密被短柔毛和腺毛；苞片 2 枚，叶状，广卵形或椭圆形，长约 3.5 毫米，被毛或近无毛；花萼短小，萼筒长约 2 毫米，无毛，5 齿裂，裂片卵状三角形或长三角形，先端尖，外面和边缘密被毛；花冠唇形，长 3~5 厘米，上唇 4 浅裂，花冠筒细长，外面被短毛和腺毛，上唇 4 裂片先端钝形，下唇带状而反曲，花初开时为白色，2~3 天后变为金黄色；雄蕊 5 枚，着生于花冠内面筒口附近，伸出花冠外；雌蕊 1 枚，子房下位，花柱细长，伸出。浆果球形，成熟时蓝黑色，有光泽。花期 4—7 月，果期 6—11 月。

2. 生物学特性

金银花生长发育过程可大致划分为萌动展叶期、现蕾开花期和生长停滞期 3 个时期。①萌动展叶期：3 月下旬叶芽萌动，4 月上旬展叶生长。②现蕾开花期：5 月下旬开始现蕾，15 天后开花。小满至芒种（5 月下旬至 6 月上旬）开头茬花，产量占全年的 80%~85%。7 月下旬至 8 月上旬开二茬花，产量占全年的 15%~20%。③生长停滞期：二茬花开后开始结果，9 月果熟。10 月下旬霜降过后，部分叶片枯萎进入越冬状态。

金银花的适应性很强，对土壤和气候的选择并不严格，但以土层深厚、疏松的腐殖土栽培为宜。喜温暖和湿润气候，耐寒、耐旱、耐涝，耐盐碱，适宜生长的温度为 20~30℃。喜阳光充足。光照对植株生长发育影响很大，阳光充足能使植株生长发育茂盛而健壮，从而增加花产量。生于山坡灌丛或疏林中、乱石堆、山路旁及村庄篱笆边，海拔最高达 1 500米。在山坡、梯田、地堰、堤坝、瘠薄的丘陵都可栽培。

五、繁　殖

繁殖方式有种子繁殖和扦插繁殖，以扦插繁殖为主。

1. 种子繁殖

4 月播种，将种子在 35~40℃ 温水中浸泡 24 小时，在畦床上按行距 21~22 厘米开沟播种，覆土 1 厘米，每 2 天喷水 1 次，10 天即可出苗。

2. 扦插繁殖

选健壮无病虫害的 1~2 年生枝条，剪成 30~35 厘米小段作插条，摘去全部叶子，插条随剪随用。在4—5月，按行距20~25厘米开沟，深15厘米左右，株距3厘米，把插条斜立着放到沟里，填土压实，灌一次透水，以后每隔5天要浇水1次，半个月左右即能生根，第二年春季或秋季移栽。

六、栽培技术

1. 选地整地

选择光照充足的荒山、地坎或平地栽培，以土层深厚的肥沃砂质壤土为好。播前深翻30~40厘米。结合整地施足基肥，一般每亩可施农家肥3 000~4 000千克，复合肥25~30千克，硫酸钾20~25千克，并进行碎土和镇压，做到土层深、细、平、实、足。

2. 移　栽

当种苗株高达到15厘米以上时，选择其中根系发达、植株健康、长势良好的植株进行移栽，栽培时间选在每年4月上旬至5月上旬。移栽时，在整好的地上按行距150厘米，株距120厘米开穴，栽植育好的苗，土质较差或旱地可适当增加密度，以提高土地的利用率。每穴栽种壮苗、健苗1株，填土压紧，浇好定根水。

3. 中耕除草

苗期及时中耕除草，定植后的苗每年春季中耕除草2~3次，靠近植株时中耕浅一些，远离植株时稍深，以免伤根，中耕过程中及时清除田间杂草。每年早春或秋后封冻前，要进行培土，防止根部外露。

4. 培土和施肥

每年早春或初冬，给植株施肥1~2次，施肥采用开环状沟的方式，施肥与培土相结合。施肥的多少，按照苗墩的大小而定，每株环施优质农家肥5~10千克、磷酸二铵100~120克，施后盖土，浇水，苗小时酌情少施。以后，每年春季3月要进行松土，并追施尿素1~3次，封冻前做好培土工作。施肥时在植株周围开沟，将肥料环施于沟内，覆土盖实，小树酌减。每次采花后，最好追施1次尿素，以增加采花量。现蕾期可适当叶面喷洒磷酸二氢钾溶液2~3次。每次施肥与灌水相结合。另外，可根据天气和植株生长情况酌情灌水。

5. 修枝整形

合理修枝整形是提高产量的有效措施，可根据品种、植株大小、枝条类型等进行。定植第1~2年主要培育直立粗壮的主干，当主干高30~40厘米时，剪去顶梢，促进侧芽萌发成枝。第二年春季萌发后，选留主干上部粗壮枝条4~5个作主枝，分两层着生，从主枝上长出的1级分枝中保留6~7对芽，剪去上部顶芽，以后再从1级分枝上长出的2级分枝中保留6~7对芽，再从2级分枝上长出的花枝中摘去钩状嫩梢。金银花的自然更新能力很强，新生分枝很多，开过花的枝条虽能继续生长，但不能再结花蕾，只有在原结花的母枝上萌发出新的枝条，才能进行花芽分化，形成花蕾，称为2茬花，以后的称为3茬和4茬花。要修剪过长枝、病弱枝、枯枝、向下延伸枝，使枝条成丛直立，主干粗壮，分枝疏密均匀，花墩呈伞形，通风透光好，新枝多，花蕾多。经几年整形修剪后，可形成主干粗壮、枝条分明、分布均匀、通风透光的伞形矮小灌木状花墩，有利花枝形成，多长花蕾。修剪分3次进行，一是冬剪，从12月到翌年2月下旬均可进行；二是生长期剪，在每次采花后进行，头茬花后剪去夏梢；三是9月上旬三茬花后剪去秋梢。以轻剪为主。

6. 搭　架

金银花属于爬藤类植物，生长期需要搭架，以利于向上攀爬，否则枝条相互缠绕，影响通风，株型也不美，而且开花会减少。当金银花爬藤很多，藤蔓生长圆融的时候，正是需要搭架的时候，搭架高度以1.2~1.5米为宜，中间分1~2层，便于枝条根据位置分散着生。金银花搭架时可用竹竿或者钢丝，方法类似给葡萄搭架，植株自己会往上爬。有些地区风比较大，建议两边立水泥柱，这样更结实，也不用怕风大刮散。搭好水泥柱之后，在中间部分拉上钢丝，这样就可满足植株的生长。

7. 越冬保护

在冬季比较寒冷的地区，越冬要加防护措施。若不采取防护措施，则有枝条被冻死现象发生，翌年虽能重新发出新枝，但开花数量明显减少，产量低。应在封冻前进行堆土或将枝条横卧于地面，盖草6~7厘米，再盖土。翌春萌芽前，去掉各种覆盖物。

七、病虫害防治

1. 病害防治

（1）褐斑病。是一种真菌性病害。为害叶部。发病后，叶片上病斑呈圆形或受叶脉所限呈多角形，黄褐色，潮湿时背面生有灰色霉状物，6—9 月易发生，7—8 月发病重，尤以高温多湿时发病严重。防治方法：经常清除病枝落叶；增施磷、钾肥，提高植株抗病能力；发病初期用 1：1：200 倍的波尔多液，或 65%代森锌可湿性粉剂 500 倍液，或 3%井冈霉素水剂喷施。

（2）白粉病。为害金银花叶片和嫩茎。叶片发病初期，出现圆形白色绒状霉斑，后不断扩大，连接成片，形成大小不一的白色粉斑。最后引起落花、凋叶，使枝条干枯。防治方法：①选育抗病品种。一般枝粗、节密而短、叶片浓绿而质厚、密生茸毛的品种，大多为抗病力强的品种。②合理密植，整形修剪，改善通风透光条件，可增强抗病力。③发病初期喷 25%三唑酮可湿性粉剂 1 500倍液，或 50%杜邦易保（恶唑菌酮）水剂 800~1 000倍液，或 400 克/升的 40%氟硅唑乳油 6 000~8 000倍液，能很好地防治白粉病。

（3）叶斑病。为害叶片，发病时叶片呈现小黄点，逐步发展成褐色小圆斑，最后病部干枯穿孔。防治方法：出现病害要及时清除病叶，防止扩散，并用 65%代森锌可湿性粉剂 400~500 倍液，或 75%甲霜灵可湿性粉剂 800~1 000倍液喷洒，连续喷 2~3 次。

2. 虫害防治

（1）虎天牛。是金银花的重要蛀食性害虫。被害后金银花长势衰弱，连续几年被害，则整株枯死。初孵幼虫先在木质部表面蛀食为害，当幼虫长到 3 毫米长后向木质部纵向蛀食为害，形成迂回曲折的虫道。防治方法：于 4—5 月在成虫发生期和幼虫初孵期用 80%敌敌畏乳油 1 000倍液喷杀。近年来采用生物防治，释放天牛肿腿蜂，效果良好。

（2）蚜虫。以成虫、若虫刺吸叶片汁液，使叶片卷缩发黄，花蕾被害，畸形。为害过程中分泌蜜露，导致煤烟病发生，影响叶片的光合作用。5 月上中旬为害最强，严重影响金银花的产量和质量。防治方法：发生期用 80%敌敌畏乳油 1 000~1 500倍液喷杀，进行 3 次，每隔 7~10 天 1 次。

（3）尺蠖。是金银花主要的食叶害虫。大发生时叶片被吃光，只存枝干。防治方法：清洁田园，减少越冬虫源，可在幼龄期用80%敌敌畏乳油1 000~1 500倍液防治。

（4）银花叶蜂。幼虫主要为害叶片，初孵幼虫喜爬到嫩叶上取食，从叶的边缘向内吃成整齐的缺刻，全叶吃光后再转移到邻近叶片。发生严重时，可将全株叶片吃光，使植株不能开花，不但严重影响当年花的产量，而且导致翌年发叶较晚，受害枝条枯死。防治方法：①人工防治。发生数量较大时可于冬、春季在树下挖虫茧，减少越冬虫源。②药剂防治。幼虫发生期喷90%敌百虫晶体1 000倍液，或2.5%溴氰菊酯乳油2 000~3 000倍液。

八、采收与加工

（一）采　收

移栽后3~4年开花，开花时间集中，应及时分批采摘，一般在5月中下旬采第一次花，6月中下旬采第二次花。当花蕾上部膨大、由绿变白、尚未开放时采收最适宜。金银花采后应立即晾干或烘干，防止沤花、发霉变质。晾干时不宜任意翻动，以防花发黑。采花时，要按花蕾的发育顺序由下而上分期分批采收。采花的时间性很强，应在花蕾上半部膨大、青白色时采摘。每天9：00前采摘，采收的花蕾色泽好、香气浓、质量好。一般50千克的花蕾可加工干品10千克，开放的鲜花仅加工干品6千克左右。

（二）加　工

1. 晒干法

金银花采收后应立即加工。将花倒入晒筐，厚薄视阳光强弱而定，一般2~3厘米厚，以当天或两天晒干为宜。阳光较强时，摊得厚些，以免干燥太快，质量变差。若阳光弱，摊得太厚又容易变为黑色。当天未晒干，夜间需将花筐架起，留有空隙，让水分散发。刚晒时切忌翻动，待晒至八成干时，进行翻动。此外也可将花直接摊晒在沙滩或石头上。其中红砂石不翻动，晒花最好。

2. 烘干法

用灶或简易烘房烘干。烘干不受外界影响，容易掌握火候，比晒干的出货率高，质量好。初烘温度控制在30~35℃，2小时后温度升高到40℃，5~10小时控制在45~50℃，10小时以后提高到55℃。这样经过12~20小时即可烘干，但不能超过20小时，因烘干时间太长，花易变黑，降低质量。烘干时要注意通风排潮，且不能翻动，也不能中途停烘，否则会发热变质。晒或烘干后，压实，置干燥处封严。但此时花心尚未干透，经过几天会返潮，再取出晒1天，去除残叶、杂质，再行包装。如受潮用文火缓缓烘干，忌烈日晒，易变色。安全水分为10%~12%，药材含水量不得超过15%，若含水量超过20%易发霉。

九、规格等级

金银花以干燥，花蕾未开，硕大，色白黄，味淡，清香，无霉，无虫蛀及枝叶者为佳。

一等：干货，花蕾呈棒状，上粗下细，略弯曲，表面绿白色，花冠厚，稍硬，握之有顶手感；气清香，味甘微苦。开放花朵、破裂花蕾及黄条不超过5%。无黑条、黑头、枝叶、杂质、虫蛀、霉变。

二等：与一等基本相同，开放花朵不超过5%。破裂花蕾及黄条不超过10%。

三等：干货，花蕾呈棒状，上粗下细，略弯曲，表面绿白色或黄白色，花冠厚，质硬，握之有顶手感。气清香，味甘微苦。开放花朵、黑头不超过30%。无枝叶、杂质、虫蛀、霉变。

四等：干货，花蕾或开放花朵兼有，色泽不分。枝叶不超过3%，无杂质、虫蛀、霉变。

参考文献

［1］ 国家药典委员会．中华人民共和国药典：一部［M］．北京：中国医药科技出版社，2020：230-232.

［2］ 周洁，邹琳，刘伟，等．金银花商品规格等级标准研究［J］．中药材，2015，38（4）：701-705.

［3］ 刘晓龙，李春燕，薛金涛．金银花主要活性成分及药理作用研究进展［J］．新乡医学院学报，2021，38（10）：992-995.

第三节　菊　花

一、概　述

菊花为菊科植物菊的干燥头状花序，按栽培形式分为多头菊、独本菊、大立菊、悬崖菊、艺菊、案头菊等栽培类型；又按花瓣的外观形态分为圆抱、追抱、反抱、乱抱、露心抱、飞舞抱等栽培类型。不同类型的菊花又有各种各样的品种名称。菊花性微寒，味甘苦，有散风清热、平肝明目、清热解毒的功效，主治风热感冒、头痛眩晕、目赤肿痛、眼目昏花和疮痈肿毒等病症[1]。菊花主要含有黄酮类、苯丙素类和萜类等化合物，其中黄酮和苯丙素类化合物为菊花的主要药效成分[2]。现代药理研究表明，菊花具有抗氧化[3]、调节机体免疫[4]、抗肿瘤[5]、抗炎[6]等药理作用。主产浙江、安徽、河南；四川、河北、山东等地亦产。现全国各地栽培。

二、别　名

菊花又叫寿客、金英、黄华、秋菊、隐逸花等。

三、分类地位

菊花属植物界、被子植物门、双子叶植物纲、菊目、菊科、菊属植物。

四、特征特性

1. 植物学特征

菊花为多年生草本，高 60~150 厘米。茎直立，分枝或不分枝，被柔毛。叶互生，有短柄，叶片卵形至披针形，长 5~15 厘米，羽状浅裂或半裂，基部楔形，下面被白色短柔毛，边缘有粗大锯齿或深裂，基部楔形，有柄。头状花序单生或数个集生于茎枝顶端，直径 2.5~20 厘米，大小不一，单个或数个集生于茎枝顶端；因品种不同，差别很大。总苞片多层，外层绿色，条形，边缘膜质，外面被柔毛；舌状花白色、红色、紫色或黄色。花色则有红、黄、白、橙、紫、粉红、暗红等，培育的品种极多，头状花序多变化，形色各异，形状因品种而有单瓣、平瓣、复瓣等多种类型，当中为管状花，常全部特化成各式舌状花；花期 9—11 月。

2. 生物学特性

菊花为短日照植物，在短日照下能提早开花。喜阳光，忌荫蔽，较耐旱，怕涝。喜温暖湿润气候，但亦能耐寒，严冬季节根茎能在地下越冬。花能经受微霜，但幼苗生长和分枝孕蕾期需较高的气温。最适生长温度为20℃左右，生长最高温度32℃，最低10℃，菊花种子在10℃以上缓慢发芽，适温25℃，3—4月可播种，在正常情况下，当年多可开花。地下根茎耐低温，极限一般为10℃。花期能耐最低夜温17℃，开花期（中、后期）可降至13~15℃。喜地势高燥、土层深厚、富含腐殖质、疏松肥沃而排水良好的砂壤土。在微酸性到中性的土壤中均能生长，而以pH值6.2~6.7较好。忌连作。秋菊为长夜植物，在每天14.5小时的长日照下只长茎叶，营养生长，每天12小时以上的黑暗与10℃的夜温则适于花芽发育。但品种不同对日照的反应也有差异。

五、繁　殖

菊花的繁殖有营养繁殖与种子繁殖两种方法。营养繁殖包括分根繁殖、扦插繁殖等，通常以扦插繁殖为主。

1. 分根繁殖

在菊花收获时，选择植株健壮、发育良好开花多，无病虫害的植株，剪去上枝留根部，便于分株。谷雨前后，选择晴天将苗拔起，割掉苗头，从根茎处用刀纵向劈开，每株留2~3个芽，立即栽种。移植时间最迟不超过5月中旬。

2. 扦插繁殖

4—5月，截取母株幼枝作为插条，长10~14厘米。先在苗床开沟，沟距为16厘米，沟深6厘米，将插条按8厘米的株距排入沟中，使枝条上端露出土面3厘米左右，覆土压紧，上盖薄层稻草，保持湿润。在保持温度15~18℃，湿润的情况下，约20天生根。生长健壮后即可定植大田。

3. 种子繁殖

选择饱满、健康的种子，于4月上旬将种子播种至适宜的土壤，浇适量的水，15天左右种子就会出苗。

六、栽培技术

1. 选地整地

应选择地势高燥，土壤疏松肥沃，排水良好，向阳避风的地方。地下水位高，低洼积水或易被水淹的地方不宜栽培，否则菊花生长发育不良，产量低，病虫害严重。秋季深翻 25~30 厘米后，到第二年栽种前再耕 1 次。同时亩施农家肥 2 000~2 500千克、磷酸二铵 25 千克作基肥，整细、耙平后做畦（高 10~15 厘米、上宽 50~60 厘米）。杜绝施用尚未充分腐熟的有机肥料，以防肥料“烧根”。

2. 播　种

于 3—4 月进行种子直播。直播时，在畦上按株行距 35 厘米×50 厘米挖穴，穴深为 2~3 厘米。每穴播 3 个种子，播后覆土，并稍加镇压。

如果采用扦插苗播种，当扦插苗的苗龄达 30~35 天后，移植于大田。按株行距 35 厘米×50 厘米挖穴定植，并随即浇水。移植应选阴天或傍晚进行，这样成活率高。

3. 中耕、松土

播后（或栽后）1 个月进行第一次锄草松土；6 月上旬和下旬再分别中耕 1 次。此外，土壤板结时应进行浅锄松土，如有杂草及时拔除。

4. 灌水和施肥

一般追肥 3 次。第一次在出苗后半个月，亩施尿素 5~7 千克。第二次在植株开始分枝时，亩施尿素 15~20 千克或腐熟油菜饼肥 50 千克，促进生长多长花枝。第三次在孕蕾前，亩施尿素 20~25 千克，之后用磷酸二氢钾的水溶液在晴天下午或傍晚均匀喷施叶面，每隔 3~5 天喷 1 次，连喷 2~3 次，促进多开花，提高产量。施肥后立即灌水。在管理期，可根据天气和菊花生长情况酌情灌水。

5. 打　顶

为增加分枝，促进多蕾、多花，应采取打顶措施。打顶工作应在苗高 20 厘米左右开始摘去顶梢或在分株移植后进行，一般打顶 2~3 次，根据苗株生长情况确定打顶时间。

七、病虫害防治

1. 病害防治

（1）斑枯病。又名叶枯病，为真菌性病害。病菌存活在土壤中及植株病残体上，可借助风雨、灌溉、人为活动等传播。可常年发病，以秋季发病为重。发生在叶片上，且多在下部叶片上。病斑发生初期为褪绿色黄斑；后病斑扩展呈圆形至不规则状，边缘黑褐色，内灰褐色；后期病斑干枯，并出现黑色粒状物。防治方法：收花后，割去地上部植株，集中烧毁；发病初期，摘除病叶，并喷施 80%代森锰锌可湿性粉剂 600 倍液，或 70%五氯硝基苯粉剂 1 000倍液，或 50%甲基硫菌灵可湿性粉剂 1 000倍液。为提高防效，应交替使用药剂。

（2）枯萎病。初发病时，叶色变浅发黄，茎基部变成浅褐色，横剖面可见维管束变为褐色，向上扩展枝条的维管束也逐渐变成淡褐色，向下扩展至根部外皮坏死或变黑腐烂，有的茎基部裂开，植株萎蔫下垂。湿度大时产生白霉，即病菌菌丝和分生孢子。该病扩展速度较慢，有的植株一侧枝叶变黄、萎蔫或烂根。防治方法：选无病老根留种；轮作；做高畦，开深沟，降低湿度；拔除病株，并在病穴周围撒石灰粉，或用 50%多菌灵可湿性粉剂 1 000倍液浇灌。

（3）白粉病。在感染该病的初期，菊花的叶片表面会出现白色斑点，如温度、湿度条件皆适宜，病情就会迅速扩散，形成白色或灰色的粉霉层。植株会由轻度的发育不良，升级为矮化不育、难以开花、枯萎致死。防治方法：在通风透光处培育菊苗，合理密植，于苗期开始防病，可用 70%甲基硫菌灵可湿性粉剂 1 500倍液，或 25%三唑酮可湿性粉剂 3 000倍液，或 50%多菌灵可湿性粉剂 1 000倍液，每隔 10 天喷 1 次，交替叶面喷洒，3~4 次即可防治。

2. 虫害防治

（1）红蜘蛛。属蜱螨目，叶螨科。成虫为米红色，幼虫为黄白色。为害叶片，初期症状有叶片长出黄褐色小斑点，量大时红蜘蛛会在植株表面拉丝爬行，叶片背面出现红色斑块且比较大，后期症状为叶片卷缩、枯黄、脱落等，整株树叶枯黄泛白。发生规律：多发生在夏季高温干燥时期，以 7—8 月最为猖獗。红蜘蛛以口器刺入叶肉吸吮叶液，造成叶片干黄枯死。对菊花为害极大，如防治不彻底，可为害到冬天。更为严重的是在花期红蜘蛛潜藏于花瓣中，群集拉丝结网，很快使花朵凋残。防治方法：清除菊花圃内的落叶杂草，冬春季在菊花圃喷洒 1~2 波美度石硫合剂 1~2 次，以减少越冬虫口密度。3—5 月喷洒 40%三氯杀螨醇乳油 1 000倍液 3~5 次，可杀死成虫和卵，并破坏雌虫的生殖能力，7—9 月虫害严重时，用 20%甲氰菊酯乳油 2 000倍液，40%扫螨净粉剂 2 000倍液，交替叶背喷洒 2~3 次效果较好。

（2）蚜虫。为害症状：成虫和若虫主要集中在嫩梢、叶柄和叶背为害，有时也在花蕾及花冠内为害，蚜虫以口器刺吸植株养分，使受害叶片发黄变形、干枯、脱落，为害花瓣时可使花容减色，很快枯萎。发生规律：蚜虫以胎生小蚜虫的方法繁殖后代，一年约发生十余代，全年有两个高发期，分别在 4—5 月和 9—10 月。防治方法：可用敌敌畏乳油 1 000倍液叶面和叶背喷洒。虫害严重时可用 40%灭多威可溶性粉剂喷洒，效果很好。

（3）潜叶蝇。为害症状：潜叶蝇是杂食性害虫，成虫在菊叶背面产卵，卵多产在叶片边缘的叶肉里，幼虫孵出后在菊花叶片内潜食叶肉，在菊花的叶片上形成弯曲的潜道，虫害严重时，菊株的所有叶片都被侵害，叶片斑黄、枯萎，影响观赏，如防治不及时，可迅速蔓延到整个菊田。发生规律：在 3 月下旬即有成虫出现，一年可发生 5~7 代，虫害发生期在 4—10 月。防治方法：及时摘除虫叶烧毁，花期过后将病株全部剪除，烧毁或深埋。潜叶蝇的防治要以防为主，从菊花苗期开始，可用 80%敌敌畏乳油 1 000倍液叶面喷洒，每隔 10~15 天 1 次，喷洒 4~5 次即可防治。如发现叶面出现细小的虫道时，要及时喷药，可用 15%阿维毒（阿维菌素+毒死蜱）乳油 1 500倍液叶面喷洒，均有很好的效果。

参考文献

[1] 国家药典委员会．中华人民共和国药典：一部［M］．北京：中国医药科技出版社，2020：323.

[2] 周衡朴，任敏霞，管家齐，等．菊花化学成分、药理作用的研究进展及质量标志物预测分析［J］．中草药，2019，50（19）：4785-4795.

[3] 李婷婷，易超凡．不同来源菊花总黄酮含量及其抗氧化活性研究［J］．辽宁中医药大学学报，2015，17（5）：72-74.

[4] 孙向珏，沈汉明，朱心强．菊花提取物抗肿瘤作用的研究进展［J］．中草药，2008，39（1）：148-151.

[5] 郝亚成，陈云，李文治，等．菊花多糖的抗氧化及抗肿瘤活性研究［J］．粮食与油脂，2017，30（5）：75-80.

[6] 徐英辉，申茹，刘彦彦．绿原酸对佐剂性关节炎模型大鼠抗炎作用及机制研

究［J］. 药学研究，2014，33（9）：505-507.

第四节 红 花

一、概 述

从古籍看，红花在我国最初称为红蓝花、黄蓝，到宋代后才称为红花。红花为菊科红花属一年生草本植物。以花入药，具有通经、活血、散瘀止痛之功效[1]。其主要药用成分为黄酮类羟基红花黄色素 A[2]。红花性温和，味道带辛，可以直接用来泡脚，起到活络血脉、促进脚部血液循环的作用；食用部分为红花籽，红花籽中亚油酸含量高达 70%~85%，出油率为 25%，素有“亚油酸之王”的美誉[3]。红花除药用外，还是一种天然色素和染料。种子中含有 20%~30%的红花油，是一种重要的工业原料及保健用油。全国各地广有栽培。

二、别 名

红花又名草红花、菊红花、云红花、理红花、刺红花、红兰花等。

三、分类地位

红花属植物界、被子植物门、双子叶植物纲、合瓣花亚纲、桔梗目、菊科、管状花亚科、菜蓟族、红花属植物。

四、特征特性

（一）植物学特征

一年生草本，高 30~100 厘米。茎直立，上部多分枝。叶长椭圆形，先端尖，无柄，基部抱茎，边缘羽状齿裂，齿端有尖刺，两面无毛；上部的叶较小，呈苞片状围绕头状花序。头状花序顶生，排成伞房状；总苞片数层，外层绿色，卵状披针形，边缘具尖刺，内层卵状椭圆形，白色，膜质；全为管状花，初开时黄色，后转橙红色；瘦果椭圆形，长约 5 毫米，无冠毛，或鳞片状。花期 5—7 月，果期 7—9 月。

（二）生物学特性

红花喜温暖、干燥气候，抗寒性强，耐贫瘠。抗旱、怕涝，怕高温，对土壤要求不严，适宜在排水良好、中等肥沃的砂壤土上种植。耐盐碱能力及适应性较强。红花为长日照植物，生长后期如有较长的日照，能促进开花结果，可获高产。一般从播种至成熟需 ≥5℃的积温 2 274～2 474℃，平均为 2 375℃，生活周期 120 天。红花种子在地温 4～6℃时即可发芽，10～20℃时 6～7 天可出苗。幼苗能耐-2～-1℃的低温。

1. 水　分

红花根系较发达，能吸收土壤深层的水分，空气湿度过高，土壤湿度过大，会导致各种病害的发生。苗期温度在 15℃以下时，田间短暂积水，不会引起死苗；在高温季节，即使短期积水，也会使红花死亡。开花期遇雨水，花粉发育不良。果实成熟阶段遭遇连续阴雨，会使种子发芽，影响种子和油的产量。红花虽然耐旱，但在干旱的气候环境中进行适量的灌溉，是获得高产的必要措施。

2. 温　度

红花对温度的适应范围较宽，在 4～35℃的范围内均能萌发和生长。种子发芽的最适温度为 25～30℃，植株生长最适温度为 20～25℃，孕蕾开花期遇 10℃左右低温，花器官发育不良，严重时头状花序不能正常开放，开放的小花也不能结实。

3. 光　照

红花为长日照植物，日照长短不仅影响莲座期的长短，更重要的是影响其开花结实。充分的光照条件使红花发育良好，籽粒充实饱满。

4. 营　养

红花在不同肥力的土壤上均可生长，合理施肥是获得高产的措施之一，土壤肥力充足，养分含量全面，获得的产量就高。

5. 土　壤

红花虽然能生长在各种类型土壤上，但仍以土层深厚，排渗水良好的肥沃中性壤土为最好。

五、繁 殖

红花用种子繁殖。选择生长健壮、枝条高度适中、花朵大、分枝多、花色橘红、早熟、无病虫害的植株作种株，以收获种子。种子以粒大、饱满、白色为好。春播在早春解冻后即可播种。当红花植株变黄，花球上只有少量绿苞叶，花球失水，种子变硬，并呈现品种固有色泽时，即可收获种子。

六、栽培技术

（一）选地整地

红花对土壤要求不严，但要获得高产，必须选择土层深厚，土壤肥力均匀，排水良好的中、上等土壤。地势要求平坦，排、灌水条件良好。前茬以大豆、玉米为好。前茬作物收获后应立即进行耕翻和施底肥，一般亩施 2 000~3 000千克农家肥、25~30 千克磷酸二铵、1 千克锌肥和 15~20 千克钾肥。在翻地前全部作基肥均匀撒施地面，然后深翻入土，耕地质量应不重不漏，深浅一致，翻扣严密，无犁沟犁梁，整地质量应达到“齐、平、松、碎、净、墒”六字标准。耙地前，每亩用氟乐灵 80~100 克兑水 30 千克进行土壤处理，用喷雾器均匀喷雾，做到不重喷、不漏喷，喷后立即用轻型圆盘耙，使药和土混匀。

（二）播 种

选择优良的红花品种红花 2 号或新红花 1 号。在 5 厘米地温稳定通过 5℃ 以上时即可播种，适期早播有利于提高产量。本地区红花的适宜播种期一般在 3 月下旬到 4 月初。播种前最好将种子放入 40~50℃ 水中浸泡 10 分钟，再放入冷水中凉透，捞出稍晾干进行播种。播种方法可采用条播或穴播。条播：在整好的畦内，按行距 35~40 厘米开 4.5 厘米深的沟，将种子均匀地播于沟内，覆土 3 厘米左右，压实；如果采用穴播，按行距 35~40 厘米、株距 15~20 厘米开穴，穴深为 3 厘米，每穴播种子 3~5 粒。每亩播种量为 2.5~3 千克。

（三）田间管理

1. 间苗、定苗

红花苗出齐后开始间苗，这样有利于促进幼苗生长均匀一致，间苗分 2 次进行。当幼苗长出5~6片真叶时开始定苗，株距15~20厘米，定苗时去小留大、去弱留强，每穴留1株，缺苗处选择阴雨天及时补苗。

2. 中耕、除草

定苗后土壤如果遇雨板结，应及时中耕破除板结，拨锄幼苗旁边杂草。第一次中耕要浅，深度3~4厘米，以后中耕逐渐加深到10厘米，中耕时防止压苗、伤苗。一般灌头水前中耕、锄草2~3次。

3. 施 肥

红花是耐瘠薄作物，但要获得高产除了播期施用基肥以外，还应在分枝初期追施一次尿素，每亩追施尿素3~5千克，追肥后立即培土；第二次追肥在显蕾前进行，每亩追施尿素10~15千克。追肥后，可以适当摘心，促使多分枝，蕾多花大。盛花期叶面喷洒磷酸二氢钾+微肥，一般每次使用100~200克磷酸二氢钾兑水50千克稀释叶面喷施，每10天喷洒1次，连喷3次。

4. 灌 水

第一水应适当晚灌，一般情况下在红花出苗后60天左右灌头水，亩灌水量60~70立方米。灌水方法采用小水漫灌，灌水要均匀。灌水后2小时内田内无积水。在开花期和盛花期各灌一次水。以后根据土壤墒情控制灌水，不干不灌。特别是肥力高的地块，控制灌水是防止分枝过多、通风透光差、后期发病多的关键措施。红花全生育期一般需灌水3~4次，灌水质量应达到不淹、不旱。灌水方法可采取小畦漫灌，严禁大水漫灌。

（四）适时收获

1. 收 花

以花冠裂片开放、雄蕊开始枯黄、花色鲜红、油润时开始收获，最好是每天清晨采摘（9：00以前），此时花冠不易破裂，苞片不刺手。特别注意的是：红花收花不能过早或过晚，若采收过早，花朵尚未授粉，颜色发黄。采收过晚，花变为紫黑色。所以过早或过晚收花，均影响花的质量，花药用效果差。

2. 收 籽

当红花植株变黄，花球上只有少量绿苞叶，花球失水，种子变硬，并呈现品种固有色泽时，即可收获种子。红花多刺，人工收获难度大，一般采用普通谷物联合收割机收获。

七、病虫害防治

1. 病害防治

（1）锈病。该病在红花整个生育期均可发生，主要为害叶片和苞叶。首先在侵染点处见圆形黄色病斑，略隆起，红花出土后，地下或地表附近的茎基部出现长条形病斑，初为淡黄色，后变为红褐色；在子叶上也出现黄色斑点，后变为红褐色，严重时幼苗萎蔫死亡。生长期病害在植株自下而上发展，在叶片上产生环状病斑，中间有红褐色至暗褐色小疱，成熟后表皮破裂，散出大量锈褐色粉末。防治方法：种子处理，用15%三唑酮可湿性粉剂拌种，用量为种子量的0.2%~0.4%；清洁田园，集中烧毁病残体，实行2~3年以上的轮作；药剂防治，发病初期及时喷施杀菌剂，7~10天喷1次，连续2~3次，可用20%三唑酮乳油0.1%溶液，或0.3波美度的石硫合剂，或20%三唑酮乳油1 500倍液，或15%三唑酮可湿性粉剂800~1 000倍液等药剂交替喷施。

（2）根腐病。由根腐病菌侵染，整个生育阶段均可发生，尤其是幼苗期、开花期发病严重。发病后根部坏死，植株萎蔫，呈浅黄色，最后死亡。防治方法：发现病株要及时拔除烧掉，防止传染给周围植株，在病株穴中撒一些生石灰，杀死根际线虫和病原微生物，用50%的甲基硫菌灵可湿性粉剂1 000倍液浇灌或喷洒病株。

（3）褐斑病。褐斑病一般常发于红花生长的中期和后期高温多雨的天气，主要为害红花的叶，在发病初期，叶面上会出现圆形的黄褐色斑点，慢慢地随着病情的加重，会出现白色霉层，最后叶面出现灰白色，红花收获前会出现大量的黑点。防治方法：清除病枝残叶，集中销毁；与禾本科作物轮作；雨后及时开沟排水，降低土壤湿度。发病时可用70%代森锰锌可湿性粉剂600~800倍液喷雾，每隔7天1次，连续2~3次。

（4）炭疽病。为红花生产后期的病害，主要为害枝茎、花蕾茎部和总苞。防治方法：选用抗病品种；与禾本科作物轮作；用30%菲醌晶体25克拌种5千克，拌后播种；用70%代森锰锌可湿性粉剂600~800倍液进行喷洒，每隔10天1次，连续2~3次。要注意排除积水，降低土壤湿度，抑制病原菌的传播。

（5）猝倒病。猝倒病是红花上的重要病害，各种植区普遍发生，严重影响红花产量和品质。主要为害幼苗的茎或茎基部，初生水渍状病斑，后病斑组织腐烂或缢缩，幼苗猝倒。病菌侵入后，在皮层薄壁细胞中扩展，菌丝蔓延于细胞间或细胞内，后在病组织内形成卵孢子越冬。该病多发生在土壤潮湿和连阴雨多的地方，与其他根腐病共同为害。

防治方法：①农业防治。重病田实行统一育苗，无病新土育苗。加强苗床管理，增施磷钾肥，培育壮苗，适时浇水，避免低温、高湿条件出现。②药剂防治。采用营养钵育苗的，移栽时用15%绿亨1号（噁霉灵）晶体450倍液灌穴。采用直播的可用20%甲基立枯磷乳油1 000倍液或50%拌种双粉剂300克与细干土100千克制成药土撒在种子上覆盖一层，然后再覆土。出苗后发病的可喷洒58%甲霜灵锰锌可湿性粉剂800倍液、64%杀毒矾可湿性粉剂500倍液、72%克露（霜脲·锰锌）可湿性粉剂800~1 000倍液、69%安克锰锌可湿性粉剂或水分散粒剂800~900倍液。

2. 虫害防治

（1）钻心虫。对花序为害极重，一旦有虫钻进花序中，花朵死亡，严重影响产量。在现蕾期应用高渗吡虫啉防治，把钻心虫杀死。

（2）红蜘蛛。主要为害叶片、嫩梢和幼果。大部分的红蜘蛛着生于叶片下表面，少部分位于叶片上表面。叶片起初受害时，取食叶面汁液，使叶面水分减少，失绿并逐渐变为浅绿色，后布有灰白色斑点，虫害严重时叶片呈灰白色且失去光泽，叶面布满了灰尘状物质，并引起落叶。果实受害时，幼果皮呈现浅绿色斑点；成熟果皮呈现浅黄色斑点；导致大量秕果。用20%的乙螨唑水分散粒剂稀释成1 500~2 000倍液+阿维菌素，在红蜘蛛发生前喷施2次，就能收到很好的预防效果。如果是害虫的高发期，加上联苯肼酯，能够延长杀虫的持效期。

八、采收与加工

栽植的红花于8—9月开花，从开始现花序至开花结束，一般为15~20天，开花后2~3天立即收获。每隔2~3天采摘1次。红花满身有刺，给花的采收工作带来麻烦，可穿厚的牛仔衣服进入田间采收，也可在清晨露水未干时采收，此时的刺变软，有利于采收工作。

采回的红花放阴凉处阴干，如遇阴雨天，也可用文火焙干，温度控制在45℃以下，未干时不能堆放，以免发霉变质。一般亩产干花30~40千克，高产可达50千克，收种子15千克。

参考文献

[1] 国家药典委员会．中华人民共和国药典：一部［M］．北京：中国医药科技出版社，2020：157-158.

[2] 李馨蕊，刘娟，彭成，等．红花化学成分及药理活性研究进展［J］．成都中医药大学学报，2021，44（1）：102-104.

[3] 张清云，李明，曹长勤．红花引种试验研究［J］．宁夏农林科技，2018，59（4）：19-20.

第六章

果实和种子类中草药

第一节 枸 杞

一、概 述

枸杞为茄科枸杞属落叶灌木植物，其成熟果实枸杞子是传统名贵中药材。《本草纲目》中记载“枸杞具有补肾生精，养肝、明目，坚精骨，去疲劳，易颜色，变白，明目安神，令人长寿”之功效[1]。枸杞中富含大量的水溶性多糖——枸杞多糖，是一种重要的生物活性物质，具有提高免疫力、保护视网膜神经、降血糖、抗氧化、保护骨骼等多种生物活性[2]。大量研究表明枸杞中富含黄酮类、酰胺、生物碱、蒽醌等多种活性成分[3]，其中的黄酮类化合物具有促进伤口愈合的活性，并且可以在伤口愈合的4个阶段均发挥作用，如增加胶原蛋白沉积、抵抗氧化应激的产生、调节炎症细胞因子、提高上皮化率和伤口收缩率、促进细胞增殖和血管生成[4]。枸杞是商品枸杞子、植物宁夏枸杞、中华枸杞等枸杞属物种的统称。人们日常食用和药用的枸杞子多为宁夏枸杞的果实枸杞子，且宁夏枸杞是唯一载入《中国药典》2010年版的品种。宁夏枸杞在中国栽培面积最大，主要分布在中国西北地区。其他地区常见的品种为中华枸杞及其变种。宁夏的中宁枸杞获评为农产品气候品质类国家气候标志。长期以来，枸杞作为传统的药物和功能性食材，广泛种植于青海、宁夏、新疆等地区。

二、别 名

枸杞有很多民间叫法，如枸杞红实、甜菜子、西枸杞、狗奶子、红青椒、枸蹄子、枸杞果、地骨子、枸茄茄、红耳坠、血枸子、枸地芽子、枸杞豆、血杞子、津枸杞等。

三、分类地位

枸杞属植物界、被子植物门、双子叶植物纲、管状花目、茄科、茄族、枸杞属植物。

四、特征特性

1. 植物学特征

灌木或经栽培后而成小乔木状，高可达2~3米。主枝数条，粗壮，果枝细长；外皮淡灰黄色，刺状枝短而细，生于叶腋，长1~4厘米。叶互生，或数片丛生于短枝上；叶柄短；叶片狭倒披针形、卵状披针形或卵状长圆形，长2~8厘米，宽0.5~3厘米，先端尖，基部楔形或狭楔形而下延成叶柄，全缘，上面深绿色，下面淡绿色，无毛。花腋生，通常1~2朵簇生，或2~5朵簇生于短枝上；花萼钟状，长4~5毫米，先端2~3深裂；花冠漏斗状，管部长约8毫米，先端5裂，裂片卵形，长约5毫米；粉红色或淡紫红色，具暗紫色脉纹，管内雄蕊着生处上方有一轮柔毛；雄蕊5枚；雌蕊1枚，子房长圆形，2室，花柱线形，柱头头状。浆果卵圆形、椭圆形或阔卵形，长8~20毫米，直径5~10毫米，红色或橘红色。种子多数，近圆肾形而扁平。花期5—10月。果期6—10月。

2. 生物学特性

枸杞喜冷凉气候，耐寒力很强。当气温稳定通过7℃左右时，种子即可萌发，幼苗可抵抗-3℃低温。春季气温在6℃以上时，春芽开始萌动。枸杞在-25℃越冬无冻害。枸杞根系发达，抗旱能力强，在干旱荒漠地区仍能生长。生产上为获高产，仍需保证水分供给，特别是花果期必须有充足的水分。长期积水的低洼地对枸杞生长不利，甚至引起烂根或死亡。在光照充足之地生长，枸杞枝条健壮，花果多，果粒大，产量高，品质好。枸杞多生长在碱性土和砂质壤土，最适合在土层深厚，肥沃的壤土上栽培。常生于山坡、荒地、丘陵地、盐碱地、路旁及村边宅旁。在我国除普遍野生外，各地也有作药用、蔬菜或绿化栽培。

五、繁　殖

枸杞的繁殖方法有种子繁殖、扦插繁殖、分株繁殖、压条繁殖和组织培养繁殖，其中种子繁殖和扦插繁殖具有生长速度快、成活率高的优点，在生产上具有较强的实用性。

1. 种子繁殖

以宁杞 2 号品种为主，将种子浸泡后与湿细砂拌匀，保湿催芽，发现有半数种子露白后即可播种。播种时间以 3—4 月为宜，保护地可提前至 2 月播种。播种前，深翻苗床并施足基肥，筑畦后，按行距 40 厘米左右开浅沟条播。播种时，将拌匀的种子与细砂均匀撒入沟中，覆土踩实，浇水后用薄膜保湿。播种后 1 周左右，枸杞小苗就陆续长出，出苗后应揭去薄膜，喷水保湿，当苗高 5 厘米左右，即可按 3~6 厘米株距进行间苗，间苗过程中应注意拔去劣苗、弱苗，并及时拔除杂草，浇水施肥。

2. 扦插繁殖

在春、秋季节，选取优良单株上 1~2 年生已木质化的粗壮枝条，剪成长 10 厘米左右、留有 2~3 个芽的插穗，将其下端浸于 300 千克/升的吲哚丁酸（IBA）溶液 20 分钟后即可扦插，扦插深度为插条的 1/3~1/2，扦插基质为 2∶1 的菜园土和蛭石。扦插前最好先将基质消毒，不论容器育苗还是苗床育苗，基质厚度要在 10 厘米以上，以利于插穗的生根和长芽。扦插后浇足水，用薄膜覆盖密闭，2 周后插穗即开始发根长芽。试验发现，经生根剂处理的插条，生根率可达 100%。扦插后 3 周左右，枸杞的根和新梢均已生长良好，即可移栽。

六、栽培技术

1. 选　地

选择土壤深厚，通气性良好的轻壤、砂壤土地块种植枸杞，土壤有机质含量最好在 1%以上，地下水位保持在 1 米以下。深耕 30~35 厘米，耙细，做 1 米宽平畦，畦的长度依地形而定。

2. 移栽定植

幼苗育好后，开穴定植，定植时间在 3 月下旬至 4 月中旬。在选择栽培枸杞的平畦上挖定植穴，移栽苗木，穴距为 1.4 米×2 米，挖定植穴长 40 厘米，宽 40 厘米，深 40 厘米。每穴施 1.5~2.5 千克腐熟的堆肥和过磷酸钙 0.5 千克，与土壤充分混合。每穴栽植 1 株，盖土踏实，浇水定根，待生芽长叶后，再浅浇水。栽后第二年即可结果。

3. 修剪整枝

修剪工作也是枸杞种植的主要技术之一。从幼苗移栽之后，每年都要整枝，幼苗长至 130~150 厘米时，须将树尖剪去，使其生枝发杈，帮助幼树正常生长，酌情剪去新生幼芽，保持枝条均匀，通风透光。在结实期间，每年进行两次剪刺，以免刺尖碰伤花果，并且帮助其结成圆形树顶，以便于采果。一般结果的枝条极易枯死，特别是老树，这些枯枝如不及时剪去，风一摇动，干枝就会把嫩芽和花果碰掉。因此，春天发芽前，一律把干枝剪掉是保证增产的关键之一。

枸杞从第五年开始进入盛果期，所以其整形必须在定植的第四年前完成。定植当年短截全部枝条，每枝上留 45 个发育良好的芽，第二年、第三年再对侧枝和延长枝进行疏枝和短截，使枝条发育粗壮，密集均匀，通风透光良好。修枝应符合以下原则。

（1）培养和保持株丛拥有 15~20 个骨干枝，保持株丛内良好的光照条件，剪去过密的枝条。

（2）基生枝剪去其全长的 1/3~1/2，培养成骨干枝；对骨干枝上的延长枝及新梢依生长势的强弱剪去顶端 3~5 个芽。

（3）为了培养寿命长及强壮的骨干枝，必须控制基生枝，因此修剪时要把基部的芽抹去，但留作更新的芽可保留。

（4）有虫害、受伤或太弱的枝条应及早除去，同时留新枝补充。

4. 施　肥

每年春季开花前和秋季结果后，各施肥 1 次。每次每株施用饼肥 0.5~1.5 千克、农家肥 2.5~5 千克、硫酸铵、骨粉各 10~12 克。在幼树期间，可以间种马铃薯等作物，既能增加收入，又能增强土壤肥力。

5. 浇水锄地

水是枸杞生长的必需要素，从清明到冬至，返青期、开花、结果和每次摘果前后，以及越冬前均要灌水，但应严防灌水过多或雨后积水，致沤根树死，掌握次数多而量少的原则。每年需要锄地松土 5~6 次，耕深 13~16 厘米，以增加土壤的渗透能力，促进地下根的发育，使其不断地健壮生长。

七、病虫害防治

1. 病害防治

（1）黑果病。主要为害花蕾、花及青果，被感染后出现多数黑点、褐斑或黑色网纹，蔓延迅速。防治方法：结合冬季剪枝，清除树上黑果、病枝及落叶、落果，烧毁或深埋。发病初期喷 1∶1∶120 波尔多液；或 50%退菌特可湿性粉剂 1 200倍液，每隔 5~7 天喷 1 次，连续 3~4 次。

（2）枸杞白粉病。这种病症对叶子的为害最大。叶子的外表呈现白色霉斑与粉色斑，为害加重的植株外面呈现一片白色。防治方法：用 45%硫黄胶悬剂 200~300 倍液喷雾，每亩用量 30~35 毫升；或用 50%退菌特可湿性粉剂 600~800 倍液喷雾，每隔 7 天喷 1 次，连续 3~4 次。

（3）枸杞炭疽病。枸杞炭疽病主要为害果实，也可侵扰叶和花，由于它在侵害果实后，导致果实由红变黑，所以又叫黑果病，是真菌性病害，也是枸杞种植过程中的主要病害。此病在枸杞整个生长阶段均可发作，在阴雨季节为害较重，蔓延速度也较快。发病时果实出现褐色的小病斑，后扩散成不规则病斑，随着病情发展，病斑处开始凹陷变软，变黑，在干燥时期，整个果实会干缩，而在雨季或湿度较大时期，果实表面会出现橘红色孢子团，还会侵扰到叶片，使叶片也出现此症状。防治方法：加强田间管理；在冬季时修剪病枝叶，再将地面的残枝落叶收集，集中烧毁或深埋；发病初期喷洒波尔多液，或代森锰锌，或甲基硫菌灵防治，交替喷施药剂防治效果更好。

（4）枸杞灰斑病。枸杞灰斑病也是真菌性病害，主要为害叶片，也会侵扰果实，发病时叶片出现圆形的病斑，病斑中央区域呈灰白或褐色，边缘颜色较深，病变处下陷，随着病情发展，病斑处开始变褐干枯，最后出现黑色霉状物。

防治方法：加强田间管理，预防方法和炭疽病一样，发病时可喷洒 50%多菌灵可湿性粉剂 500 倍液，每 10 天喷 1 次，连续喷 2~4 次。

2. 虫害防治

（1）枸杞蚜虫。以卵在枝条腋芽及糙皮处越冬，为害嫩枝、嫩叶和幼果，吸取汁液，使树势减弱，果实瘦小，新芽萎缩，不能开花结果。防治方法：用 2.5%溴氢菊酯乳油（敌杀死）700~1 000倍液喷雾，或 20%杀灭菊酯乳油（速灭杀丁）乳油 500~600 倍液喷雾防治。

（2）枸杞木虱。为害叶片，以成虫、若虫在叶背把口器插入叶片组织内，刺吸汁液，导致叶黄枝瘦，树势衰弱，浆果发育受抑，品质下降，造成春季枝干枯。防治方法：枸杞萌芽时用 80%敌敌畏乳油 800 倍液喷洒树冠和周围环境以防治成虫，每亩用药液 75~100 千克。枸杞展叶后每亩用 25%喹硫磷乳油 150~200 倍液喷雾以防治老虫，并做到冬季清园。

八、采收与加工

随着气候情况的不同，果实的成熟期亦有先后。甘肃河西地区 7 月上旬开始采果，三伏前后即近尾声。夏果产量最高，秋果产量最低。壮树每亩可产干果 50 千克左右，3 年的新树可产 20~25 千克。摘果要掌握三轻，即轻摘、轻放、轻拿，否则果子易受伤，变成黑色。同时在摘果的时间上要尽量利用清早或傍晚，忌正午烈日下摘果。将摘回的鲜枸杞轻轻地倒在晒架上（晒架是用木框中间钉上席子做成的），均匀撒开不要轻易翻动（翻动易变黑），晒到果子发热时，即转移到阴凉处晾晒、再移到日光下晒，如此反复数次，待果子上有了皱皮，方可整天放在太阳下强晒，一直到晒干为止，需 10~15 天。

晒干的枸杞，必须趁热装入布袋中来回撞击，使果蒂脱落，然后用风车除去果蒂，再分等级包装。

参考文献

[1] 孟姣，吕振宇，孙传鑫，等．枸杞多糖药理作用研究进展［J］．时珍国医国药，2018，29（10）：2489-2493.

[2] 冯彦．枸杞多糖药理作用与临床应用［J］．中国现代药物应用，2016，10（6）：278-279.

[3] 周剑，马建苹，田浩，等．枸杞化学成分及生物活性研究进展［J］．中国食品工业，2019（11）：74-77.

[4] 如克亚·加帕尔，孙玉敬，等．枸杞植物化学成分及其生物活性的研究进展［J］．中国食品学报，2013，13（8）：161-172.

第二节　连　翘

一、概　述

连翘为木樨科植物连翘的干燥果实，以果实入药；有清热解毒、消肿散结、疏散风热功效[1]，《本草图经》誉其为“疮家圣药”[2]。现代药理学研究表明，连翘具有抑菌、抗炎、抗病毒、保肝、抗肿瘤、免疫调节和抗氧化作用[3]。日常生活中，连翘果实常与金银花搭配入药，如“维C银翘片”和“双黄连口服液”。连翘除了药用还用作食品天然防腐剂或化妆品，又是重要的油料作物、观赏植物和水土保持植物。主产于河南、山西、河北、陕西、甘肃、宁夏、山东、四川、云南等省、自治区，除华南地区外，全国大部分地区均有栽培。

二、别　名

连翘又叫空壳、连壳、黄花条、落翘、黄花杆、黄寿丹等。

三、分类地位

连翘为被子植物门、双子叶植物纲、唇形目、木樨科、连翘属植物。

四、特征特性

1. 植物学特征

连翘植株高2~3米，枝条细长，稍带蔓性，常着地生根，小枝梢呈四棱形，枝中空或具片状髓。单叶对生，或成为3小叶；叶片卵形、长卵形至圆形，边缘有不整齐的锯齿；花先于叶开放，腋生，长约2.5厘米；金黄色，通常具橘红色条纹；蒴果狭卵形略扁，长约1.5厘米，先端有短喙，成熟时2瓣裂。种子6~50粒，狭卵圆形，棕色，扁平，一侧有薄翅。花期3—5月，果期7—8月，9—10月果实成熟。

2. 生物学特性

连翘属异花授粉作物，自花授粉率极低，仅有4%左右，而异花结实率较高，约占34%。连翘适应性强，耐干旱、贫瘠，野生资源分布面积广，喜温暖湿润的气候，对土壤要求不严，野生于阳光充足的山坡灌丛、林缘或山谷、山沟的树林中。连翘喜光，有一定的耐阴性；不择土壤，在中性、微酸或碱性土壤均能正常生长。连翘根系发达，虽主根不太显著，但其侧根都较粗而长，须根众多，广泛伸展于主根周围，大大增强了吸收和固土能力，不耐涝；连翘耐寒性强，经抗寒锻炼后，可耐受-50℃低温，其惊人的耐寒性，使其成为北方园林绿化的佼佼者；连翘萌发力强、发丛快，可很快扩大其分布面。因此，连翘生命力和适应性都非常强。连翘可正常生长于海拔250～2 200米、平均气温12.1～17.3℃、绝对最高温36～39.4℃、绝对最低温-14.5～-4.8℃的地区，但以在阳光充足、土壤深厚肥沃而湿润的立地条件下生长较好。

五、繁 殖

繁殖方式有种子繁殖、压条繁殖、扦插繁殖和分株繁殖。一般以扦插繁殖为主。

1. 种子繁殖

3月下旬至4月上旬开始播种，也可在深秋土壤封冻前播种。每穴播入种子10余粒，播后覆土，轻压。注意要在土壤墒情好时下种。播后8～9天即可出苗。

2. 压条繁殖

在春季将植株下垂枝条压埋入土中，第二年春季，剪离母株定植。苗木宜在向阳而排水良好的肥沃土壤上栽植，若选地不当、土壤瘠薄，则生长缓慢，产量低，每年花后应剪除枯枝、弱枝及过密、过老枝条，同时注意根基施肥。

3. 扦插繁殖

秋季落叶后或春季发芽前，均可扦插，但以春季为好。选1～2年生的健壮嫩枝，剪成20～30厘米长的插穗，上端剪口要离第一个节0.8厘米，插条每段必须带2～3个节位。然后将插条的下端近节处削成平面。为提高扦插成活率，可将插穗分扎成30～50根每捆，用ABT生根粉浸泡10秒，取出晾干待插。

4. 分株繁殖

在“霜降”后或春季发芽前，将3年以上的树旁发生的幼条，带土刨出移栽或将整棵树刨出进行分株移栽。一般 1 株能分栽 3~5 株。采用此法关键是要让每棵分出的小株上都带一点须根，这样成活率高，见效快。

六、栽培技术

（一）选地与整地

1. 选　地

连翘喜温暖潮湿气候，耐寒、耐旱、忌水涝，对土壤要求不严格，在腐殖土及砂砾土中均可生长。栽培地宜选择海拔 600~2 000米，背风向阳处。

2. 整　地

于 3 月下旬到 7 月上旬，在选好的农田施有机肥 5 000 千克/亩，氮、磷、钾复合肥 40 千克/亩，深耕 30 厘米，耕细、耙平，做成宽 1 米的平畦。按行距 2 米、株距 1.5 米的标准，挖 80 厘米×80 厘米×70 厘米的坑待栽。

（二）大田移栽

1. 移栽时间

将育好的苗或扦插好的苗，于春季 3—4 月或初冬 10—11 月进行移栽，行距 2 米、株距 1.5 米，挖 80 厘米×80 厘米×70 厘米的坑栽植。

2. 种苗要求

1 级苗，株高 80 厘米，茎粗 1 厘米以上；2 级苗，株高 80 厘米以下，50 厘米以上，茎粗 1 厘米以下，0.8 厘米以上；3 级苗，株高 50 厘米以下，茎粗 0.8 厘米以下。

3. 移栽方法

（1）行行相间移栽法：用种子繁殖的实生苗或扦插苗，按首行栽上同类花形植株，次行栽上另一类花形植株，同行同类花形、相邻行异类花形的方式种植。

（2）株株相间移栽法：每一种种子实生苗或扦插苗栽植时，按花形与周围所有植株相异的方式种植。

（3）随机栽植法：指连翘嫁接苗无任何顺序的随意栽植方式。

移栽过程：在事先准备好的定植穴内，每穴施入腐熟土杂肥或厩肥 5 千克，与底土拌匀，上盖细土，每穴栽植壮苗 1 株，填土至穴面 20 厘米时，将幼苗向上提起，使根舒展，苗稳正，再覆土压实，浇透定根水，待水下渗后再覆土，使树根处稍高于地面呈土堆形即可。

（三）田间管理

1. 中耕除草

连翘从定植至郁闭，需要 5~6 年时间。定植后的第 1~2 年，每年 4 月、6 月、7 月的中下旬各中耕除草 1 次，第 3~4 年可减少中耕除草次数，5 月、7 月中旬各中耕除草 1 次。

2. 追　肥

定植后的 1~4 年，每年 4 月中下旬结合中耕，施腐熟无害有机肥 2 000千克/亩，或磷酸二铵 30 千克/亩。施肥应距植株 30 厘米处挖环状沟带，宽 30 厘米、深 20 厘米，施肥后填土至地平。5 年以后，植物已经生长郁闭，于 3 月上旬和 5 月上旬追施尿素 20~25 千克/亩，10 月下旬以基肥为主，施腐熟无害有机肥 4 000千克/亩。施肥应在距植株 50~100 厘米处挖环状沟带，宽 30 厘米、深 20 厘米，施肥后填土至地平。

3. 排　灌

注意保持土壤湿润，旱期及时沟灌或浇水，雨季要开沟排水，以免积水烂根。

4. 整形修剪

（1）整形修剪时间：11 月至翌年 2 月，或 5—7 月。

（2）整形修剪目的：调整树形，形成矮冠、内空外圆、通风透光、小枝疏密适中、提早结果的自然开心形树形。

（3）整形修剪方法：植株高 1 米左右时，11 月至翌年 2 月在主干离地 70~80 厘米处剪去顶梢，5—7 月摘心，促使多发新枝。嫁接苗中，除把原嫁接的 1~2 个侧枝培育成主枝外，还应选择其自身发育充实的侧枝 2~3 个培育成主枝，以后在主枝上再留选 2~3 个壮枝，培育成为副主枝，把副主枝上发出的侧枝培育成结果的短枝。同时将枯枝、重叠枝、交叉枝、纤弱枝、徒长枝、病虫枝剪去。扦插苗和种子实生苗在不同的方向选择 3~4 个粗壮侧枝培育成主枝，以后在主枝上再选留 2~3 个壮枝，培育成副主枝，把副主枝上放出的侧枝培育成结果的短枝。同时将枯枝、重叠枝、交叉枝、纤弱枝、徒长枝、病虫枝剪去。

每次修剪之后，每株施入火土灰 2 千克、过磷酸钙 200 克、饼肥 250 克、尿素 100 克。于树冠下开环状沟施入，施后盖土，培土保墒。早期连翘株行距间可间作矮秆、浅根系作物，如板蓝根、大豆等。对已经开花结果多年、开始衰老的结果枝群，也要进行短截或重剪（即剪去枝条的 2/3），可促使剪口以下抽生壮枝，恢复树势，提高结果率。

七、病虫害防治

1. 病害防治

连翘基本处于野生状态，对环境条件适应能力较强，加上人工繁殖栽培时间较短，目前较少发生病害。

2. 虫害防治

为害连翘的害虫主要有钻心虫、蜗牛、蝼蛄等。

（1）钻心虫。以幼虫钻入茎秆木质部髓心为害，严重时被害枝条不能开花结果，甚至整枝枯死。防治方法：用 80%敌敌畏原液药棉堵塞蛀孔毒杀，亦可将受害枝剪除。

（2）蜗牛。主要为害花及幼果。4 月下旬至 5 月中旬转入药材田，为害幼芽、叶及嫩茎，叶片被吃成缺口或孔洞，直到 7 月底。若 9 月以后潮湿多雨，仍可大量活动为害，10 月转入越冬状态。上年虫口基数大、当年苗期多雨、土壤湿润，蜗牛可能大发生。防治方法：可在清晨撒石灰粉防治，或人工捕杀。人工捕杀要在清晨、阴天或雨后进行，或者在排水沟内堆放青草诱杀。密度每平方米达 3~5 头时，用 90%敌百虫晶体 800~1 000倍液喷雾。

（3）蝼蛄。播种育苗的主要害虫，无论是在出苗期还是幼苗期，如果不彻底防治，将会降低育苗成活率。以成虫、幼虫咬食刚播下或者正在萌芽的种子或者嫩茎、根茎等，咬食的根、茎处呈麻丝状，造成受害株发育不良或者枯萎死亡。有时也在土表钻成隧道，造成幼苗死亡，严重的也出现缺苗断垄。防治方法：可采用常规的毒谷或毒饵法。或可用 50%辛硫磷乳油 100 毫升，兑水 2~3 千克，拌麦种 50

千克，拌种后堆闷 2~3 小时进行诱杀。

八、采收与加工

（一）采　收

连翘定植 3~4 年开花结果。一般于霜降后，果实由青色变为土黄色，果实即将开裂时采收。8 月下旬至 9 月上旬采摘尚未完全成熟的青色果实，用沸水煮片刻，晒干后加工成"青翘"；10 月上旬采收熟透但尚未开裂的黄色果实，晒干，加工成"黄翘"或者"老翘"；选择生长健壮，果实饱满，无病虫害的优良母株上成熟的黄色果实，加工后选留作种。

（二）加　工

将采回的果实晒干，除去杂质，筛取种子，再晒至全干即成商品。中药将连翘分为青翘、黄翘、连翘芯 3 种。

1. 青　翘

于 8 月至 9 月上旬，采收尚未成熟的青色果实，然后用沸水煮片刻或用蒸笼蒸半小时后，取出晒干或烘干。青翘以身干、不开裂、色较绿者为佳。

2. 黄　翘

于 10 月上旬采摘熟透的黄色果实，晒干或烘干。黄翘以身干、瓣大、壳厚、色较黄者为佳。

3. 连翘芯

将果壳内种子筛出，晒干即为连翘芯。

参考文献

［1］ 国家药典委员会．中华人民共和国药典：一部［M］．北京：中国医药科技出版社，2020：177-178.

［2］ 郝菲菲．连翘及其在保和丸中对胃肠动力作用的实验研究［D］．济南：山东中医药大学，2018.

[3] 夏伟，董诚明，杨朝帆，等．连翘化学成分及其药理学研究进展［J］．中国现代中药，2016，18（12）：1670-1674.

第三节 王不留行

一、概 述

王不留行为石竹科植物麦蓝菜的干燥成熟种子。王不留行为传统常用药，性味苦，平。归肝、胃经。中药王不留行具有下乳消肿、活血通经、利尿通淋等功效，主要用于治疗乳汁不下、经闭痛经、乳痈肿痛等症[1]。其化学成分主要有三萜皂苷、黄酮苷、环肽、类脂、脂肪酸、多糖等[1-2]。王不留行植物资源丰富，除华南外，全国各地区都有分布。

二、别 名

王不留行又名奶米、王不留、老头篮子、麦篮子、剪金子、留行子、王牡牛、大麦牛等。

三、分类地位

王不留行为被子植物门、双子叶植物纲、石竹目、石竹科、石竹属植物。

四、特征特性

1. 植物学特征

一年生或二年生草本。茎直立，高30~70厘米，圆柱形，节处略膨大，上部呈二叉状分枝。叶对生，无柄，卵状披针形或线状披针形，长4~9厘米，宽1.2~2.7厘米，先端渐尖，基部圆形或近心脏形，全缘。顶端聚伞花序疏生，花柄细长；萼筒有5条绿色棱翘，先端5裂，裂片短小三角形，花后萼筒中下部膨大，呈棱状球形；花瓣5朵，分离，淡红色，倒卵形，先端有不整齐的小齿牙，由萼筒口向外开展，下部渐狭呈爪状；雄蕊10枚，不等长；雌蕊1枚，子房椭圆形，花柱2枚，细长。蒴果为广卵形，包在萼筒内。花期4—5月，果期6月。

2. 生物学特性

生于山坡、路旁，尤以麦田中最多。喜温暖、温润气候，忌水浸，低洼积水地或土壤湿度过大，根部易腐烂，地上枝叶枯黄直至死亡。对土壤要求不严，土层较浅、地力较低的山地、丘陵也能种植，但产量较低，适宜种植于疏松肥沃、排水良好的砂壤土或壤土。种子无休眠期，极易发芽，发芽适温为 15~20℃，种子寿命为 2~3 年。

五、繁　殖

用种子繁殖。选黑色的饱满籽粒作种。可春季和秋季播种。开 1.2 米宽的畦，穴播，按行株距 25 厘米×15 厘米开穴，深约 5 厘米。每亩种子用量 250~500 克。秋播于第二年 5 月下旬至 6 月上旬收获；春播于当年秋季收获。

六、栽培技术

1. 选地整地

宜选缓坡和排水良好的平地种植，土质以砂质壤土和黏壤土均可。结合冬耕，每 1 000平方米施 2 500~3 000千克农家肥作基肥，同时配施 30~40 千克过磷酸钙。整细耙平，做成 1.2 米宽的畦。畦面应尽量平、实、细。

2. 播　种

王不留行通常用种子繁殖，种子应符合王不留行种子质量标准要求，种子纯度 95%以上；种子净度 96%以上；发芽率 70%以上；水分小于 11%。选种时应选择饱满、光泽好、黑色成熟的种子。播前晒种 2~3 天，一般在 4 月中旬播种，采用开沟撒播，行距 15~20 厘米，播深 2 厘米。播种后覆土，轻轻镇压畦面，根据土壤墒情确定是否灌水。

3. 间苗、定苗

当幼苗出现 1~2 片真叶时，开始间苗，间苗时拔除瘦苗、弱苗、病苗，保留健壮苗，间苗分 2 次进行。定苗株距宜为 10~15 厘米。

4. 中耕除草

苗高 7~10 厘米时，进行第一次中耕除草，宜浅松土，避免伤根，紧靠幼苗的杂草用手拔除。第二次中耕于 5 月下旬进行。以后看杂草滋生情况，再进行中耕除草 1 次，保持土壤疏松和田间无杂草。

5. 肥水管理

一般进行 2~3 次追肥。第一次在苗高 7~10 厘米时，结合中耕除草每亩施入尿素 5~7 千克。第二次在显蕾期进行，每亩施入尿素 15~20 千克。生长后期用 0.2%磷酸二氢钾根外追肥 2~3 次，有利增产。

七、病虫害防治

1. 病害防治

（1）叶斑病。主要为害叶片，病叶上形成褐色斑点，在潮湿的环境下，叶片的斑点上产生灰霉状物。防治方法：播种前用 70%甲基硫菌灵按种子量的 0.2%拌种，或用 25%多菌灵可湿性粉剂按种子量的 0.3%拌种。发病初期用 65%代森锰锌可湿性粉剂，或 50%多菌灵可湿性粉剂 600 倍液，或 25%甲基硫菌灵可湿性粉剂 1 000 倍液，或 80%代森锰锌络合物 1 000倍液，或 50%抗枯灵（络氨铜·锌）1 000倍液，或 30%嘧菌酯 1 500倍液，或 25%吡唑醚菌酯 2 500倍液等喷雾防治，一般 10 天左右喷 1 次，连续 2~3 次。喷药时避免在中午高温时进行。

（2）黑斑病。为害叶片，叶或叶缘首先发病，使叶尖或叶缘出现褪绿，呈黄褐色，并逐渐向叶基部扩散，后期病斑为灰褐色或白灰色。湿度大时，病斑上产生黑色雾状物。防治方法：用 25%甲基硫菌灵可湿性粉剂 500 倍液浸种；发病初期用 40%多菌灵可湿性粉剂 800 倍液，或 25%甲基硫菌灵可湿性粉剂 1 000倍液喷施。

2. 虫害防治

（1）食心虫。主要以幼虫为害果实和种子。防治方法：用 80%敌敌畏乳油 1 000倍液或 90%敌百虫晶体 1 000倍液喷杀。

（2）红蜘蛛。多群集于叶片背面吐丝结网为害。红蜘蛛的传播蔓延除靠自身爬行外，风、雨水及操作携带是重要途径。用 30%乙唑螨腈乳油（保护天敌）10 000倍液，或 1.8%阿维菌素乳油 2 000倍液，或 15%哒螨灵乳油 1 500倍液，或 57%炔螨特乳油 2 500倍液，或 30%嘧螨酯乳油 4 000倍液等喷雾防治。相互交替用药效果更好。

（3）蚜虫。以成虫、若虫为害植株嫩尖和叶片，造成叶片卷曲、生长减缓、萎蔫变黄。防治方法：在蚜虫发生初期用10%吡虫啉乳油1 000倍液，或50%吡蚜酮乳油1 500倍液，或3%啶虫脒乳油1 500倍液，或25%噻虫嗪悬浮剂1 200倍液，或50%烯啶虫胺可湿性粉剂4 000倍液，或25%噻嗪酮悬浮剂（保护天敌）2 000倍液，或2.5%联苯菊酯乳油2 000倍液，或20%呋虫胺悬浮剂5 000倍液等喷雾防治。要交替轮换用药防治。

八、采收与加工

春播于当年秋季收获种子；秋播于第二年5月下旬至6月上旬收获种子。一株上的种子多数为黄褐色，少数为黑色时，立即割取地上部分。注意不宜收割太晚，否则种子容易脱落，难以收集。收割采用分批进行，割取的种株放置在通风干燥处后熟7天左右，等种子全部变黑时脱粒，扬去杂质，晾干后成为商品。

《中国药典》2015年版规定：王不留行药材水分不得超过12.0%，总灰分不得少于4.0%，热浸法测定醇溶性浸出物不得少于6.0%。按干燥品计算，含王不留行黄酮苷（$C_{32}H_{38}O_{19}$）不少于0.40%。

参考文献

[1] 国家药典委员会．中华人民共和国药典［M］．北京：人民卫生出版社，2010.
[2] 李帆，梁敬钰．王不留行的研究进展［J］．海峡药学，2007，19（3）：1-2.

第四节 孜　然

一、概　述

孜然，中药名。伞形科植物孜然芹的干燥果实。为一年生或二年生孜然芹草本植物。孜然的名字是由地中海以东的古波斯人对它的称呼音译而来。《中国医学百科全书》中记载，孜然具有温热开胃，通气止痛，燥湿止泻，通经通尿，升气除疝等功效[1]；临床用于湿寒性或黏液性疾病，如湿寒性胃虚，胃胀腹痛，肠虚腹泻，闭经闭尿，小儿疝气等。在《中华人民共和国卫生部药品标准》收载的“行气那尼花颗粒”中，孜然就是该成方制剂的主药[2]，临床上用于治疗肠道炎，肝炎，胆囊炎，妇女不孕等疾病。现代药理研究也表明，孜然具有抗菌、抗过敏、抗氧化、抗血小板聚集、降血糖和抗癌等作用，其活性成分主要是多酚类和黄酮类成分[3]，其中总黄酮含量为4.15%~5.75%。孜然除药用保健的功能外，其特有的挥发油类[4]成分也是香料中的主要成分，被认为是继胡椒外世界第二重要的香料作物，现已成为常见的调味品之一。孜然对食品具有防腐作用，可用于食品防腐。孜然原产于埃及和埃塞俄比亚，中国新疆、甘肃等地有栽培，俄罗斯、地中海地区、伊朗、印度及北美也有栽培。

二、别　名

孜然芹又名枯茗、安息茴香等。

三、分类地位

孜然芹为被子植物门、双子叶植物纲、伞形目、伞形科、孜然芹属植物。

四、特征特性

1. 植物学特征

一年生或二年生草本，高20~40厘米，全株（除果实外）光滑无毛。叶柄长1~2厘米或近无柄，有狭披针形的鞘；叶片三出式2回羽状全裂，末回裂片狭线形，长1.5~5厘米，宽0.3~0.5毫米。复伞形花序多数，多呈二歧式分枝，伞形花序直径2~3厘米；总苞片3~6，线形或线状披针形，边缘膜质，白色，顶端有长芒状的刺，有时3深裂，不等长，长1~5厘米，反折；伞辐3~5，不等长；小伞形花序通常有7花，小总苞片3~5，与总苞片相似，顶端针芒状，反折，较小，长3.5~5毫米，宽0.5毫米；花瓣粉红或白色，长圆形，顶端微缺，有内折的小舌片；萼齿呈钻形，长超过花柱；花柱基圆锥状，花柱短，叉开，柱头头状，分生果长圆形，两端狭窄，长6毫米，宽1.5毫米，密被白色刚毛。花期4月，果期5月。

2. 生物学特性

孜然适应性较强，喜阴凉，不耐热，耐旱怕涝，耐寒性强，对土壤要求不严，喜肥沃，土层深厚，地势平坦，通透性、排水性良好的砂壤土。前茬以小麦、玉米、豆茬、绿肥地或蔬菜地为宜。

五、繁　殖

用种子繁殖。选饱满籽粒作种。在春季3月中下旬播种。撒播或沟播均可，播深 1~2 厘米，播后耧平地表，然后在种子表面均匀覆盖 1~2 厘米厚细沙，灌水压沙，墒情好可以不灌水。10 天左右即可出苗。

六、栽培技术

1. 选地整地

选择肥力较高，土层深厚，地势平坦，排灌方便的地块。施足基肥，精耕细作，结合整地，亩施优质农家肥 2 500~3 500 千克，磷酸二铵 20 千克或过磷酸钙 50~75 千克，硫酸钾 10 千克，施入土壤后，耙耱、整平，达到地面平整，无土块，墒情均匀的待播状态。

2. 播　种

孜然选用的优质品种，一般是从新疆调入的成熟度好、籽粒大、色泽正，抗病性好的品种。播种前用赤霉素 300 倍液浸种 4 小时，然后冲洗干净、晾干播种。孜然播种在 3 月中下旬，依气候状况宜早不宜迟，亩播种量 1.5~2.0 千克，播种时，在种子中渗入适量细沙，人工均匀交叉撒两遍，将种子撒在垄表面，也可用播种机浅播，行距 15 厘米，播深 1~2 厘米，播种后拂平地表，然后在种子表面均匀覆盖 1~2 厘米厚细沙，灌水压沙，墒情好可以不灌水。

3. 肥水管理

孜然喜旱怕湿，浇水时，采用少量多次的方法，保持地表不干旱，正常生长为宜。一般孜然 4~5 片真叶时浇头水，在开花期灌第二次水，在结实期灌第三次水，全生育期灌水 2~3 次，注意水量不宜多，田间有积水时应及时排除。结合孜然灌头水，追施尿素 10 千克/亩。后期叶面喷施磷酸二氢钾 2~3 次，有利于籽粒饱满。

七、病虫害防治

孜然虫害较少，主要的病害是根腐病。孜然根腐病是由茄腐镰刀菌入侵孜然根引起，属于土传性病害，种子一般不带菌，以病残体和土壤带菌的方式传播。病菌一般从根尖或根部伤口入侵，逐渐转移到根中部或茎部。植株一般从苗期开始发病，并由中心病株向四周蔓延。植株受害后，往往表现为生长势下降，下部叶黄化，根尖端和中部发黑，地上部分萎蔫，花序或果序萎蔫、下垂，直至干枯死亡。植株死亡后，叶仍不脱落。5 月下旬至 6 月上旬根腐病发生严重，发现根腐病除采用拌种措施外，应加强中耕松土，少灌水或浅灌水，并用可选用50%多菌灵可湿性粉剂，或50%甲基硫菌灵可湿性粉剂500倍液，或30%噁霉灵水剂1 000倍液，或50%氯溴异氰尿酸可溶性粉剂1 000倍液喷洒防治。若发现中心病株应及时拔除，并用甲基硫菌灵800倍液，或绿享1号等叶面喷洒防治。

八、收　获

6月下旬，孜然60%~70%枝叶发黄，籽粒呈青黄色时为收获期，收获时最好分批进行，随熟随收，收获后放在场上晾晒4~5天进行后熟，待孜然果柄干枯即可打碾脱粒，收藏保存。

参考文献

[1] 中国医学百科全书编辑委员会．中国医学百科全书：维吾尔医学［M］．上海：上海科学技术出版社，2005：232.

[2] 国家药典委员会．中华人民共和国卫生部药品标准：维吾尔药分册［M］．乌鲁木齐：新疆科技卫生出版社，1998：127.

[3] 马梦梅，木泰华，孙红男，等．孜然特征性成分、功能性营养成分分析及生物活性的研究进展［J］．食品工业科技，2013，34（19）：378-383.

[4] 胡林峰，李广泽，李艳艳，等．孜然化学成分及其生物活性研究进展［J］．西北植物学报，2005，25（8）：1700-1705.

第五节　水飞蓟

一、概　述

水飞蓟，中药名。为菊科植物水飞蓟的瘦果。我国传统医学认为其性苦、味凉，归肝、胆经，有清热解毒、疏肝利胆的功效[1]。经现代化技术提取分析，发现该物质主要成分是含量60%~70%的水飞蓟宾，在临床上发挥主要作用的也是水飞蓟宾，目前水飞蓟相关药物均是以水飞蓟宾含量作为药物规格标准[2]。水飞蓟宾作为药物成分，由于其具备抗过氧化活性，可阻断酯类化合物过氧化，刺激蛋白质合成并能使磷脂代谢正常化，主要用于保肝类药物。研究发现，水飞蓟宾还具备降血脂、抗氧化、抗血小板聚集、免疫调节等效果，结合相关功效，水飞蓟宾亦可用于心脑血管疾病、肾病及糖尿病、皮肤衰老、类风湿性关节炎等疾病[3]。种子含水飞蓟宾、异水飞蓟宾、脱氢水飞蓟宾、水飞蓟宁、水飞蓟亭、水飞蓟宾聚合物及肉桂酸、肉豆蔻酸、棕榈烯酸、花生酸等。此外，水飞蓟具有一定的绿化观赏价值，经常种植于公园、庭院、小区等处。水飞蓟原产于北非和地中海地区，现分布在中国广西、福建、江西、广东、湖北、云南、北京、四川、甘肃、陕西、浙江、新疆、江苏、黑龙江等地，各地公园、植物园或庭院都有栽培。

二、别　名

水飞蓟别名水飞雉、奶蓟、老鼠簕等。

三、分类地位

水飞蓟为被子植物门、双子叶植物纲、菊目、菊科、水飞蓟属植物。

四、特征特性

1. 植物学特征

一年生或二年生草本，高 30～120 厘米。茎直立，多分枝，有棱长。基生叶大，莲座状，具柄，叶片长椭圆状披针形，长 15～40 厘米，宽 6～14 厘米，羽状深裂，缘齿有硬刺尖，叶上面具光泽，有很多乳白色斑纹，下面短毛，脉上被长糙毛，中脉于叶背凸出；茎生叶较小，基部抱茎。头状花序，直径 4～6 厘米，顶生或腋生，弯垂；总苞宽，近球形；总苞片多层，质硬，具长刺；花托肉质，具硬状毛；花为管状花，两性；淡紫色或紫红色，少有白色。瘦果，椭圆形，长约 7 毫米，宽约 3 毫米，棕色或深棕色，表面有纵纹，腺体突起；冠毛白色，刚毛状。花果期 5—10 月。

2. 生物学特性

水飞蓟喜温暖和阳光充足的环境，性耐寒、耐旱、亦耐高温，可在夏秋 39℃的地方正常生长。种子萌发力较强，能落地自生，种子发芽适温为 18～25℃，发芽率高达 95%以上。水飞蓟开花需要幼苗有一段 10℃的低温过程，若播种过晚，则满足不了水飞蓟春化阶段要求的低温，影响开花和结实。苗期适温为 15～18℃；莲座期为 17～20℃；抽薹期为 18～22℃；开花授粉期为 20～25℃；种子成熟期为 20～25℃。

幼苗耐寒力也较强，遇0℃左右的低温不致死亡。水飞蓟自5月初至7月初陆续开花，一个头状花序从开花至果实成熟需25~30天，当苞片枯黄向内卷曲成筒、顶部冠毛微张开时，标志种子已经成熟，应及时采收。对土壤要求不严，以土质疏松、肥沃、排水良好的砂质壤土为好，怕涝，土质黏重、低洼积水、盐碱重的地方不宜种植。

五、繁　殖

繁殖方法主要有种子繁殖和分株繁殖。

六、栽培技术

1. 选　地

水飞蓟对土壤要求不严，在荒原、荒滩、盐碱地、山地均能正常生长，开荒地、废弃地、土壤肥力较差也能正常生长发育；如果采取机械收获，应选择面积较大、地表平整的地块，以利机械作业。

2. 整　地

整地时采用深松耙茬为主，深松深度30厘米，耙深为15厘米以上，要求达到耕地平整、细碎，结合整地，亩施农家肥2 500千克、磷酸二铵25千克，硫酸钾25~30千克。虫害多的地块，可用辛硫磷或其他杀虫剂拌种，防治地下害虫。采用全地膜覆盖，不留裸露地面，以利采收种子。

3. 选种及种子处理

选择粒大饱满、色黑、无病虫害、发芽率高的种子。用0.3%的多菌灵或退菌特拌种，防治病害。

4. 播　种

土壤化冻5~7厘米时进行播种，一般在4月上旬至4月中旬播种为宜。播种采用穴播，穴距20~25厘米，行距50厘米，播深3~4厘米即可。

5. 田间管理

当幼苗长出2片真叶时间苗，每穴留苗2株；长出3片真叶时定苗，每穴留苗

1株，亩保苗4 500株左右。在定苗和花蕾生长期，每亩追施尿素7~10千克，并灌水。当苗长到70~80厘米时，主蕾已经形成，应采顶，增加枝蕾，使果实成熟期集中，以利采收。水飞蓟开花时是植物体内新陈代谢过程最为旺盛，对水分要求最高的时期，此阶段如遇干旱，种子饱满性差，秕粒种子增多，要保证水分的供给。后期用磷酸二氢钾喷雾，15天喷1次，连续3次，以增加果重。天旱要注意浇水，雨季要注意排水。注意田间操作不要弄伤地膜，田间灌水量不宜过多。

七、病虫害防治

1. 病害防治

（1）软腐病。软腐病主要是欧氏杆菌引起的，主要发生在茎部、叶片、叶柄、花蕾和果实。开始为污白色水渍状，其后中部软腐，最后为空心。防治方法：用1%的福尔马林浸种；发病初期用1：1：200的波尔多液喷雾防治。

（2）根腐病。根部变褐、腐烂。严重时，病菌导致水飞蓟全根腐烂、植株死亡。防治方法：发病初期用50%的多菌灵可湿性粉剂1 000倍液浇灌病株。

（3）白粉病。6—7月阴雨天气易发生，为害叶片。发病期可用70%代森锰锌可湿性粉剂800~1 000倍液喷药防治。

（4）叶斑病。是由半知菌引起的，发生在叶片上，叶片多生褐色或黑色的病斑，受害严重时病斑连成一片枯萎。可采用多菌灵或退菌特拌种预防，病害发生地块可用代森锌可湿性粉剂600倍液喷洒。

2. 虫害防治

常见虫害为菜青虫。以幼虫咬食叶片，造成叶片空洞或缺刻。防治方法：幼龄期用90%敌百虫晶体800倍液喷杀。此外，虫害还有蚜虫、金龟子等，可用25%溴氰菊酯喷雾灭杀。

八、采收与加工

水飞蓟成熟期一般在8月中下旬，但成熟期不一致，要随熟、随采。当总苞片变为枯黄色并向外卷曲、苞片先端外裂、露出冠毛，种子呈黄褐色时收获果球，应分期分批将果球剪下，进行曝晒，等总苞完全张开时脱粒，打出种子，除去杂质，晒干即成商品。生产上一般放任种子成熟、脱落，并敲打植株，使成熟的种子落到膜上，再割除地上部分，清扫膜上脱落的种子和落叶，然后进行种子清选，分离出种子。将种子晒干、贮藏。

参考文献

[1] 国家药典委员会．中华人民共和国药典：一部［M］．北京：中国医药科技出版社，2020.

[2] 夏志高，彭晓青，朱幸仪，等．高效液相色谱梯度洗脱法测定水飞蓟素自微乳化制剂中水飞蓟宾的含量［J］．今日药学，2015，25（6）：432-434.

[3] 王伊宁，张甜甜，李玮萱，等．水飞蓟素的药理学研究进展［J］．药学研究，2021，40（6）：397-399，405.

第六节　茴　香

一、概　述

茴香，中药材名。为伞形科植物茴香的果实。果实入药，有健胃祛风、散寒止痛、清热化痰等功效，用于胃寒呕吐、脘腹胀痛、毒虫咬伤、镇咳祛痰等症候[1-3]。茴香还具有降血糖、护保肝脏、抗菌、防癌等作用[4]。茴香嫩叶可作蔬菜食用或作调味用，脆嫩鲜美。茴香的花粉味道较为浓重，也可用于食物调味。我国各地普遍栽培，主产山西、甘肃、辽宁、内蒙古，吉林、黑龙江、河北、陕西、四川、贵州、广西等地亦产。

二、别　名

茴香又名小茴香、土茴香、野茴香、大茴香、谷茴香、谷香、香子、小香等。

三、分类地位

茴香属植物界、被子植物门、双子叶植物纲、伞形目、伞形科、茴香属植物。

四、特征特性

1. 植物学特征

多年生草本，有强烈香气。茎直立，圆柱形，高 0.5~1.5 米，上部分枝，灰绿色，表面有细纵纹。茎生叶互生，叶柄长3.5~4.5厘米，由下而上渐短，近基部呈鞘状，宽大抱茎，边缘有膜质波状狭翅；叶片3~4回羽状分裂，最终裂片线形至丝形。复伞形花序顶生，直径3~12厘米，伞梗5~20枝或更多，长2~5厘米，每一小伞形花序有花5~30朵，小伞梗纤细，长4~10毫米；不具总苞和小总苞；花小，无花萼；花瓣5片，金黄色，广卵形，长约1.5毫米，宽约1毫米，中部以上向内卷曲，先端微凹；雄蕊5枚，花药卵形，2室，花丝丝状，伸出花瓣外；雌蕊1枚，子房下位，2室，花柱2枚，极短，浅裂。双悬果，卵状长圆形，长5~8毫米，宽约2毫米，外表黄绿色，顶端残留黄褐色柱基，分果椭圆形，有5条隆起的纵棱，每个棱槽内有一个油管，合生面有2个油管。花期6—9月，果期10月。

2. 生物学特性

茴香属直根系、喜钾植物，根系发达，入土深，叶细丝状，抗干旱，耐盐碱，喜高温强光，怕阴雨，适应性强，对土壤要求不严。应选择土层深厚，排水好的砂壤土或轻砂壤土种植，前作以大麦、小麦、瓜类、豆类等为宜，忌重茬连作。茴香种子小，发芽后的幼苗出土能力弱，应精细整地。

五、繁　殖

茴香的繁殖方式主要是种子繁殖。河西地区3月下旬至4月中旬为宜，每亩用3千克精选处理的种子，行距30~40厘米，株距12~15厘米穴播，每穴播10粒左右种子，也可机械条播，播深2厘米左右，播后要耧平地表。

六、栽培技术

1. 选地整地

茴香根系强大，抗旱怕涝，应选择土层深厚，盐脱性良好，通透性强，排水好的砂壤或轻砂壤土种植，忌重茬连作，前茬作物收获后及时耕翻平整，灌足底墒水。茴香种子小，发芽后的幼苗出土能力弱，应精细整地。3月中旬结合整地，每亩施优质农家肥3 000千克左右、磷酸二铵25千克、硫酸钾25千克，并用48%氟乐灵乳油或仲丁灵乳油兑水，在无风天均匀喷施于地表，及时耙地，使土药均匀混合，耙地深度6~8厘米，耙地后及时耧平地表，保墒待播。

2. 适期早播

选择籽粒饱满，色泽鲜艳，无病虫种子。播前用清水冲洗种子1次，以洗去黏液，再用30℃左右的清水浸种24小时，将浸泡过的种子放在20~22℃环境中催芽5~7天，待种子露白时播种。一般种植1周左右就能够出苗。

3. 田间管理

茴香幼苗出苗整齐后要及时进行中耕除草，消灭杂草，促进幼苗早发，一般幼苗期要中耕除草2~3次，每次中耕的深度要逐渐加深。当幼苗长出3~4片真叶时要及时定苗，定苗时控制株距5厘米左右，每亩控制在5万~8万株。苗高20厘米左右时，浇1次水，水量适中，结合浇水亩追施尿素10~15千克。茴香是喜旱怕湿的植物，所以要注意田间水分管理，尤其在下雨后，田间湿度较大，极易导致大批量死亡，所以浇水一般选择在傍晚或阴天，雨前不浇水，雨后要及时排水。第二次在开花前，每亩追施尿素5~10千克；以后进行叶面喷施磷钾肥，并追施硼肥和钙肥，可增加产量。

七、病虫害防治

1. 病害防治

（1）白粉病。为害植株地上部分，较成熟的部位先发病，初期在叶片表面出现白粉状斑点，以后逐渐扩大，互相融合，在茎、叶表面形成一层厚厚的白粉，严重时叶片褪色，坏死枯萎。防治方法：在发病初期，及时用15%三唑酮可湿性粉剂1 500~2 000倍液，或25%丙环唑乳油3 000倍液，或70%甲基硫菌灵可湿性粉剂1 000倍液加75%百菌清（或70%代森锌）可湿性粉剂1 000倍液，每隔10~15天喷1次，连喷2~3次。采用保护地栽培的茴香，亦可用5%百菌清粉剂在发病初期喷施，每亩1千克。

（2）根腐病。主要为害根部，造成死苗或烂根，严重时植株成片坏死，对产量影响很大。发病初期根尖或幼根呈褐色水渍状，后变成黑褐色坏死病斑，逐渐发展使主根呈锈黄至锈褐色，腐烂，最后仅剩纤维状维管束。病株极易从土中拔起，潮湿时根茎表面会产生白色霉层，病株叶片由外向里逐渐变黄坏死，最后全株枯死。防治方法：土壤处理，播种前或移栽前，每亩用50%多菌灵（或50%甲基立枯磷、70%噁霉灵等）可湿性粉剂2~3千克，拌细土50~60千克，沟施或穴施；药液灌根，用50%多菌灵可湿性粉剂500倍液、65%多果定可湿性粉剂1 000倍液、25%丙环唑乳油1 000倍液或45%噻菌灵悬浮剂1 000倍液，在定植时浇灌定植穴，或在发病初期灌根，每株（穴）灌药液0.25~0.5千克。

（3）菌核病。被害株外观呈凋萎状，病部呈褐色湿润状或变软腐烂，表面缠绕蛛丝状霉，即菌丝体，后病部表面及茎腔内产生黑褐色鼠粪状菌核。发病初期喷洒50%腐霉利可湿性粉剂1 500~2 000倍液，或40%菌核净可湿性粉剂1 000倍液，或50%速克灵可湿性粉剂1 500~2 000倍液，或50%异菌脲可湿性粉剂1 000倍液。每隔7天喷1次，连喷3~4次。

（4）灰霉病。主要为害叶片和叶柄，有时亦可为害球茎。多从衰老、坏死或渍水的叶片或叶柄开始发病，引起枝叶坏死腐烂，在病部表面产生灰色霉层。球茎染病初呈水渍状灰绿色至灰褐色坏死，以后软化腐烂，在病部表面产生灰色霉层。防治方法：在种植或定苗前，用50%多霉灵可湿性粉剂600倍液或45%噻菌灵悬浮剂1 000倍液，对棚室土壤、墙壁、棚膜等喷雾，进行表面灭菌。发病初期，用50%多霉灵可湿性粉剂700倍液或45%噻菌灵悬浮剂800倍液喷雾。茴香在苗期少灌水，以利壮苗；花果期多灌水，以利多收果实；后期少灌水。

（5）病毒病。为害全株。病株叶片畸形皱缩，或扭曲纠结呈球状，或呈花叶斑驳状。早发病的植株矮缩，生长明显受抑制，不抽薹或结果少而小，迟感染的植株开花结实受影响。防治方法：灭蚜防病，茴香病毒病通过蚜虫传播，发现蚜虫为害，及时用50%抗蚜威可湿性粉剂3 000倍液，或10%吡虫啉可湿性粉剂3 000倍液，或2.5%联苯菊酯乳油3 000倍液喷杀。叶面喷洒萘乙酸20毫克/千克、增产灵50~100毫克/千克及1%过磷酸钙溶液，可促进植株生长，增强耐病性。在发病初期，喷洒1.5%植病灵乳剂800~1 000倍液，效果较好。

2. 虫害防治

虫害主要有黄凤蝶、胡萝卜管蚜、茴香蚜和黄翅茴香螟。

（1）黄凤蝶。是小茴香的重要害虫，以幼虫为害茎叶，全国大部分产区都有发生。北方1年可发生1~2代，南方可发生4~5代，世代重叠，为害严重。防治方法：在幼虫发生期，可喷洒90%敌百虫晶体800倍液，每5~7天喷1次，连续喷2~3次。入冬前清理田园，清除残株落叶，杜绝害虫越冬。

（2）黄翅茴香螟。为害小茴香的花和果实。幼虫在花蕾上结网为害。东北地区1年发生1代，以老熟幼虫在小茴香根际附近约4厘米深土层中做茧越冬。成虫在7月中下旬大量出现，8月上中旬是幼虫为害盛期。防治方法：在虫害发生期，用90%敌百虫晶体800倍液喷雾防治，每7~10天喷1次。

（3）胡萝卜管蚜和茴香蚜。为害小茴香茎叶。在蚜虫发生期，可用80%敌敌畏乳油500~1 000倍液，或50%辛硫磷乳油1 500~2 500倍液喷雾防治，也可用50%

马拉硫磷乳油 1 500倍液防治。

八、采收与加工

1. 果实的采收与加工

播种当年的 8—10 月，果实陆续成熟。当果皮由绿色变为黄绿色、有黑色纵沟线时，便可收获。若等果皮变黄时再采收，果实易脱落而造成损失。小茴香花果期长，果实陆续成熟，最好分批采收。果实收获后，在日光下晒 7~8 天即可脱粒，继续晒至全干，扬净杂质，即得小茴香果实。每亩可产干燥果实 70~120 千克。

2. 茎叶的采收与加工

在土壤肥沃和温暖的地区，每年能收割茎叶 4 次左右；在土壤瘠薄的寒冷地区，每年能收割茎叶 2~3 次。一般在茎叶生长繁茂的初花期收割，留茬不宜过高，过高萌发新蘖不好，影响下茬产量，留茬 3 厘米为宜。

参考文献

［1］ 国家药典委员会．中华人民共和国药典［M］．北京：中国医药科技出版社，2010：44-45.

［2］ 叶橘泉．动植物民间药［M］．上海：千顷堂书局，1955：110.

［3］ 吴文清，李正军．食疗本草［M］．北京：中国医药科技出版社，2003：324.

［4］ 王彩冰，黄彦峰，黄丽娟，等．茴香提取液对地塞米松诱导大鼠胰岛素抵抗的影响［J］．世界华人消化杂志，2012，20（3）：224-228.

第七章

中草药栽培技术研究成果与专题综述

不同栽培条件对中麻黄产籽量的影响研究

陈　叶　王　进

（河西学院农科系，甘肃张掖　734000）

中麻黄是传统的中药材，是大宗出口的中草药之一。因人工栽培麻黄主要依赖于种子繁殖，关于中麻黄的开花结实习性与栽培条件的关系研究鲜见报道。为此，笔者对生长年限、灌水次数、施肥与中麻黄产籽量的关系进行了试验研究，旨在为大面积开展麻黄草的人工栽培提供种子生产的依据。

1　中麻黄的生物学特性

中麻黄为多年生草本状小灌木，高 10 ~ 70 cm，茎秆呈钝三角状圆柱形，分枝较多，鳞叶较长，草质茎有纵细的沟及节，对生鳞片状退化的叶 2 ~ 3 片，雌雄异株，开花期为 5—6 月，球果（雌球花）成熟期为 6 月中旬至 7 月初，球果成熟时，苞片肉质呈红色，每个球果内含 1 ~ 3 粒种子，多为 3 粒，每个茎节生长球果 1 ~ 4 个。

2　栽培技术与产籽量的关系

2.1　生长年限与产籽量的关系

试验设 6 个生长年段，密度为 12.75 万株/hm^2，4 月下旬进行种子直播，播前施优质农家肥 7.50 万 kg/hm^2，年施纯肥量为 750 kg/hm^2，N : P : K 为 1 : 0.8 : 0.4，年灌水 3 次，经调查试验地内雄株与雌株的比例为 1 : 2.8。试验结果表明（表 1）：中麻黄于第三年开花结籽，以后逐年增加，第五年开花株数和株产籽量最高。此后，虽继续结实，但由于植株老化，产籽量逐年减少。

表 1　生长年限与产籽量的关系

生长年限（年）	结籽株数（%）	株球果数（个）	株秕籽数（个）	千粒重（g）	产籽量（kg/hm^2）
3	23	17.2	3.0	5.91	6.03
4	86	115.8	5.8	5.94	130.05
5	100	202.2	6.6	6.00	328.50
6	100	176.6	7.6	6.00	281.25
7	100	155.1	8.2	5.98	245.25
8	100	141.3	8.6	5.98	223.80

注：产籽量按每个球果中 3 粒计算，以下同。

2.2　灌水次数与产籽量的关系

中麻黄虽属耐干旱植物，但水分的多少与结籽关系较大，试验设不灌水、年灌水 3 次、年灌水 5 次 3 个水平。年施纯肥量为 750 kg/hm^2，N：P：K 为 1：0.8：0.4，统计数据以第五年为准。从产籽量结果（表 2）看：以每年灌水 3 次为最佳，既有利于产碱量和产草量的提高，又有利于产籽量的提高。不灌水小区虽然株球果数多，但每株的秕籽数也多，千粒重却很低，年灌水 5 次的小区营养生长过旺，产籽量反而低。

表 2　灌水与产籽量的关系

灌水次数（次/年）	株球果数（个）	株秕籽数（个）	千粒重（g）	产籽量（kg/hm^2）
不灌水	231.2	78.4	4.3	263.25
3	206.2	6.6	6.0	328.50
5	181.9	19.6	5.9	283.50

2.3　施肥与产籽量的关系

中麻黄耐瘠薄，但在肥力条件好的地块，产籽量、产草量和产碱量都相应提高。试验在施 7.50 万 kg/hm^2 优质农家肥的基础上，年施纯肥量为 750 kg/hm^2 的条件下设 N：P：K 5 个处理。即 a，1：0.4：0.8；b，1：0.6：0.4；c，1：0.8：

0.4；d，1∶1∶0.4；e，1∶1.2∶0.4。统计数据以第五年为准。试验结果表明（表3），N∶P∶K以1∶0.8∶0.4为宜。中麻黄对磷需求较多，既有利于结籽，又有利于含碱量的提高。氮肥过多易造成枝条徒长，营养生长过旺，产籽量反而减少。

表3　施肥与产籽量的关系

施肥量	株球果数	株秕籽数	千粒重（g）	产籽量（kg/hm^2）
a	132.8	9.2	5.95	209.70
b	166.3	9.5	5.96	263.25
c	206.2	6.6	6.00	328.50
d	178.5	5.6	6.00	236.25
e	150.8	4.8	6.00	224.10

3　小　结

以上试验表明，中麻黄的产籽量与生长年限、灌水次数和施肥量关系密切，一般种植第五年，年灌水次数4次，N∶P∶K为1∶0.8∶0.4，产籽量较高。

（本论文发表于《种子世界》2002年第3期）

再生中麻黄优质、高产的栽培管理技术

刘　俊　周有寿　陈　叶
（甘肃省张掖地区农业学校，甘肃张掖　734000）

摘要：［目的］探索再生中麻黄优质、高产的栽培管理技术。［方法］以采收年限、施肥和灌水3项措施为主，采用正交试验，对试验结果进行数理统计分析，得出优质、高产的栽培管理技术。［结果］采收年限和灌水是影响产草量的重要因素；灌水和施肥是影响麻黄碱含量的重要因素。［结论］以2年轮采、每年4次灌水和有机无机配合施肥效果最佳。

关键词：中麻黄；栽培；正交试验

《中国药典》（1985年版）收载的麻黄为草麻黄 *Ephedra sinica* Stapf、木贼麻黄 *Ephedra equisetina* Bunge 和中麻黄 *Ephedra intermedia* Schrenk. 的干燥草质茎。近年来，由于乱采乱挖，麻黄草自然资源日渐枯竭。为了满足药材和麻黄素加工原料的需求，已开始了人工栽培方面的研究，种子繁殖和育苗移栽的技术已有报道[1-3]。种子繁殖的麻黄草采收后可永续利用，且刈割后的再生麻黄草长势较快。为此，本试验以人工栽培3年后刈割的中麻黄为材料，研究了施肥、灌水和采收年限对产草量和麻黄碱含量的影响，为人工栽培麻黄草获得优质高产提供科学依据。

1　材料和方法

1.1　试验地的气候条件

试验区设在甘肃省张掖地区农业学校内[1]，年平均气温7.0 ℃，极端最低温度-28.7℃，年平均日照时间3 089.9 h，无霜期≥0 ℃ 240 d左右，海拔1 480 m，年降水量120 mm，年蒸发量1 972.5 mm，试验地为灌溉潮土，有机质含量1.5%，全氮0.2%，全磷0.7%，全钾2.1%。

1.2　试验材料

用种子繁殖3年生苗刈割后的中麻黄草质茎，10月中旬采样，设9个小区，3次重复，每区18 m^2。

1.3 麻黄碱含量测定

采用《中国药典》(1990 年版)的测定方法。所用试剂均为分析纯。

1.4 试验设计

采用正交试验[4]，试验设 3 因素和 3 水平共 9 个处理，见表 1。试验安排和结果见表 2 和表 3。试验数据采用方差分析进行显著性测验。

表 1 L_9 正交表中因素和水平的设置

水平	因素		
	A 采收期 (年)	B 施肥 (kg/亩) (有机肥：硝酸铵：磷酸二铵)	C 年浇水次数
1	1	0：21：8	2
2	2	300：0：0	4
3	3	300：21：8	6

2 结果与分析

2.1 影响再生中麻黄产草量的因素

表 2 表明，影响再生中麻黄产草量的因素依次为采收年限 A、年灌水次数 C 和施肥 B；再生中麻黄获得高产草量的适宜管理措施是 $A_2B_3C_3$。方差分析结果表明，A 和 C 的因素均达到 $F_{0.5}$ 的显著水平，说明采收年限和灌水是影响产草量的重要因素，在生产中应加强管理。

2.2 影响再生中麻黄含碱量的因素

由表 3 可见，影响再生中麻黄含碱量的 3 个因素依次为灌水 C、施肥 B 和采收年限 A，再生中麻黄获得最高含碱量的适宜管理措施是 $A_2B_3C_1$。方差分析结果表明，B 和 C 两因素均达到 $F_{0.5}$ 显著水平，说明施肥和灌水是影响含碱量的主要因素，在生产中应加强管理。

C 因素中同一水平的措施对中麻黄产草量和含碱量的影响截然相反，3 水平下中麻黄单株的净麻黄碱产出量分别为 0.97 g，1.19 g，1.01 g，以 C_2 为最佳。

表 2　L_9 正交表安排和产草量试验结果

试验编号	A	B	C	产草量 [g/株（干重）]
1	1	1	1	26.3
2	1	2	2	56.8
3	1	3	3	126.4
4	2	1	3	160.1
5	2	2	1	83.2
6	2	3	2	185.5
7	3	1	2	174.0
8	3	2	3	205.0
9	3	3	1	161.0
$\overline{K}_1$	69.8	120.2	90.2	
$\overline{K}_2$	142.9	115.0	138.8	
$\overline{K}_3$	180.0	157.6	163.8	
R	110.2	37.4	73.6	

注：$n=3$。

表 3　L_9 正交表安排和含碱量试验结果

试验编号	A	B	C	含碱量（%）
1	1	1	1	0.94
2	1	2	2	0.69
3	1	3	3	0.76
4	2	1	3	0.69
5	2	2	2	1.04
6	2	3	1	1.17
7	3	1	2	0.74
8	3	2	3	0.57
9	3	3	1	1.25
$\overline{K}_1$	0.79	0.78	1.12	
$\overline{K}_2$	0.95	0.76	0.82	
$\overline{K}_3$	0.85	1.06	0.66	
R	0.16	0.30	0.45	

注：$n=3$。

3 结 论

再生中麻黄优质高产的最佳管理措施为 $A_2B_3C_2$；所以在实际生产中应采取 2 年轮采、每年 4 次灌水和有机无机配合施肥的栽培管理措施。这样不但可以节约用水，又可在保证含碱量符合药用标准的情况下获得较高的产草量和麻黄碱产出量，从而获得最大的经济效益。

参考文献

［1］ 高义．麻黄人工栽培［J］．甘肃农业科技，1992（1）：38.
［2］ 王成信，王耀琳．沙区麻黄人工栽培技术的试验研究［J］．甘肃农业科技，1991（1）：31.
［3］ 刘珊，贾云峰，刘占军，等．麻黄移栽技术研究［J］．中药材，1996，19（3）：109.
［4］ 中国科学院数学研究所数理统计组．正交试验［M］．北京：人民教育出版社，1976：78.

（本论文发表于《中国中药杂志》1999 年第 1 期）

锁阳的一个新寄主植物

陈　叶[1]　罗光宏[2]　王　进[1]　郑天翔[1]
（1. 河西学院农学与生物技术学院，甘肃张掖　734000；
2. 河西学院凯源中心，甘肃省微藻工程技术研究中心，甘肃张掖　734000）

摘要：［目的］通过锁阳（*Cynomorium songaricum* Rupr.）及其寄主植物种类的分布调查，为锁阳人工栽培和保护沙区生态环境提供科学依据。［方法］在甘肃河西沙区锁阳生长地，进行现场采集标本、查阅相关文献资料和标本鉴定。［结果］发现锁阳的一个新寄主植物——霸王 *Zygophyllum xanthoxylum*（Bunge）Maxim.。［结论］霸王是锁阳的新寄主植物，为锁阳正常生长提供了必需营养。

关键词：锁阳；霸王；生态环境；人工栽培；寄主植物

锁阳（*Cynomorium songaricum* Rupr.）俗称“不老药”，又名铁棒槌、锈铁棒、地毛球、乌兰高腰（蒙语），是锁阳科锁阳属的单科单属单种植物，分布于我国新疆、甘肃、青海、内蒙古、宁夏等地。古代中医用锁阳的干燥茎治疗阳痿精虚、阴衰血竭、老年气弱阴虚、大便燥结等症。近年研究表明，锁阳在防癌、抗癌、免疫调节、延缓衰老、防治心血管疾病、治疗白细胞减少等方面具有重要医疗价值。俞发荣等[1]发现锁阳黄酮还具有增强运动耐力、抗氧化和抗疲劳等作用。在蒙药中用来止泻健胃，治疗肠热、胃炎、消化不良、痢疾等症。锁阳多寄生于蒺藜科（Zugophy Llaceae）白刺属（*Nityaria* L.）小果白刺（*Nitraria sibirica* Pall.）、泡泡刺（*Nitraria sphaerocarpa* Maxim.）和唐古特白刺（*Nitraria tangutorum* Bobr.）等植物根部[2]，为全寄生种子植物。3 种寄主植物为多年生灌木，分枝多，铺散于地面，枝先端硬化成刺状。叶厚，肉质，条形、匙形或倒卵形，全缘或顶端齿裂；托叶细小。花小，白色，顶生聚伞形花序呈蝎尾状，萼片 5，花瓣 5，子房上位。果为浆果状核果，含 1 粒种子[2]。3 种寄主均分布于戈壁、山前平原和沙砾质平坦沙地。

笔者在甘肃河西地区进行锁阳资源和分布调查时，采集到了锁阳的一个新寄主植物——霸王 *Zygophyllum xanthoxylon*（Bunge）Maxim.。在以往的文献资料中未见报道。霸王隶属蒺藜科霸王属（*Zygophyllum* L.），为落叶沙生小灌木，生长在荒漠和半荒漠地带的沙砾质河流阶地、低山山坡、碎石低丘和山前平原。产于内蒙古伊克昭盟（现鄂尔多斯市）西北部、巴彦淖尔盟（现巴彦淖尔市）、阿拉善盟，甘肃河西走廊，宁夏西部，新疆和青海等地。植株高 50~100 cm，枝开展，“之”字形弯曲，先端刺状，皮淡灰色，木质部黄色。叶在老上枝簇生，叶柄长 8~25 mm；小叶 1 对，长匙形，狭矩圆形、条形，先端钝，基部渐狭，长 8~24 mm，宽 2~5 mm。花生于老枝叶腋，萼片绿色，长 4~7 mm，花瓣黄色，长 8~11 mm，雄蕊长于花瓣。蒴果近球形，长 18~40 mm，翅宽 5~9 mm，常 3 室，每室有 1 种子，种子肾形，长 6~7 mm，宽约 2.5mm，花期 4—5 月，果期 7—8 月[3-5]。

标本在 2010 年 9 月 12 日采集于甘肃省张掖市甘浚镇的荒漠和半荒漠地带的沙砾质河流阶地，海拔 1 636 m，100°29′E，39°02′N。

通过野外现场标本采集和实验室内解剖观察锁阳，在霸王上的发育首先是种子在霸王根部附近萌发形成乳头状突起，继而形成吸器。吸器逐渐生长，与寄主根部粘连，然后侵入寄主植物根的皮层内，一部分细胞分化为维管组织，与寄主根的维管组织相连接，从寄主根中吸取养分，并在寄主根表面膨大发育为球形的锁阳芽体，继续长成锁阳植株，由此进行独特的无性繁殖，这与苏格尔和李天然等[6-8]报道的锁阳在白刺上的发育过程基本一致。

锁阳寄生于霸王植物根部，其营养成分与寄生在其他寄主植物上是否存在差异，有待进一步研究。

参考文献

［1］ 俞发荣，冯书涛，谢明仁，等．锁阳黄酮对大鼠运动耐力的影响及抗氧化作用［J］．现代药物与临床，2009，24（1）：52-54.

［2］ 全国中草药汇编编写组．全国中草药汇编［M］．北京：人民卫生出版社，1993.

［3］ 刘媖心．中国沙漠植物志［M］．北京：科学出版社，1987.

［4］ 马毓泉．内蒙古植物志［M］．呼和浩特：内蒙古人民出版社，1999.

［5］ 吴彩霞，周志宇，庄光辉．强干旱植物霸王和红砂地上部营养物质含量及其季节动态［J］．草业科学，2004，21（3）：30-34.

［6］ 苏格尔，包玉英．锁阳（*Cynomorium songaricum* Rupr.）的寄生生物学特性及其人工繁殖［J］．内蒙古大学学报：自然科学版，1999，30（2）：214-218.

［7］ 齐艳华，苏格尔．锁阳的研究进展［J］．中草药，2000，31（2）：146-148.

[8] 李天然，苏格尔，刘基焕，等．寄生药用有花植物锁阳在寄主体内的繁殖[J]．内蒙古大学学报：自然科学版，1994，25（6）：673-679.

（本论文发表于《中草药》2011 年第 5 期）

锁阳寄主植物种质资源分布和利用

陈　叶[1,3]　韩多红[1,3]　高　宏[2]　罗光宏[2,3]　王　进[1,3]

（1. 河西学院农业与生物技术学院，甘肃张掖　734000；
2. 甘肃凯源生物技术开发中心，甘肃张掖　734000；
3. 甘肃省高校河西走廊特色资源利用省级重点实验室，甘肃张掖　734000）

摘要：锁阳是广泛分布于河西走廊的道地性名贵中药材。通过对锁阳生境地考察标记，实地采样调查，发现锁阳的寄主植物有白刺属的泡泡刺、小果白刺和唐古特白刺；霸王属的霸王和骆驼蓬属的多裂骆驼蓬，共 3 个属，5 个种。并分析了资源开发存在的问题，提出了开发思路。

关键词：锁阳；寄主；分布

锁阳（*Cynomorium songaricum* Rupr.）俗称“不老药”，为锁阳科锁阳属的单科单属单种植物。常寄生于蒺藜科（Zygophyllaceae）白刺属（*Nitraria* L.）植物根部，为全寄生种子植物。具有补肾阳，益精血，润肠通便的作用，我国古代中医用锁阳的干燥茎治疗阳痿精虚，阴衰血竭，老年气弱阴虚，大便燥结等症。研究资料表明，锁阳在防癌、抗癌、免疫调节、延缓衰老、防治心血管疾病、治疗白细胞减少等方面也具有重要医疗价值。在蒙药里也用来止泻健胃，治疗肠热、胃炎、消化不良、痢疾等病症[1-4]。近些年关于锁阳的研究主要集中在生物学特性、化学成分及药理等方面，随着对锁阳的化学成分及生物活性认识的深入，以及人们保健意识的加强，对锁阳开发利用更多地着眼于锁阳的生物活性和药用成分的提取和研制开发保健产品[4-5]。甘肃河西走廊是锁阳和锁阳寄主植物的主要分布区域之一，近年来，由于锁阳被毁灭性地采挖和市场需求量的不断上升，野生资源日趋枯竭，开展人工栽培研究是大势所趋，为此笔者进行了河西走廊锁阳寄主植物种质资源、分布及利用调查，以期为资源的合理利用提供参考。

1　研究区自然概况

甘肃河西走廊位于东经 92°12′~104°43′、北纬 36°47′。该区气候干旱，降水量 60~200 mm，年蒸发量 2 021~3 490. 6 mm，干燥度 3. 7~19. 5，无霜期 163~182 d，全年日照时数可达 2 550~3 500 h，太阳辐射量 5 505~6 412 MJ/cm^2。土壤盐碱含

量大，有机质含量少。该区主要包括绿洲沙漠化、绿洲盐渍化和土质荒漠化 3 种土地类型，锁阳典型生境为荒漠地带的轻度盐渍化低地、湖盆边缘与荒漠河流沿岸地、山前洪积、冲积扇的扇缘带等地，土壤以灰漠土、棕漠土、棕钙土和流动风沙土为主。

2 调查方法

采用实地调查、民间访问以及查阅相关科研资料相结合的方法。对生境和资源利用进行调查，并采集植物标本，填写植物学名、生长环境、习性，分析资源利用现状及问题。

3 调查结果

3.1 锁阳的寄主植物

通过对锁阳寄主植物资源的现场调查，基本掌握了河西走廊各农牧区、草原及荒漠地带生长的各类锁阳寄主植物资源种类与分布。调查结果表明，河西走廊锁阳的寄主植物为白刺属的泡泡刺（*Nitraria sphaerocarpa* Maxim）、小果白刺（*Nitraria sibirica* Pall）和唐古特白刺（*Nitraria tangutorum*），在分布地形成了固定、半固定和流动 3 种类型的白刺灌丛沙丘。同时，又发现了锁阳的新寄主植物霸王属（*Zygophyllum*）的霸王（*Zygophyllum xanthoxylon*）和骆驼蓬属（*Peganum*）的多裂骆驼蓬（*Peganum multisectum*）[6-7]，并形成了以霸王为主的落叶沙生灌丛和以多裂骆驼蓬为主的荒漠植被。一些地方 5 种寄主植物有不同程度的混生，在分布地往往成为优势种。锁阳的寄主在河西走廊以白刺为主，白刺可在土壤含盐量 1%，pH 值＞10 的重度盐碱地上生长，根系的生长量 5~8 倍于地上部分，均冠幅为 0.75~0.9 m^2，根系分布于 0~40 cm 土层，覆盖度在 10%以下。长势好的白刺和霸王上寄生的锁阳多而粗，根粗 1.5~2 mm 的根上有芽体，最粗 10 mm；多裂骆驼蓬上寄生的锁阳较细而短。这些寄主上寄生的锁阳，在当地大多 5 月中旬出土，最早是 4 月 6 日出土，6 月以后出土的很少见。

3.2 锁阳寄主植物资源的价值及分布

3.2.1 泡泡刺

泡泡刺生于戈壁、山前平原和沙砾质平坦沙地，是骆驼和山羊的灌木饲料，骆驼和山羊都喜食其幼嫩枝叶，适口性良好；干枯后骆驼仍喜食，山羊的适口性有所下降。据牧民反映，秋季泡泡刺对骆驼有促膘作用。泡泡刺草场的草群稀疏，植被覆盖度在5%左右或更低，常有大片裸地，故产草量不高。此外，泡泡刺的固沙性能也很好，在泡泡刺生长地，常发现植株基部堆积成小沙堆，有一定的挡风作用。

3.2.2 小果白刺

又名西伯利亚白刺，耐盐碱、耐沙埋，是沙漠和盐碱地区重要的耐盐固沙植物，积聚流沙和枯枝落叶而固定的沙丘人们称之为白刺包。据现场观察，白刺包固定的沙丘和其他的沙丘相比是最牢固有效的，其他植物的枝条多向上伸展着，而白刺却不同，它用全身的枝条护压着沙丘。

3.2.3 唐古特白刺

别名酸胖，分布范围与小果白刺相同。唐古特白刺作为乡土树种，生态效益和经济效益并重，具有极强的耐盐碱性和耐干旱性，适应性强，是治理土地盐碱化和沙漠化的理想树种之一；含丰富的蛋白质和对人体有益的微量元素，具有较高营养和药用价值。唐古特白刺根系特别发达，在极端干旱时，能够“休眠”“假死”，遇降雨立即复活，完成新陈代谢，保护和种植唐古特白刺，是解决“沙进人退”局面，改善盐碱土地的有效途径。其果实中含有丰富的维生素、氨基酸、多糖类等营养活性成分，尤其是氨基酸，在果汁冻干粉中的含量高达10%左右，且为游离氨基酸，极易被人体吸收和利用。白刺种子含油脂的主要成分为不饱和脂肪酸，含量高达97%，具有极高的营养价值和药用价值，将很可能为中国医药行业、保健行业、食品、饮品等行业带来新的亮点。

3.2.4 霸王

生长在荒漠和半荒漠地带的沙砾质河流阶地、低山山坡、碎石低丘和山前平原。霸王小叶肉质，含有丰富的水分和营养成分，经测定，含粗蛋白12.8%、粗脂肪2.81%、粗纤维14.68%、粗灰分20.56%、无氮浸出物44.72%，具有很高的饲用价值。霸王的干枯枝条可作烧柴，其根亦可入药，主治腹胀；同时，霸王也是很好的固沙植物。

3.2.5 多裂骆驼蓬

多裂骆驼蓬生于路旁、河岸、戈壁滩等干旱处，常见于半荒漠带沙地、黄土山坡、荒地等，是西北干旱地区特色植物，具有保护天然草场、防风固沙、恢复植被、改善局部生态环境的作用。骆驼蓬是有毒植物，也是药用植物。据文献资料报道，骆驼蓬碱对中枢神经系统、心血管系统均有作用，而体外和体内试验均证明，骆驼蓬总生物碱对恶性肿瘤的生长有较强的抑制作用，对肝癌、胃癌、肠癌、乳腺癌及肺癌等均有较好的治疗效果。另外，骆驼蓬的水提取物对其他植物有化感作用[8-9]。西北少数民族和民间医药中，以多裂骆驼蓬全草和种子入药治疗疾病已有悠久历史，而且资源丰富、蕴藏量大，具有深入研究及合理开发利用的价值。

4 资源利用现状

锁阳及寄主植物资源主要分布于生态脆弱地带，生长于风沙地、荒漠和半荒漠地带的沙砾质河流阶地、低山山坡、碎石低丘和山前平原及干河床边，是荒漠区的主要建群种，生态效应极高，具有保护现有天然草场、防风固沙、恢复植被、改善局部生态环境的作用。锁阳及寄主植物具药用价值和食用价值，有保健作用。另外，锁阳及寄主植物还有很高的经济价值，如白刺果可以酿酒，作饮料，是加工行业的原料之一。但随着锁阳及寄主植物开发利用价值的提升，人们为了利益过度开采锁阳，同时，还严重破坏了寄主植物，影响其繁衍的速度，使水土流失加剧，不但破坏了生态环境，还破坏了其原有功能。目前，对野生锁阳及寄主植物的合理开发利用举措很少，采挖还处于放任自流、自采自销的初级阶段，造成植被破坏、水土流失的现象日趋严重，还没有引起各级相关部门的高度重视。而且，锁阳人工栽培研究目前也明显滞后。

5 开发利用建议

锁阳是一种全寄生植物，是西北沙区特色中药材。锁阳属无毒级，无致突变性，因此将其作为保健食品开发是比较安全的[10]。目前，对锁阳产品的开发已获突破性进展，如锁阳茶、锁阳螺旋藻、锁阳酒等。特别是锁阳新寄主植物霸王和多裂骆驼蓬的发现，将为锁阳的人工开发开辟新路径。因此，保护和综合开发利用锁阳及寄主植物资源意义深远。

（1）加强宣传教育，增强锁阳寄主植物资源的保护意识。地方政府要通过教育宣传，提高广大群众和相关部门保护锁阳寄主植物的责任感，改变他们自然界中的资源是“取之不尽，用之不竭”的思想和只考虑眼前利益的短见做法，增强环境保护意识和法治观念。

（2）建立保护区，合理开发野生锁阳及寄主植物资源。锁阳是常用中草药之一，是补肾壮阳的良药。据调查，多年来由于产地药农对其滥采滥挖，导致产地资源大幅减少。而河西地区生态脆弱，不合理的开采导致寄主植物受损，土壤沙化现象严重，制约了资源的可持续发展，为使这一野生资源永续利用，建立保护区是行之有效的举措。因此，在保护区内对野生锁阳资源要合理开采，限定采挖期、采挖量和采挖标准，对采挖过的地方要回填土，以利再生。对寄主植物严禁采挖和破坏。加强锁阳的计划管理，统一收购、定点收购，制止多头插手经营等混乱局面。

（3）开展人工栽培研究。以科技为先导，以市场为龙头，以生产基地为依托，根据锁阳及寄主植物种类、数量、分布和生物学特性，进行科技攻关，开展人工栽培研究，使当地资源优势转化为经济优势，使保护生态效益与开发利用经济效益相结合。

参考文献

[1] 国家药典委员会．中国药典［M］．北京：化学工业出版社，2005：261-262.

[2] 王一峰，王春霞，杨文玺，等．锁阳资源的综合开发利用研究［J］．中兽医医药杂志，2006（3）：65-68.

[3] 高永．寄生植物锁阳的开发利用前景［J］．内蒙古林学院学报：自然科学版，1996，9（3）：45-49.

[4] 张思巨，张淑运．中药锁阳的化学成分研究［J］．中国药学杂志，1991，26（11）：649.

[5] 陶晶，屠鹏飞，徐文豪，等．锁阳茎的化学成分及其药理活性研究［J］．中国中药杂志，1999，24（5）：292.

[6] 陈叶，罗光宏，王进，等．锁阳的一个新寄主植物［J］．中草药，2011，42（5）：1007-1008.

[7] 王进，罗光宏，陈叶，等．锁阳寄主植物的一个国内新记录：多裂骆驼蓬［J］．中国中药杂志，2011，36（23）：3244-3246.

[8] 薛林贵，赵国林，王毅民．多裂骆驼蓬提取液的抑菌杀虫作用研究［J］．微生物学通报，2005，32（1）：48-51.

[9] 刘建新，赵国林．多裂骆驼蓬对食荚豌豆的化感作用研究［J］．中国生态农业学报，2007，15（1）：12-15.

[10] 张建清，苏诚玉，权玉玲．四种补益中药的急性毒性和致突变性研究［J］．现代预防医学，1999，26（1）：26-28.

（本论文发表于《中国野生植物资源》2013 年第 5 期）

提高乌拉尔甘草种子发芽率的方法

王治江　陈　叶

（甘肃河西学院农科系，甘肃张掖　734000）

甘草（*Glycyrrhiza uralensis* Fisch）为豆科多年生草本植物，是传统的中药材，以根和根状茎入药，有清热解毒、润肺止咳、调和诸药、补脾益气的作用。甘草野生于干旱的钙质土壤，喜干燥气候，耐严寒，适于生长在土层深厚的砂质壤土上。由于人们不合理地采挖，造成资源枯竭，生态环境恶化，所以近年来已开始人工栽培甘草。但甘草种子细小，种皮致密，透水、透气性差，当年成熟的种子硬籽率高达96.5%，种子发芽率极低，严重影响了出苗率。为解决这一问题，笔者于2001年3—5月反复进行了提高乌拉尔甘草种子发芽率的试验，现将试验结果介绍如下。

1　温水浸种试验

乌拉尔甘草种子是2000年从内蒙古收获的自然种子。将净种子用分样器分成3份，从每份中随机取样10 g，采用培养皿纸培法催芽，浸种水温为60 ℃，浸泡时间分别为6 h、12 h、24 h、36 h、72 h，浸种后在25 ℃恒温箱内催芽。试验结果表明，浸种6 h、12 h、24 h、36 h、72 h的发芽率分别为0、4.5%、7.8%、12.6%、19.8%，随着浸种时间的延长，种子发芽率虽有所提高，但发芽率仍很低。

2　硫酸拌种试验

2.1　不同浓度硫酸拌种

拌种硫酸浓度分别为60%、70%、80%、90%、100% 5个处理，3次重复，硫酸用量为0.40 mL，种子用量为10 g，搅拌均匀后闷种6 h，然后用清水冲洗净硫酸，用培养皿纸培法在25 ℃恒温箱内进行催芽。试验结果表明，用浓度60%、70%、80%、90%、100%的硫酸拌种，甘草种子的发芽率分别26.0%、53.0%、89.5%、72.4%、38.0%。由此可见，甘草种子用80%硫酸处理后的发芽率最高；硫酸浓度低于80%，甘草种子的发芽率随之降低；硫酸浓度高于90%，种子的发芽率也明显降低，这说明硫酸浓度过高，对种子的胚有一定的腐蚀性。

2.2 同一硫酸浓度不同拌种剂量

用浓度为80%的硫酸，设5个处理，3次重复，随机取种子10 g，硫酸用量分别为0.20 mL、0.30 mL、0.40 mL、0.50 mL、0.60 mL，用硫酸均匀拌种后，闷种6 h，用清水冲洗净硫酸，然后用培养皿纸培法在25 ℃恒温箱内进行催芽。试验结果表明，在0.20 mL、0.30 mL、0.40 mL、0.50 mL、0.60 mL 5种硫酸用量下，甘草种子的发芽率分别为45.3%、61.3%、84.2%、84.5%、84.4%。由此可见，甘草种子的发芽率随着80%硫酸用量的增加而提高，但增加到0.40 mL以后效果不显著。故用浓硫酸拌种以10 g种子用80%硫酸0.40 mL为最佳。

2.3 同一硫酸不同处理时间试验

用80%的硫酸拌种，拌种后闷种时间分别为2 h、4 h、6 h、8 h、10 h，然后用清水洗净硫酸，用培养皿纸培法在25 ℃恒温箱内进行催芽。试验结果表明，2 h、4 h、6 h、8 h、10 h处理时间的甘草种子发芽率分别为23.8%、40.1%、84.2%、80.1%、77.5%，其中闷种6 h的甘草种子发芽率最高，达到84.2%，如闷种时间再延长则发芽率有所降低。

上述试验表明，在自然情况下，甘草种子的发芽率极低，用温水浸种效果不明显；用80%浓硫酸40 mL处理甘草种子1 000 g后闷种时间为6 h的效果最佳，这是一项既经济有效，又简便易行的方法，可在生产中推广应用。

（本论文发表于《甘肃农业科技》2002年第1期）

甘肃张掖地区甘草豆象发生规律研究

盛彦霏[1,2]　雷振新[2]　陈　叶[1]

（1. 河西学院，甘肃张掖　734000；2. 甘肃省高台县种子公司，甘肃高台　734300）

摘要：2013—2014 年在甘肃张掖多地调查甘草豆象发生规律，结果表明：甘草豆象使甘草被害株率最高达 77.4 %，被害的豆荚数最高达 52.4% ；被害种子数最高达 38.6%，栽培田受害重于野生地；甘草豆象每年发生一代，以幼虫在甘草种子及荚果内越冬。4 月下旬化蛹，成虫始见于 5 月上旬，6 月中下旬开始产卵，幼虫孵化后钻豆为害。

关键词：甘草豆象；为害；发生规律

甘草豆象（*Bruchidius ptilinoides* Faharaeus）隶属鞘翅目象甲科，是为害甘草的一种主要害虫，主要为害甘草的叶片、豆荚和种子。成虫为害叶片，幼虫钻蛀种子和豆荚，不仅影响甘草的经济产量，而且直接影响甘草的种源，尤其对甘草种子繁殖田是一种毁灭性的损害。近年来，甘草豆象为害程度呈逐年加重之势，但笔者未见到该虫在甘肃张掖地区的为害情况和发生规律的报道。为了查清该虫的田间发生规律，2013—2014 年笔者对甘肃张掖地区甘草豆象在野生地和栽培田中的为害情况进行了调查研究，并在室内进行饲养和观察，分析了发生规律，以期为甘草种子的安全生产提供参考。

1　材料和方法

1.1　材　料

调查甘草品种为乌拉尔甘草。

1.2　方　法

2013—2014 年分别在甘肃张掖地区甘草的野生地和栽培田中调查甘草豆象的为害情况，在各县随机调查 15 个样点，每个样点调查 100 株，统计甘草的被害株数和豆荚及种子为害情况，计算被害率。

2 结果与分析

2.1 为害情况

从现场样点调查统计看，甘草豆象使甘草被害株率最高达 77.4%，被害的豆荚数最高达 52.4%；被害种子数最高达 38.6%，调查地的统计结果见表 1 和表 2。从表中可以看出，2013 年野生地甘草株被害率为 32.4%、荚果被害率为 27.6%、种子被害率为 28.1%，而栽培地株被害率为 52.7%、荚果被害率为 36.7%、种子被害率为 32.5%，栽培地受害重于野生地；2014 年野生地株被害率为 39.2%、荚果被害率为 33.2%、种子被害率为 32.2%，而栽培地株被害率为 61.4%、荚果被害率为 43.8%、种子被害率为 35.8%，受害程度逐年呈上升趋势，其中，栽培地的受害程度明显高于野生地；密度大的生长地明显高于零星生长地。查看被害的豆荚，发现有直径 2 mm 左右的圆形小孔，每荚上一般为 1~2 个小孔，多的有 3 个小孔，剥开豆荚，被害种子上有一圆形的小洞，洞口径 2 mm 左右，受害豆粒空壳，呈褐色。调查中还发现，当年未处理的种子，越冬后被蛀率达 34.8%以上，贮藏两年后高达 78%以上，已失去种用价值。

表 1　甘草豆象对乌拉尔甘草荚果为害情况调查

调查地	2013 年			2014 年		
	调查株数（株）	株被害率（%）	荚果被害率（%）	调查株数（株）	株被害率（%）	荚果被害率（%）
野生地	1 000	32.4	27.6	1 000	39.2	33.2
栽培地	1 000	52.7	36.7	1 000	61.4	43.8

表 2　甘草豆象对乌拉尔甘草种子为害情况

调查地	2013 年		2014 年	
	调查株数（株）	荚果内种子被害率（%）	调查株数（株）	荚果内种子被害率（%）
野生地	1 000	28.1	1 000	32.2
栽培地	1 000	32.5	1 000	35.8

2.2 形态特征

甘草豆象成虫卵圆形，褐色或深褐色，体长 2.5~3.0 mm，宽 1.5~1.8 mm；触角和足浅褐色。头布刻点，被淡棕色毛。触角宽短，锯齿状，不到鞘翅基部。前胸背板布刻点及浓密淡棕色毛，后缘与鞘翅等宽。鞘翅布刻点，被浓密淡棕色毛。臀板长，端部略尖，腹面覆浓密淡褐色毛。后腿节内缘近端部有 1 个不甚明显的小突起；后胫节内缘端部有 1 个长齿；初孵幼虫浅白色半透明，后逐渐变为白色，老熟幼虫肥胖，体长 5~7 mm，宽约 2.7 mm，头小呈黑褐色，胸膨大。蛹呈浅黄色，长 2.6~3 mm。卵椭圆形，一头略尖，长约 0.2 mm，宽约 0.1 mm。

2.3　生活史

据 2013—2014 年观察研究，甘草豆象在河西地区每年发生 1 代，以幼虫在贮藏的甘草种子或田间甘草秧上的荚果内越冬。第二年 4 月下旬化蛹，蛹期 8 天左右。5 月上旬开始羽化，并开始活动，5 月下旬羽化达到高峰，6 月上中旬成虫不断交尾产卵，为卵始见期，6 月中旬为产卵高峰期，卵期 15 天左右；6 月下旬幼虫开始孵化，7 月初为幼虫始见期，开始为害种子，9 月下旬幼虫随种子入仓库或留在田间荚果内开始越冬。

2.4　发生规律

甘草豆象是甘草专食性害虫。成虫喜阳光，具飞翔能力，白天和晚上都能活动，取食叶片，造成空洞或缺刻。6 月中下旬成虫在花和幼荚上开始产卵，产卵期较长。一般产卵 3~5 粒/荚，孵化后在种荚内为害豆粒，剥取虫蛀豆荚，受害种子内有一长 5~7 mm 的幼虫，虫体白色，随着种子成熟及收获进仓，幼虫继续为害。幼虫喜欢阴湿的环境条件，靠蛀食嫩粒种子获取营养，并随种子进入仓库或留在田间荚果内越冬，一粒种子内只生活一头幼虫。第二年春天，老熟幼虫在种子内化蛹，羽化时咬破豆粒飞出。

调查也发现，在潮湿条件下，该虫为害较重；在甘草生长密度大的环境条件下，发生较重；尤其是在甘草的栽培田中发生最为严重；干旱条件下，发生数量相对较少，为害较轻。

3　建　议

一是甘草以种子繁殖，播种用的种子主要来源于宁夏、内蒙古、新疆和栽培田收获的种子。调研所在地区农户对甘草种植田没有收获种子的意识，对田中的虫害管理不当，致使种源惨遭虫害，种子没有得到有效利用，造成资源浪费。如果对甘草田内豆象进行有效防治，可通过采收种子明显提高单位土地面积上的经济效益，同时也为当地的甘草生产提供了较丰富的种源。

二是甘草豆象为害最为严重的时期是成虫期，也是该虫防治的关键时期，在甘草豆象产卵前即5月中下旬用25%的辛硫磷乳油进行叶面喷洒，防效在90%以上。对种子为害最为严重的时期是幼虫期，如果豆荚脱粒后发现有该虫为害，可用磷化铝进行熏蒸，效果也非常好。秋季彻底割取种植园内及其周围野生的甘草豆荚，清洁田园。

（本论文发表于《种子世界》2016年第10期）

小麦套种柴胡高产栽培技术

陈　叶[1]　寇俊福[2]
（1. 河西学院，甘肃张掖　734000；2. 甘肃张掖地区农业处，甘肃张掖　734000）

随着高效农业推广应用和发展，耕作制度也逐步由单一高产栽培模式向间作、套种的复合高产栽培模式发展。近年来，张掖地区围绕种植业结构调整，特别是目前粮食市场不景气的情况下，在生产中总结出了一套小麦套种柴胡高产栽培模式，充分利用了地力、光、热、水等资源，做到了药、粮双丰收，有力弥补了粮食价格下跌造成的损失，提高了单位面积的产量和效益。各地的统计资料表明：可收获小麦产量 6 000~7 500 kg/hm^2、收获柴胡种子 750~900 kg/hm^2、采挖柴胡肉质根 1 500~2 800 kg/hm^2，总产值达 37 500~40 000 元/hm^2。现将其高产栽培技术介绍如下。

1　选地、整地、施肥

柴胡适宜在光照时间长、昼夜温差大、夏季较热、冬季寒冷的环境中生长，具有一定的耐阴性，喜欢冷凉而湿润的气候，不耐高温。适宜生长的气温为 20~25 ℃。酸碱度为 7.0~8.5 的砂质壤土、壤土、腐殖质土。具有较强的耐寒性和耐旱性，但忌水浸，不宜在低洼地、积水地、排水较差地栽培，一般两年采收。小麦也喜欢在光照充足，昼夜温差大，地力较好的农田生长。因此，套种地应选择土层深厚，土壤肥沃而疏松，排水良好的砂质壤土和腐殖质土为佳。因土壤过黏，土壤易板结；土层过浅，柴胡根易分叉、根短小、须根多，降低药用的质量和商品性。前茬最好是豆茬、油菜茬、棉花茬，不宜重茬或连茬。因柴胡主要收获的是肉质根，选好地后要进行深耕，耕作深度以 30 cm 左右为宜，结合耕地施优质的农家肥 75 000 kg/hm^{2}左右，磷酸二铵 300 kg/hm^2 左右，耕后要耙细整平，做到上虚下实。如果土壤过黏，可施入 2 000 kg/hm^{2}左右的河沙，进行客土调剂，有利于调节土壤的透气性，促进根的生长、粗壮、光整，提高产量和品质。

2　栽培技术

2.1　选用良种并进行种子处理

在播前 7 天用地乐胺（仲丁灵）1 500 g/hm^2 稀释 800 倍均匀喷洒在土壤表面，

浅耕一次并用土壤杀菌剂地菌灵（乙酸铜）45 kg/hm^2 兑水 450 kg 喷洒，以防杂草及枯萎病和根腐病等。由于柴胡品种繁杂，有效成分含量差异很大，各地种植柴胡的有效成分含量亦有不同，发展柴胡的人工栽培，选择“优良品种”就成为栽培的关键。研究表明，北柴胡和狭叶柴胡质量最高，北柴胡高于狭叶柴胡，由此选择北柴胡和狭叶柴胡作为栽培的正品是非常合理的。柴胡种子体积小，寿命短，种子成熟不一致，发芽率低，一般只有 43%~50%，常温下贮存种子寿命不超过一年。因此，播种时必须使用新鲜种子，并对种子先进行播前处理，播种前用 20 ℃的温水浸种 12 h，并将浮在水面上的秕籽捞去，稍晾晒后再播种。

2.2 精细播种

小麦春播的适宜时期以平均气温稳定于 1~2 ℃，表土化冻 7 cm 左右为宜，在当地一般为 3 月下旬到 4 月初为宜，采用机播，播种量为 300 kg/hm^2，保苗 375 万~450 万株/hm^2，播种深度为 2.0~3.0 cm，行距为 10~15 cm。柴胡种子播种的适宜时期以 5 月上中旬为宜，此时正是小麦拔节、抽穗期，结合中耕松土，将柴胡种子撒播于小麦行内，力争播种均匀，播种量为 45~60 kg/hm^2，保苗 82.3 万~83.0 万株/hm^2。注意中耕时土要细，为达到播种均匀，可在种子中掺入细沙，种子与沙的比例为 1∶3。撒播后立即灌水。

2.3 田间管理

2.3.1 灌水与施肥

小麦在苗期要蹲苗，生长到三叶期、孕穗期、灌浆期分别灌水一次，结合灌水追施长效碳酸氢铵 300 kg/hm^2 左右并在乳熟期叶面喷洒磷酸二氢钾两次以利于光合产物的合成和运输。小麦以蜡熟期收获为宜，收割时随黄随收，茬口要高，以 5 cm 左右为宜，注意不要触伤柴胡的茎、叶。在小麦收获前柴胡的水肥管理措施与小麦同步进行，待小麦收获后立即灌水一次，灌水量不宜过大且忌积水，秋季雨水较多不宜多灌水，视苗情而定。到 10 月下旬茬口上面盖一层优质的农家肥并灌好越冬水，翌年 5 月、6 月、7 月中旬分别灌水一次并根据苗情追施肥料。

2.3.2 中耕除草

在小麦与柴胡套种时，有许多杂草与作物争水争肥，且柴胡苗期植株生长细弱，整个苗期要注意中耕松土，做好除草工作。农事操作时不要伤断植株以免影响产量。柴胡以根入药，应控茎促根，当苗高 20~30 cm 时打顶以防徒长并摘除丛生芽促根生长。翌年也要做好除草工作，如有杂草应及时拔除以免影响产籽量和药材质量。

2.3.3 病虫害防治

小麦生长期间常有麦蚜为害；柴胡生长期间常有凤蝶、椿象为害叶片、茎秆、花蕾，使植株生长不良，影响药材质量。防治方法一是人工捕杀；二是用90%敌百虫晶体800倍液进行叶面喷洒，连续喷洒2~3次。

3 收获加工

柴胡播种后生长两年即可采挖。一般在秋季植株开始枯黄、种子充分成熟时进行，采挖前先将地上部分收割，注意随熟随收，经摊晒打碾后收获籽粒备用。待地上部分收割后两天采挖地下肉质根，然后除去泥土、残茎，晒干或切段后便成为优质高效的药材。

（本论文发表于《作物杂志》2002年第6期）

当归浸提物对4种药材种子萌发及幼苗的影响

陈 叶[1] 王勤礼[2] 郭玉花[1] 马银山[1] 赵芸晨[1] 雷玉明[1]

（1. 河西学院农业与生态工程学院，甘肃张掖 734000；

2. 河西学院甘肃省食用菌菌糠资源化利用工程研究中心，甘肃张掖 734000）

摘要：［目的］通过研究当归根水浸液对膜荚黄芪、板蓝根、党参和王不留行的种子萌发及幼苗生长的影响，选择当归的适宜倒茬品种。［方法］采用生物测定法，研究不同浓度梯度当归根浸提液对4种药材种子萌发及幼苗生长的影响。［结果］当归根水浸液对4种药材呈现“低促高抑”效应，且对发芽整齐度的影响大于发芽率，对根长的影响大于苗高，化感效应与处理浓度呈正相关。4种药材的化感物质的敏感性为党参＞黄芪＞板蓝根＞王不留行。［结论］在选择当归倒茬品种时，应优先选择王不留行和板蓝根。

关键词：当归；水浸液；化感作用；轮作

耕地面积的有限性、栽培种植的习惯性、土地流转的制约性和经济利益的驱动性等因素导致我国农业生产中存在较严重的连作现象[1]。在正常管理下，连作同一物种或近缘物种，会出现物种产量下降、品质变劣、生长发育状况不佳等连作障碍[2]。长期连作使特异性的土传病原菌和害虫在土壤中大量积累，降低植物抗逆性，导致物种易受病虫侵害[1]，影响植物对各种营养元素的吸收和积累[3]。产生障碍的原因与植物根系分泌物和残株分解物等引起的自毒作用有关[4]。自毒作用本质是植物的化感作用，即一种植物通过向环境释放化学物质而对另一种植物产生直接或间接的作用，又叫异株克生[5]，从而产生促进或抑制作用[6]。前人研究表明，化感物质有较强的生理活性，可以干扰受体植物的某些生理过程，如水分和矿质元素的吸收、光合作用等[7]。研究表明，大部分化感物质抑制其他植物的主要作用表现为抑制种子萌发和幼苗生长[8-9]。根系为受体最直接的化感物质传输部位之一，根系分泌的毒素是连作障碍产生的重要因素之一[10]，张博通过膜荚黄芪试验，也证实根水浸液的化感作用强于地上部水浸液[11]。目前，国内外学者对植物化感机理的研究十分活跃，将对植物种群及作物种间耕作制度的具体应用产生影响[12]。

当归［*Angelica sinensis*（Oliv.）Diels.］为伞形科植物，以干燥根入药。性辛、温、味甘，归心、肝、脾经，具有补血、活血、调经止痛、润肠通便的功效，为医家常用[13]。当归主产于我国西北和西南地区，而甘肃省当归种植面积为全国之首，尤以岷县最为有名。前人对当归的研究主要集中在药理作用、化学成分和种质资源等方面[14-16]，而在当归的倒茬品种选择方面未见相关报道。近年来，甘肃省民乐县根据当地自然资源特点，大力发展药材产业，其中当归被列为当地的优势药材之一，种植面积呈逐年加大趋势。当归忌连作，药农对后茬品种的选择存在很大的盲目性，致使部分药农的经济效益低下。本研究拟通过当归根水浸液化感效应的研究，探讨当归根对当地种植规模较大且经济效益较高的 4 种药用植物种子萌发及幼苗的影响，以期为当归选择适合的倒茬品种，为药材的安全生产提供科学依据。

1　材料与方法

1.1　试验材料

当归根样品采自甘肃省民乐县六坝镇，在收获前一个月（9 月中旬）采集，置于 4 ℃冰箱保存。供试植物种子为膜荚黄芪、板蓝根、党参和王不留行的种子，种子均由民乐县药材基地提供，均为前一年秋季收获的种子（室温保存）。

1.2　试验方法

1.2.1　种子的处理

试验前精选质量好的供试种子，分别进行种子处理（黄芪种子在 98% 浓硫酸溶液中浸泡 30 min[17]；将党参[18]和王不留行种子在晴天晒 3 d；板蓝根种子在播种前用 30 ℃温水浸泡 8 h）。对经过处理的供试植物种子用 0.1% $KMnO_4$溶液消毒 8 min 后，用蒸馏水冲洗 5 次备用。

1.2.2　当归根水浸液的制备

取当归鲜样植株的根用蒸馏水冲洗干净，然后自然风干并粉碎。称取一定量的粉碎物（按根粉碎物和水的比例为 1 g：10 mL）浸泡于蒸馏水中，置于摇床上在 20 ℃下浸泡 48 h 后过滤，制得 0.1 g/mL 当归水浸提液，冷藏于 4 ℃下保存待用。

1.2.3　发芽试验

选择干净的河沙，经高温灭菌后装进发芽盒中，每盒沙床的厚度为 2 cm。取 0.1 g/mL、0.05 g/mL、0.01 g/mL、0.005 g/mL 浓度的当归水浸提物 20 mL 加入发芽盒中，将处理后的 4 种药用植物种子分别均匀点播入装有河沙的发芽盒中，50 粒/盒，设 3 次重复，以蒸馏水处理为 CK。将处理置于光照/黑暗为 14 h/10 h，温度为 25 ℃/15 ℃的培养箱内培养，光照为 4 000 lx。培养过程中每天观察记录发芽数，并补充蒸馏水，以保持原处理的湿度。连续3 d不出现发芽种子后计算发芽势、发芽率、发芽指数等，发芽结束后培养10 d测定4种植物的幼苗生长指标。

1.3 植物生长指标测定

1.3.1 发芽指标测定

发芽率=(萌发的种子数/播种数)×100%

发芽指数=∑(在t天的种子萌发数/对应的种子萌发天数)

活力指数=发芽指数×幼苗的根长

1.3.2 生长指标

幼苗培养结束后，每个发芽盒选择整齐一致的幼苗10株，测量苗高和根长，剪取不同处理的茎叶部分和根，分别称量鲜重。

1.3.3 化感指数计算

采用化感作用效应指数度量化感作用的强度（当$T \geqslant C$，$RI=1-C/T$；当$T<C$，$RI=T/C-1$。其中，C为CK值，T为处理值。$RI>0$为促进，$RI<0$为抑制，绝对值的大小与作用强度一致[7]）。采用平均敏感指数评价物种对化感作用的敏感性，平均敏感指数=$SUM\ (a_1+a_2+a_3+\cdots+a_n)/n$，其中发芽势、发芽率、发芽指数、活力指数、茎叶鲜重、根鲜重、苗高、根长的化感性为一级指标；种子萌发阶段、幼苗生长阶段的化感性为二级指标；物种水平的化感性为三级指标，a为数据项，n表示该级别数据（RI）的总个数，当MSI>0表现为促进，MSI<0表现为抑制[2]。

1.4 数据处理

试验数据用SPSS 15.0软件进行分析，制图采用Excel 2010。

2 结果与分析

2.1 当归根水浸液对不同药材种子萌发的影响

从表1可以看出，4种药材种子的发芽率随根水浸提液浓度的升高，均呈现先升高后降低的趋势。在处理浓度为0.005 g/mL时，王不留行、板蓝根、党参和黄芪的发芽率较CK分别升高了2.81%、6.82%、12.96%和15.39%；处理浓度为0.01~0.10 g/mL时，王不留行、党参和黄芪的发芽率较CK分别降低了3.57%~13.56%、11.23%~38.81%和3.84%~13.46%；而在处理浓度为0.005~0.05 g/mL时，对板蓝根种子发芽率有促进作用，在处理浓度为0.1 g/mL时，板蓝根的发芽率低于CK，与CK相比差异不显著；在处理浓度为0.01 g/mL时，党参的发芽率与CK相比差异达显著水平，而在处理浓度为0.10 g/mL时，黄芪的发芽率与CK差异达显著水平。从化感负效应看，影响从大到小排序为党参＞黄芪＞王不留行＞板蓝根。

表1　当归根水浸液对不同药材种子萌发的影响

物种	处理浓度(g/mL)	发芽率(%)	化感指数(RI)	发芽势(%)	化感指数(RI)	发芽指数	化感指数(RI)
王不留行	CK	93.33ab	0.00	67.30a	0.00	9.45a	0.00
	0.005	96.00a	0.03	70.00a	0.04	9.86a	0.04
	0.01	90.00a	-0.04	68.67a	0.02	8.16b	-0.16
	0.05	89.30b	-0.05	55.33b	-0.21	7.09c	-0.25
	0.10	80.67c	-0.14	50.67b	-0.25	5.49d	-0.42
板蓝根	CK	88.00a	0.00	72.00a	0.00	7.41b	0.00
	0.005	94.00a	0.06	77.00a	0.06	8.38a	0.12
	0.01	93.33a	0.06	74.67a	0.04	7.06b	-0.05
	0.05	90.67a	0.03	66.67a	-0.07	6.62bc	-0.12
	0.10	87.33a	-0.01	57.00a	-0.21	5.83c	-0.21
党参	CK	54.32a	0.00	45.44b	0.00	4.85b	0.00
	0.005	61.36a	0.11	51.99a	0.13	6.43a	0.25
	0.01	48.22a	-0.11	34.36bc	-0.24	4.59b	-0.03
	0.05	46.13a	-0.15	33.33bc	-0.26	3.86bc	-0.20
	0.10	33.24b	-0.39	29.97c	-0.34	2.93c	-0.40
黄芪	CK	69.33b	0.00	56.00b	0.00	6.49ab	0.00
	0.005	80.00a	0.13	65.33a	0.14	6.92a	0.06
	0.01	66.67bc	-0.04	64.11a	0.12	5.78bc	-0.11
	0.05	61.33bc	-0.12	50.66c	-0.10	5.71bc	-0.12
	0.10	60.00c	-0.13	49.33c	-0.12	5.03c	-0.22

注：表中不同小写字母表示差异在0.05水平显著性。表中“+”表示促进，“-”表示抑制，绝对值越大，表示作用越强。下同。

从表1看出，4种药材种子的发芽势变化趋势同于发芽率。对王不留行而言，在处理浓度为0.005~0.01 g/mL时，对发芽势有促进作用，较CK升高了2.03%~4.01%，处理浓度为0.05~0.10 g/mL时，表现为抑制效应，发芽势较CK分别降低了 17.79%~24.71%，与 CK 相比，处理浓度为 0.05 g/mL 时差异达显著水平；在 0.005~0.05 g/mL 时，板蓝根的发芽势高于 CK 3.71%~6.94%，在 0.05~0.10 g/mL 时，较 CK 降低了 7.40%~20.83%，各处理间差异不显著；在 0.005 g/mL 时，党参种子的发芽势高于 CK 14.41%，差异达显著水平，在 0.05~0.10 g/mL 时，较 CK 降低了 24.38%~26.65%，各处理间差异不显著；在处理浓度为 0.005 g/mL 和 0.01 g/mL 时，对黄芪的发芽势有促进作用，较 CK 升高了 16.66%和 14.48%，差异达显著水平，处理浓度为 0.05 g/mL 和 0.10 g/mL 时，表现为抑制效应，发芽势较 CK 分别降低了 9.53% 和 11.91%，与 CK 相比差异显著。从化感负效应看，影响从大到小排序为党参＞王不留行＞板蓝根＞黄芪。

从表 1 可知，4 种药材种子的发芽指数在浓度为 0.005 g/mL 时均高于对照，之后均出现不同程度的下降，说明在中浓度和高浓度下，对 4 种种子的萌发均出现了抑制效应，其中，在处理浓度为 0.1 g/mL 时，板蓝根、党参和黄芪的发芽指数与 CK 相比差异达显著水平，而处理浓度为 0.01 g/mL 时，王不留行的发芽指数与 CK 相比差异达显著水平。

2.2 当归根水浸液对不同药材幼苗生长的影响

从表 2 可知，当归根水浸液对 4 种药材幼苗的生长影响不同。在苗重方面，王不留行、板蓝根和党参随处理浓度的增加，呈现先升后降趋势；在处理浓度为 0.005~0.01 g/mL 时，王不留行的苗重高于 CK 13.10%~37.74%，且处理间差异达显著水平；处理浓度为 0.05 g/mL 时，王不留行的根重较 CK 降低了 2.24%，与 CK 相比差异不显著。在处理浓度为 0.005 g/mL 时，板蓝根和党参的发芽率高于 CK，处理间差异不显著，处理浓度为 0.05 g/mL 时，与 CK 相比差异达显著水平。而黄芪的苗重与处理浓度呈负相关，各处理与 CK 相比，苗重下降了 0.43%~28.08%，在处理浓度为 0.05 g/mL 时，与 CK 间差异达显著水平。从化感效应看，影响从大到小排序为黄芪＞板蓝根＞党参＞王不留行。

在苗高方面，王不留行和板蓝根随处理浓度的增加呈先升后降趋势，在处理浓度为 0.005~0.05 g/mL 时，王不留行的各处理均高于 CK，最大比 CK 多 5.15%，处理间差异不显著；处理浓度为 0.1 g/mL 时，比 CK 降低了 7.95%，差异达显著水平。在处理浓度为 0.005 g/mL 时，板蓝根的苗高高于 CK 4.12%，处理浓度小于 0.005 g/mL 时，均呈下降趋势，处理浓度为 0.05 g/mL 时，与 CK 相比差异达显著水平；党参和黄芪的苗高随处理浓度的增加呈下降趋势，与 CK 相比，党参的苗高降低了 1.72%~27.20%，在处理浓度为 0.1 g/mL 时，与 CK 相比差异达显著水平。

处理与 CK 相比，黄芪的苗高降低了 0.01%~27.27%，在处理浓度为 0.05 g/mL 时，与 CK 相比差异达显著水平。从化感效应看，影响从大到小排序为黄芪>党参>板蓝根>王不留行。

表 2　当归根水浸液对不同药材幼苗生长的影响

物种	处理	苗鲜重（g/10 株）	化感指数（RI）	苗高（cm）	化感指数（RI）	根长（cm）	化感指数（RI）
王不留行	CK	8.93c	0.00	19.24ab	0.00	9.57a	0.00
	0.005	12.30a	0.27	20.23a	0.05	10.10a	0.06
	0.01	10.10b	0.12	19.94a	0.04	9.32ab	−0.03
	0.05	8.73c	−0.02	19.29a	0.01	9.20ab	−0.04
	0.10	7.30d	−0.18	17.71b	−0.08	8.27b	−0.14
板蓝根	CK	8.92a	0.00	13.82ab	0.00	8.64ab	0.00
	0.005	8.94a	0.01	14.39a	0.04	9.18a	0.06
	0.01	8.75a	−0.02	13.19bc	−0.05	7.61b	−0.12
	0.05	7.13ab	−0.20	12.41c	−0.10	7.45ab	−0.14
	0.10	5.73b	−0.36	10.72d	−0.22	5.93c	−0.31
党参	CK	3.99a	0.00	8.05a	0.00	6.46a	0.00
	0.005	4.07a	0.02	7.91a	−0.02	5.45b	−0.16
	0.01	3.70ab	−0.07	7.72a	−0.04	5.21b	−0.19
	0.05	3.51ab	−0.12	7.09a	−0.12	5.00bc	−0.23
	0.10	2.97c	−0.26	5.86b	−0.27	4.33c	−0.33
黄芪	CK	16.17a	0.00	6.49a	0.00	10.75a	0.00
	0.005	16.10a	0.00	6.48a	0.00	9.71ab	−0.11
	0.01	14.6ab	−0.10	5.77ab	−0.11	8.70bc	−0.19
	0.05	13.5b	−0.17	5.02bc	−0.23	8.40cd	−0.22
	0.10	11.63c	−0.28	4.72c	−0.27	7.41d	−0.31

在根长方面，4 种药材的变化趋势同苗高。王不留行和板蓝根随处理浓度的增加呈先升后降趋势，在处理浓度为 0.005 g/mL 时，王不留行和板蓝根的根长分别比 CK 长 5.54%和 6.25%，处理间差异不显著，之后随处理浓度增加而降低，处理浓度为 0.1 g/mL 时，与 CK 相比差异达显著水平；党参和黄芪的根长随处理浓度的增加呈下降趋势，各处理与 CK 相比，党参的根长降低了 1.72%~27.20%，在 0.1 g/mL 时，与 CK 相比差异达显著水平，而黄芪的根长较 CK 降低了 0.15%~

27.11%，在0.05 g/mL时，与CK相比差异达显著水平。从化感效应看，影响从大到小排序为党参＞黄芪＞板蓝根＞王不留行。

2.3 不同受体药材对当归根水浸液影响的敏感性

从表3可以看出，不同的受体药材对当归根水浸液的化感效应不同，测定的一、二、三级化感指数有正有负，大小各异，且负效应明显居多，说明4种药材对当归根提取液响应有明显差异。王不留行的一级敏感指数（M1）的敏感性为发芽指数＞发芽势＞发芽率＞苗鲜重＞根长，对苗高表现为促进作用；板蓝根的敏感性为苗鲜重＞根长＞苗高＞发芽指数＞发芽势，对发芽率表现为促进作用；党参的敏感性为根长＞发芽势＞发芽率＞苗高＞苗鲜重＞发芽指数；黄芪的敏感性为根长＞苗高＞苗鲜重＞发芽指数＞发芽率，对发芽势有促进作用。板蓝根、党参和黄芪二级敏感指数（M2）的敏感性表明，幼苗生长阶段受到的化感抑制大于种子萌发阶段，而王不留行在种子萌发阶段受到的化感抑制大于幼苗生长阶段。三级敏感指数（M3）的敏感性为党参＞黄芪＞板蓝根和王不留行。

表3 不同药材对根水浸液化感作用的敏感性比较

物种	三级敏感指数（M3）	二级敏感指数（M2）		一级敏感指数（M1）					
	物种水平	种子萌发阶段	幼苗生长阶段	发芽势	发芽率	发芽指数	苗鲜重	苗高	根长
王不留行	-1.71	-1.39	-0.32	-0.40	-0.20	-0.79	-0.19	0.02	-0.15
板蓝根	-1.71	-0.30	-1.41	-0.18	0.14	-0.26	-0.57	-0.33	-0.51
党参	-3.42	-1.63	-1.79	-0.71	-0.54	-0.38	-0.43	-0.45	-0.91
黄芪	-2.29	-0.52	-1.77	0.04	-0.16	-0.49	-0.55	-0.61	-0.61

3 讨 论

前人研究表明，根系分泌物影响种子萌发和幼苗生长[2,6,8-9]。黄玉梅等关于孔雀草水浸提液对4种植物化感作用的影响结果表明，随着浸提液浓度的升高，植物受伤害的程度也越大，并在高浓度时，对植物根长有显著的抑制作用，在一定浓度时，促进植物鲜重增加[19]。赵莉莉等研究表明，花椒叶片浸提液对草地早熟禾、高丹草、苜蓿、白三叶生长的影响中，不同浓度的浸提液对4种牧草的生长影响不同，表现出低浓度促进、高浓度抑制的现象[20]。本研究结果表明，4种药材种子的萌发对当归根水浸液总体表现出低促高抑效应，可能低浓度时，化感物质中的生理活性物质产生促进效应，而化感物质富集后，抑制效应逐渐突出，研究也表明，对4种药材种子发芽势的影响大于发芽率，且化感强度表现出浓度趋势，这与张子龙等[2]、张博等[11]研究的结果相似，说明化感物质能明显降低种子萌发的整齐度，抑制发芽指数，进而降低种群的丰富度。

沈洁等研究认为，凌霄花水浸提液对高羊矛幼苗生长的影响中，高羊矛幼苗苗长、根长、幼苗鲜重、根鲜重4个指标的化感作用均表现为低促高抑，且化感抑制强度依次为苗长＜根鲜重＜苗鲜重＜根长[21]。本研究表明，当归根水浸液除对王不留行的苗高有促进作用外，对4种药材幼苗的其他测定指标表现出抑制作用，说明不同药材对化感活性物质的响应不同，本研究还发现同种植株不同器官产生的化感效应也不同，其中对根的影响大于茎叶，本结果与前人[2,6,8-9,21]的研究结果相吻合，可能是不同器官的敏感性差异所致，也说明化感物质使根长缩短，生长缓慢，进而影响根系活力，从而影响根的吸收和生长发育进程。因此，可通过测定根的生长和生理指标作为评价化感程度的重要依据。

板蓝根、党参和黄芪的化感敏感性表明，幼苗生长阶段受到的化感抑制大于种子萌发阶段，说明种子的抗性较好，而幼苗阶段的反应更突出，更易受化感影响，张子龙等[2]的研究很好地证明了这一点，但王不留行种子萌发阶段受到的化感抑制大于幼苗生长阶段，与前人的研究有所不同，可能化感物质影响王不留行种子内酶的合成和酶活性，进而抑制细胞分裂，导致根系生长受损。也说明基因的差异，导致种间抗性存在明显的差异。

4 结　论

总体而言，4种药材对当归根水浸液的化感敏感性为党参＞黄芪＞板蓝根＞王不留行。化感物质虽对板蓝根和王不留行有影响，但总体影响较弱，由此表明，在选择与当归倒茬时，优先选择抗性较强的王不留行和板蓝根，党参最不适合作当归的后茬品种。此外，本研究仅对当归根水浸提液的化感作用进行研究，因素较单一，土壤中物质转化、离子拮抗和酸碱性的影响均未考虑，今后还需要在生产中深入研究。

参考文献

[1] 张敏，谈献和，张瑜，等．中药材连作障碍［J］．现代中药研究与实践，2012，26（1）：83-85.

[2] 张子龙，侯俊玲，王文全，等．三七水浸液对不同玉米品种的化感作用［J］．中国中药杂志，2014，39（4）：594-600.

[3] 张重义，林文雄．药用植物的化感自毒作用与连作障碍［J］．中国生态农业学报，2009，17（1）：189-196.

[4] 梁文举，张晓珂，姜勇，等．根分泌的化感物质及其对土壤生物产生的影响［J］．地球科学进展，2005，20（3）：330-337.

[5] 林嵩，翁伯琦．外来植物化感作用研究综述［J］．福建农业学报，2005，20（3）：202-210.

[6] 王雄飞，刘春生，高鹏，等．三七水提液对几种植物种子萌发和幼苗生长的化感作用［J］．中国农学通报，2014，30（4）：299-303.

[7] 周凯，郭维明，徐迎春，等．菊科植物化感作用研究进展［J］．生态学报，2004，24（8）：1780-1785.

[8] 王欣然，彭晓邦，蔡靖，等．杜仲叶水提液对 3 种物种的化感效应研究［J］．西北林学院学报，2010，25（4）：157-160.

[9] 李枫，王坚，许文博，等．冷蒿对三种禾本科植物种子萌发和幼苗生长的化感作用［J］．应用生态学报，2010，21（7）：1202-1208.

[10] 高承芳，翁伯琦，王义祥．植物化感作用对牧草影响的研究进展［J］．中国草地学报，2009，31（3）：92-99.

[11] 张博，赵庆芳，郭鹏辉，等．甘肃省重要中草药的化感作用初探［J］．安徽农业科学，2008，36（2）：601-604.

[12] 张子龙，王文全．药用植物连作障碍的形成机理及其防治［J］．中国农业科技导报，2009，11（6）：19-23.

[13] 张宏意，廖文波．当归种质资源遗传多样性的 AFLP 分析［J］．中药材，2014，37（4）：572-575.

[14] 张宏意，罗连，余意，等．当归种质资源调查研究［J］．中药材，2009，32（3）：335-337.

[15] 裴媛，谭初兵，徐为人，等．当归苯酞类和萜类成分作用的虚拟评价［J］．中草药，2010，41（6）：938-941.

[16] 宋秋月，付迎波，刘江，等．当归的化学成分研究［J］．中草药，2011，42（10）：1900-1904.

[17] 郑天翔，陈叶．黄芪硬实种子的破除方法研究［J］．种子，2016，35（6）：90-92.

[18] 何亚杰．不同处理方法对党参种子发芽的影响试验［J］．农业科技与信息，

2015（6）：52-53，55.

［19］黄玉梅，张扬雪，刘庆林，等．孔雀草水浸提液对四种园林植物化感作用的研究［J］．草业学报，2015，24（6）：150-158.

［20］赵莉莉，杨途熙，安智，等．花椒叶浸提液对四种牧草种子的化感作用［J］．西北林学院学报，2017，32（2）：150-154.

［21］沈洁，陈会，鸦明卉，等．凌霄干花水浸提液对高羊茅种子萌发和幼苗生长的化感作用［J］．连云港师范高等专科学校学报，2018，35（3）：99-103.

（本论文发表于《中国野生植物资源》2023 年第 3 期）

黄芪根腐病发生为害与防治

罗光宏[1] 陈 叶[1] 王 振[2] 郑复有[2]

（1. 河西学院，甘肃张掖 734000；2. 甘肃民乐县药材管理局，甘肃张掖 734500）

摘要：2001—2004 年对河西走廊绿洲灌区黄芪根腐病发病为害情况、病原和不同栽培条件下发病因子进行了调查。结果表明：河西走廊黄芪根腐病发病率为 21.4%，致病菌主要是尖镰孢菌（*Fusarium oxysporum* Schlecht.）和腐皮镰孢菌［*Fusarium solaniun*（Mart.）Sacc］。灌水不当或在黄芪结实期遇连续阴雨是引起黄芪根腐病大面积发生为害的直接因子，提出了相应的防治方法。

关键词：植物病理学；黄芪根腐病；发生为害；防治

黄芪（*Astragalus licentianus* Bge）为豆科多年生草本植物，以根入药，性温，味甘，具补气固表，托疮生肌等功效，是药用价值很高的中药材。黄芪性喜凉爽气候，耐旱耐寒，极适合在西部干旱区进行人工栽培。河西走廊绿洲灌区的张掖市、武威市、酒泉市是黄芪的主产区。随着市场对黄芪需求量的持续增加，药用黄芪的种植面积不断扩大，现已成为该区的支柱产业之一。近年来随着种植面积的扩大，轮作周期缩短，重茬和迎茬面积增加，致使黄芪根腐病为害逐年加重，已成为制约该地区黄芪持续发展的重要因素。为此，于 2001—2004 年对黄芪根腐病发病情况、病原和不同栽培条件下发病因子进行了调查和分析，旨在为大面积开展黄芪栽培及黄芪根腐病防治提供参考。

1 田间调查与病害鉴定

2001—2004 年，在黄芪生长初期和病害发生盛期，对河西走廊绿洲灌区张掖市甘州区的党寨乡和碱滩乡、民乐县的三浦乡和六坝乡、肃南县的明化区、山丹县的霍城乡、武威市（凉州区、天祝县）、酒泉市（金塔、玉门）等 24 个乡镇的黄芪栽培田进行了调查。根据不同地形、气候、栽培条件，采用“Z”形取样法，每点调查 10 株，记载各种病害症状、发病率、严重度，并用常规方法进行病原分离培养，镜检、测定孢子大小，每个菌株测 50 个孢子。

2 结 果

2.1 病害症状

病害一般从苗期开始发生，并由中心病株向四周蔓延。植株受害后，地上部分表现为长势衰弱，植株瘦小，叶灰绿色，严重时整株叶片枯黄、脱落。地下根茎部表皮粗糙，微发褐，有大量横向细纹，后产生大的纵向裂纹及龟裂纹。变褐根茎横切面韧皮部有许多空隙，呈塑料泡沫状，有紫色小点，表皮易剥落；髓部初生淡黄色圆形环纹，扩大后变成粗环纹，后变为淡紫褐色至淡黄褐色，蔓延至根下部。被害植株多从主根头部开始腐烂，病株主侧根上均可见到变皱的褐色斑，严重时根皮腐烂呈纤维状。剖视病根，维管束组织变褐。

2.2 病 原

经分离培养、致病性测定，初步确定有 2 种致病菌，即尖镰孢菌（*Fusarium oxysporum* Schiecht.）和腐皮镰孢菌［*Fusarium solaniun*（Mart.）Sacc］，与骆得功、韩相鹏等报道基本一致。尖镰孢菌菌落白色、灰白色至粉红色，菌丝繁茂絮状，松散。小型分生孢子单胞，个别双胞，椭圆形至卵圆形，两端较尖，大小为（6.9~10.2）μm×(2.4~3.2)μm。大型分生孢子镰刀形，壁厚，多为 3~4 隔膜，大小为(26.2~37.8)μm×(3.3~4.2)μm。

腐皮镰孢菌菌落土灰色、淡灰黄色，絮状，菌落表面似灰土状。菌丝无色，其上形成厚垣孢子。小型分生孢子椭圆形、长椭圆形，无色，单胞或双胞，大小(5.6~10.7)μm×(2.9~3.8)μm。大型分生孢子镰刀形或纺锤形，壁厚，大小(24.8~35.3)μm×(3.9~5.0)μm。

2.3 发病规律

2.3.1 病害发生的时间动态

受气候条件和栽培管理的影响，黄芪根腐病中心病株一般在 5 月上旬出现，以后逐渐蔓延，发病盛期为 7 月中旬至 8 月中旬。

2.3.2 种子、苗木与发病关系

黄芪根腐病属于土传病害，种子一般不带菌，以病残体和土壤带菌传播。调查表明，种子饱满，成熟度好，则发病轻；种子成熟不一，种质差，则发病率偏高。直播田的发病率低于移栽田；三年生的田块发病最重，二年生的田块发病次之，一

年生的田块发病较轻。黄芪苗期发病率不足5%，营养生长期发病较轻，营养生长与生殖生长并进期发病率上升，开花期和结实期发病最重。

2.3.3 种植密度与发病关系

田间调查结果表明，种植密度与发病率存在直接关系。30万株/hm^2、40万株/hm^2、50万株/hm^2、60万株/hm^2 4种种植密度下，其发病率分别为12.3%、15.1%、20.4%、32.8%。密度小的田块虽然单株生长良好，发病率低，但产量低，不可取。

2.3.4 灌水或降雨与发病关系

黄芪属耐旱型作物，喜旱怕涝。据调查，黄芪根腐病在干旱年份发病轻，多雨年份发病重；在灌水条件下，如果灌水量多，田间有积水而又不能及时排除，则发病重；灌水量适中，灌水后2 h田内无积水，则发病轻；单水口浇地发病偏重，多水口浇地发病轻；灌水速度慢，则发病重，灌水速度快，则发病轻；正午或高温时灌水，发病重，阴天无雨或早晨、傍晚时灌水，则发病轻；无雨或小雨时，发病轻，大雨或连续阴雨，发病重，在结实期遇连续阴雨，发病率达80%以上。

2.3.5 耕作制度与发病关系

黄芪喜欢生长在土层深厚，腐殖质含量高，排水良好的砂壤土、壤土地上。在调查中发现：黏土地、低洼地和排水不良的地块，发病率为32%~41%，黏土地发病最重，壤土地发病次之，排水良好的砂壤土发病最轻；进行精细整地的田块发病较轻，土壤质地粗糙，整地质量差，则发病率高；新开垦的荒地一般不发病或发病极轻，而种植多年的成熟地发病重；施用优质农家肥的田块发病轻，只单纯施用无机肥的田块发病重；前茬作物是小麦、玉米、油菜、棉花等的田块发病轻，前茬作物是胡麻、甜菜、瓜类、葫芦以及豆科作物等的田块发病重；进行合理轮作的田块发病轻，重茬或迎茬种植的田块发病重。据初步统计，重茬地发病率为55%以上，迎茬地发病率为33%以上。垄作或平畦的田块发病轻，平作的田块发病重。

3 防治技术

3.1 选地、整地

前茬以小麦、玉米、棉花、油菜地或蔬菜地为宜，避免胡麻、甜菜、瓜类、豆科植物等茬口。忌重茬或迎茬，轮作期以4~5年为宜。前作物收获后及时深耕翻，灌足底墒水。第二年早春土壤解冻10 cm深后及时进行精细整地，要求达到墒足、上虚下实等标准，结合整地，施入优质农家肥2 000 kg/hm^2。选用质量好的种子，移栽时尽可能减少伤口。条件许可时，改平作为畦作或垄作，密度以 40 万～50 万株/hm^2 为宜。

3.2 合理灌水

黄芪一年需浇水 4 次。当 3 片真叶时浇头水，营养生长旺盛期灌第二次水，开花期灌第三次水，结实期灌第四次水。降水多的地区，可少灌或不灌。注意灌水时，采用多水口浇灌，水速宜快不宜慢，水量宜小不宜大。田内不能有积水，若有积水应及时排除。阴雨天不灌水，正午或高温时不灌水。

3.3 药剂防治

黄芪根腐病的发病率受多种因素影响，一般在 5 月上旬开始发病，7 月中旬至 8 月中旬发病最严重。播种前 10～15 d，结合整地，用多菌灵粉剂在无风条件下均匀喷施于地表，及时耙地，深度 7～10 cm，使土药均匀混合，然后耥平，防效达 47%～56%。也可用多菌灵与甲基立枯磷 1∶1 混配成 200 倍液浸苗 5 min，晾 1～2 h 后移栽，防病效果达 85%以上。在田间，若发现中心病株应及时连根带土移出，用 5%石灰乳消毒，并用 50%退菌特可湿性粉剂 800～1 000倍液喷雾，也可用甲基硫菌灵 800 倍液叶面喷雾，连喷 2～3 次，防效较好。

（本论文发表于《植物保护》2005 年第 4 期）

N、P、K 肥的施用量对膜荚黄芪育苗的影响

陈 叶[1,2] 王延宏[1] 张 东[1] 魏 宁[3] 景玉霞[3]

（1. 河西学院农业与生物技术学院，甘肃张掖 734000；
2. 甘肃省河西走廊特色资源利用省级重点实验室，甘肃张掖 734000；
3. 亚东生物科技有限责任公司，甘肃张掖 734000）

摘要：［目的］探寻最佳施肥方案，为解决河西地区黄芪规模化育苗提供依据。［方法］采用三因素三水平正交设计试验，研究 N、P、K 肥的用量对膜荚黄芪根长、根鲜重、根粗的影响。［结果］$N_3P_2K_2$组合（纯 N 为 546.9 kg/hm_2、P_2O_5为 172.5 kg/hm^2、K_2O 为 288.0 kg/hm^2）对根长最优；$N_3P_2K_2$ 组合（纯 N 为 546.9 kg/hm^2、P_2O_5为 172.5 kg/hm^2、K_2O 为 288.0 kg/hm^2）对根粗最优；$N_2P_2K_3$组合（纯 N 为 380.7 kg/hm^2、P_2O_5 172.5 kg/hm^2、K_2O 432.0 kg/hm^2）对根鲜重最优。［结论］黄芪育苗以 $N_3P_2K_2$组合最佳，即采用纯 N 546.9 kg/hm^2、P_2O_5 172.5 kg/hm^2、K_2O 288.0 kg/hm^2，建议在生产中应用。

关键词：膜荚黄芪；氮磷钾用量；育苗

膜荚黄芪（*Astragalus membranaceus*）为豆科黄芪属多年生草本植物。以根入药，具补气升阳、固表止汗、生津养血、托毒生肌、利水消肿等功效[1]，是传统和现代医药中大宗的中药材之一，也是保健食品和饮料中较广泛应用的一种原料和添加剂[2]。现代医学研究证实，黄芪多糖具有增强机体免疫、调节血糖、抗肿瘤、抗衰老和促进神经干细胞增殖和向神经元分化等作用，且黄芪多糖是其根的主要活性成分之一[3-4]。膜荚黄芪主产于山西、内蒙古、河北、甘肃和陕西等地，适应干旱、高光强、无霜期短的生长环境。目前，野生资源已不能满足市场需求，人工栽培现已成为药源的主要渠道，而水肥管理是黄芪高产、优质的重要举措。前人研究了施肥对黄芪生长的影响，王振等[5]通过田间试验建立了氮、磷、钾的施肥边际值与膜荚黄芪根产量、多糖含量的效应函数；李庆等[6]采用随机区组设计法，研究施肥条件对二年生黄芪生长的影响；荆志宇[7]研究了施肥量对蒙古黄芪种子产量的影响，但在黄芪育苗中的肥料试验未见报道。

近几年来，随着河西地区土地经营权流转进程的加快，专业大户种植以黄芪为主的中草药份额逐年增大，对黄芪种苗的需求也随之增大。而河西地区的种苗均从

外地引入，在运输途中往往会产生种苗的机械损伤、幼苗失水严重等问题，导致种苗的质量下降，种植成本增加，效益降低，从而影响了药农种植的积极性。为此，本研究以膜荚黄芪为材料，通过研究氮、磷、钾的不同用量，探寻其最佳施肥方案，为解决河西地区黄芪规模化育苗提供依据。

1　材料与方法

1.1　试验田概况

试验于2016年3月至2017年4月在张掖市民乐县六坝镇农田中进行，该区地处甘肃河西走廊中段，海拔2 281 m，年平均气温4.1 ℃，年平均降水量351 mm，无霜期140 d左右，年日照时数2 592~2 992 h，属温带大陆性荒漠草原气候。试验地土壤为耕种灰漠土，土壤质地为黏质土，土壤肥力中等，pH值7.8，有机质含量为1.83 g/kg，碱解氮24.21 g/kg、速效磷4.01 g/kg、速效钾65.42 g/kg。前茬作物为马铃薯，有排灌条件。膜荚黄芪于2016年4月15日播种，于2017年4月15日收获。

1.2　试验材料

膜荚黄芪种子由甘肃亚东生物科技有限公司提供；供试肥料：纯氮（N 46.4%）由新疆中能万源化工有限公司生产；磷酸二铵（N 18%+P_2O_5 46%）由云南磷化集团海口磷业有限公司生产；K_2O（K 48%）由山东阿四季丰化肥有限公司生产。

1.3　试验方法

试验采用三因素三水平正交设计：纯N（A，kg/hm^2，三水平：A1、A2、A3）、P_2O_5（B，kg/hm^2，三水平：B1、B2、B3）、K_2O（C，kg/hm^2，三水平：C1、C2、C3），见表1。试验共设9个处理（表2），3次重复，每个处理的小区面积为15 m^2（3 m×5 m）。种植采用地膜覆盖的方式，平作，行距10 cm，株距5 cm。

表1　因素与水平　　单位：kg/hm^2

水平	A（N）	B（P_2O_5）	C（K_2O）
1	214.5	103.5	144.0
2	380.7	172.5	288.0
3	546.9	241.5	432.0

表 2 正交试验设计及结果

试验号	因素			试验结果		
	A	B	C	根长（cm）	根粗（cm）	根鲜重（株）
1	1	1	1	29.89	0.63	5.35
2	1	2	2	30.97	0.80	9.07
3	1	3	3	28.22	0.74	9.65
4	2	1	2	30.28	0.69	7.10
5	2	2	3	30.38	0.83	9.94
6	2	3	1	27.80	0.81	9.72
7	3	1	3	29.87	0.64	6.48
8	3	2	1	31.30	0.78	10.57
9	3	3	2	29.00	0.76	9.34

1.4 试验实施与管理

试验于 2016 年 3 月 5 日布设样地，4 月 15 日开始播种，施肥按照试验设计方案进行，磷酸二铵在播种前整地时作为基肥 1 次施入，N 肥和 K 肥分 2 次施入，1/3作为基肥施入，另外 2/3 于 6 月中旬作为追肥施入。

1.5 样品采集和测定

种苗于 2017 年 4 月 15 日收获，每个处理小区随机选取黄芪幼苗 50 株，分别测定黄芪地下部分的根长、根粗和根鲜重，求平均值。

1.6 数据处理

用 Excel 2013、SPSS 统计软件进行数据处理和分析。

2 结果与分析

2.1 N、P、K 肥用量对膜荚黄芪根长的影响

由表 2、表 3 可知，3 个因素的极差分别为 0.57、2.54 和 0.59，显然各因素对黄芪根长的影响按大小次序为 P>K>N。P 肥的极差 2.54 最大，是考虑的主要因素，其中第 2 水平所对应的数值 30.88 最大，所以取第 2 水平为最优水平；K 肥的极差为 0.59，第 2 水平所对应的数值 30.08 最大，为最优水平；N 肥的极差为 0.57，是 3 个因素中极差最小的，其中第 3 水平所对应的数值 30.06 最大，所以取

第 3 水平为最优水平，即最佳组合为 $N_3P_2K_2$，即 N 为 546.9 kg/hm^2、P_2O_5为 172.5 kg/hm^2、K_2O 为 288.0 kg/hm^2。

表 3　黄芪根长的直观分析

因素	$\overline{K}_1$	$\overline{K}_2$	$\overline{K}_3$	极差 R
A	29.69	29.49	30.06	0.57
B	30.01	30.88	28.34	2.54
C	29.66	30.08	29.49	0.59

2.2　N、P、K 肥对膜荚黄芪根鲜重的影响

由表 4 可知，3 个因素的极差分别为 0.90、3.55 和 0.18，显然各因素对黄芪根鲜重的影响按大小次序为 P＞N＞K，P 肥的极差 3.55 最大，说明 P 肥的水平改变时对根鲜重的影响最大，因此 P 肥是考虑的主要因素，它的第 2 水平所对应的数值 9.86 最大，为最优水平；N 肥的极差为 0.90，它的第 2 水平所对应的数值 8.92 最大，所以取第 2 水平为最优水平；K 肥的极差为 0.18，是 3 个因素中极差最小的，说明它的水平改变时对根鲜重的影响最小，它的第 3 水平所对应的数值 8.69 最大，所以取第 3 水平为最优水平，即最优组合为 $N_2P_2K_3$，即纯 N 380.7 kg/hm^2、P_2O_5 172.5 kg/hm^2、K_2O 432.0 kg/hm^2）。

表 4　黄芪根鲜重的直观分析

因素	$\overline{K}_1$	$\overline{K}_2$	$\overline{K}_3$	极差 R
A	8.02	8.92	8.80	0.90
B	6.31	9.86	9.57	3.55
C	8.55	8.51	8.69	0.18

2.3　N、P、K 肥对膜荚黄芪根粗的影响

由表 5 可知，N、P、K 3 个因素的极差 R 分别为 2.04、1.32 和 1.20，其中 N 肥的极差为 2.04，在 3 个因素中极差最大，说明 N 肥的施用水平对根粗的影响最大，因此 N 肥是考虑的主要因素，第 3 水平所对应的数值最大，所以取它的第 3 水平为优水平；P 肥的极差为 1.32，次于 N 肥，第 2 水平所对应的数值 8.14 最大，所以取它的第 2 水平最好；K 肥的极差为 1.20，是 3 个因素中极差最小的，说明它的施用水平对根粗影响最小，第 2 水平所对应的数值 8.25 最大，所以取第 2 水平

最好，由此N、P、K因素对根粗的影响按大小次序为N>P>K，最好的组合为$N_3P_2K_2$，即N为546.9 kg/hm²、P_2O_5为172.5 kg/hm²、K_2O为288 kg/hm²。

表5　黄芪根粗的直观分析

因素	$\overline{K}_1$	$\overline{K}_2$	$\overline{K}_3$	极差 R
A	7.17	6.83	8.87	2.04
B	7.92	8.14	6.82	1.32
C	7.05	8.25	7.57	1.20

3　结　论

施肥量是黄芪育苗的一项关键性技术，其根长、根粗、根鲜重是反映育苗质量最直观的指标。试验研究表明，$N_3P_2K_2$组合对根长最优；$N_3P_2K_2$组合对根粗最优；$N_2P_2K_3$组合对根鲜重最优。将根长、根粗和根鲜重三因素综合考虑，$N_3P_2K_2$（N 546.9 kg/hm²、P_2O_5 172.5 kg/hm²、K_2O 288.0 kg/hm²）处理组合对膜荚黄芪的根长、根粗和根重均起到了较好的促进作用，建议在生产中应用。

参考文献

[1]　米永伟，蔡子平，武伟国，等．播种量和方式对甘肃渭源蒙古黄芪育苗质量和产量的影响［J］．草业学报，2016，25（7）：196-207.

[2]　JIN，M，et al. The planting soil and the analysis of heavy metals and pesticide residues in medicinal ma-terials of *Astragalus membranaceus*［J］. Journal of Chinese Medicinal Materials，2015，38（3）：454-456.

[3]　CHEN Y，ZHU L，GUO F，et al. Isolation and identification of the pathogens causing *Astragalus membranaceus* root rot in Weiyuan of Gansu Province［J］. Acta Phytopathologica Sinica，2011，41（4）：428-431.

[4]　杜国军，秦雪梅，李震宇，等．膜荚黄芪主产区2种不同种植模式黄芪药材的质量比较［J］．中草药，2013，44（23）：3386-3393.

[5]　王振，王渭玲，徐福利，等．膜荚黄芪氮磷钾优化施肥模式研究［J］．植物营养与肥料学报，2008，14（3）：552-557.

[6]　李庆，孙义林．施肥条件对黄芪生长的影响［J］．牡丹江师范学院学报（自然科学版），2010（2）：39-40.

[7] 荆志宇. 蒙古黄芪适宜施肥量及种子采收期研究 [D]. 兰州：甘肃农业大学，2011.

（本论文发表于《园艺与种苗》2019 年第 6 期）

黄芪硬实种子的破除方法研究

郑天翔　陈　叶

（河西学院，甘肃张掖　734000）

蒙古黄芪和荚膜黄芪是《中国药典》里规定的中药材黄芪的源植物。黄芪为豆科黄芪属多年生草本植物，是著名的道地中药材，以根入药，为国家三级保护植物。在人工栽培黄芪的过程中，黄芪种子硬实成为黄芪栽培中的一个制约因素。黄芪种子硬实导致种子透水性差，吸胀困难，田间出苗率低，出苗不整齐，直接影响经济效益的提高。本试验选择蒙古黄芪种子为研究对象，选择合理的破除硬实方法，以期为黄芪生产提供参考。

1　材料和方法

1.1　供试品种

供试品种为蒙古黄芪种子，购买于张掖市民乐县种子门市部。试验前剔除干瘪，虫蛀种子及杂质、杂物，精选饱满且有光泽的优良种子备用。

1.2　试剂及药品

赤霉素粉剂，98%的浓硫酸，30%的双氧水，高锰酸钾，木砂纸。

1.3　试验方法

1.3.1　种子预处理

将供试种子用蒸馏水浸泡在1 000 mL的烧杯中，放在25 ℃恒温培养箱，每天换水，且挑出吸胀种子，直到挑不出吸胀种子为止，将硬实种子在实验室自然干燥，以备实验用。

1.3.2　种子处理方法

1.3.2.1　浓硫酸处理

用98%的浓硫酸分别处理种子10 min、20 min、30 min、40 min、50 min、60 min，浓硫酸与种子的质量比为8：1，处理后用蒸馏水多次冲洗，置于光照培养箱中进行发芽。

1.3.2.2　赤霉素处理

实验设100 mg/kg、200 mg/kg、300 mg/kg、400 mg/kg、500 mg/kg 5个浓度处理，浸液与种子体积比为5∶1，浸种时间为24 h，处理结束后用清水反复冲洗多次。置于光照培养箱中进行发芽。

1.3.2.3　双氧水处理

用浓度为0，3%，6%，9%，12%的双氧水浸种2 h，处理结束后用蒸馏水清洗干净，置于光照培养箱中进行发芽。

1.3.2.4　热水浸种

用40 ℃，50 ℃，60 ℃，70 ℃，80 ℃，90 ℃，100 ℃的热水浸泡种子，自然降至室温，置于光照培养箱中进行发芽，并观测记录试验结果。

1.3.2.5　砂纸摩擦

将种子置于市售木砂纸上，再用手按住砂纸轻轻摩擦种子至表面失去光泽，不宜擦破种皮，用蒸馏水清洗干净，并观测记录试验结果。

1.3.3　最优方法的比较

从以上不同处理中分别选出最优方法，然后通过发芽试验选出最佳方法。

以上处理均置于铺有两层湿润滤纸的发芽盒中，放入光照培养箱中进行发芽试验，培养箱温度为25 ℃，光照3 000 lx，每天补充适量水分，并观察记录数据。

1.4　测定项目与测定方法

1.4.1　种子千粒重的测定

随机数取净种子100粒称重，5次重复，计算平均值。

1.4.2　种子硬实率的测定

随机数取净种子100粒，置于小烧杯中，加蒸馏水室温条件下浸种24 h，统计未吸胀种子数，计算种子硬实率，3次重复，取平均值。

1.4.3　发芽率的计算

发芽率=正常发芽种子数/供试种子总数×100%

1.5　数据统计及分析方法

采用Excel 2003处理实验数据，SPSS统计软件进行相关分析。

2 结果与分析

2.1 种子千粒重和硬实率

经测定，种子的千粒重为6.317 g，种子的硬实率为40%。

2.2 浓硫酸处理对黄芪硬实种子发芽率、发芽势的影响

用浓硫酸处理黄芪硬实种子可以破坏种皮坚硬的结构，增强种子的透水性。由表1可以看出，用相同浓度的浓硫酸对黄芪硬实种子做不同时间的处理，在10~30 min处理范围内种子的发芽率和发芽势均呈正相关性，硬实种子在处理30 min时发芽率达到最大，为64%，发芽势也达到最大，为34%。30 min后随着处理时间的增加，发芽率和发芽势开始下降，处理时间超过50 min后，有部分发芽种子出现死亡。处理30 min的发芽率和发芽势与其他时间的处理差异显著，由此可知，用98%浓硫酸处理黄芪的硬实种子30 min，能明显提高发芽率和发芽势。

表1 不同时间下浓硫酸处理黄芪硬实种子的发芽率和发芽势

处理时间（min）	发芽率（%）	5%显著水平	1%显著水平	发芽势（%）	5%显著水平	1%显著水平
10	54.33	bc	B	6.00	e	D
20	56.00	b	B	24.67	bc	BC
30	64.00	a	A	34.00	a	A
40	54.00	bc	B	28.00	b	B
50	53.67	bc	B	22.67	cd	BC
60	51.33	c	B	20.00	d	C

2.3 赤霉素处理对黄芪硬实种子发芽率、发芽势的影响

不同浓度的赤霉素处理黄芪硬实种子的发芽率、发芽势情况见表2。可以看出使用浓度为100~500 mg/kg的赤霉素处理黄芪硬实种子都可以提高发芽率和发芽势。在100~300 mg/kg浓度的赤霉素处理下，发芽率、发芽势随着浓度的增加而增大，在300~500 mg/kg浓度的赤霉素处理下，发芽率、发芽势随着浓度的增

加而减小，发芽率、发芽势在赤霉素浓度为 300 mg/kg 时达到峰值，其发芽率为 24.00%，发芽势为 5.33%。赤霉素浓度为 300 mg/kg 的处理发芽率与其他浓度处理存在显著差异，表明赤霉素溶液在适宜浓度下能够促进种子的发芽，高浓度则抑制种子的发芽。

表 2　不同浓度的赤霉素处理黄芪硬实种子的发芽率和发芽势

处理浓度（mg/kg）	发芽率（%）	5%显著水平	1%显著水平	发芽势（%）	5%显著水平	1%显著水平
100	14.10	c	B	2.00	b	A
200	18.24	b	B	3.33	ab	A
300	24.00	a	A	5.33	ab	A
400	16.30	bc	B	4.67	a	A
500	13.33	c	B	4.00	ab	A

2.4　双氧水处理对黄芪硬实种子发芽率、发芽势的影响

从表 3 可以看出，适宜浓度的双氧水处理黄芪硬实种子可以提高黄芪硬实种子的发芽率和发芽势，浓度为 3%时，发芽率达到最大，为 16%，随着双氧水浓度的增加，发芽率呈下降趋势，而发芽势呈上升趋势，但破除效果不理想。

表 3　不同浓度的双氧水处理黄芪硬实种子的发芽率和发芽势

处理浓度（%）	发芽率（%）	5%显著水平	1%显著水平	发芽势（%）	5%显著水平	1%显著水平
0	0.00	d	C	0.00	d	C
3	16.00	a	A	0.67	cd	C
6	10.67	b	B	2.00	bc	BC
9	8.67	bc	B	3.33	b	AB
12	7.33	c	B	5.33	a	A

2.5　热水处理对黄芪硬实种子发芽率、发芽势的影响

从表 4 可以看出，用不同温度的热水处理黄芪硬实种子，随着温度的增加，发

芽率和发芽势也逐渐增加。用 100 ℃的热水处理黄芪硬实种子，发芽率达到最大，为 22.67%，发芽势也达到最大，为 12.67%。100 ℃的热水处理发芽率、发芽势与其他温热水处理存在显著差异。因此，用热水处理黄芪种子可以提高种子的发芽率和发芽势，是一种比较经济的处理方法。

表 4　不同温度的水处理黄芪硬实种子的发芽率和发芽势

处理温度（℃）	发芽率（%）	5%显著水平	1%显著水平	发芽势（%）	5%显著水平	1%显著水平
30	0.00	e	E	0.00	f	E
40	11.33	d	D	1.33	ef	DE
50	12.67	cd	D	2.67	de	CD
60	14.00	cd	D	3.33	cd	CD
70	14.67	c	CD	4.67	c	C
80	18.00	b	BC	7.33	b	B
90	18.67	b	B	8.00	b	B
100	22.67	a	A	12.67	a	A

2.6　砂纸打摩对硬实种子发芽的影响

种子经砂纸摩擦后，种子的发芽率达 63.10%，发芽势为 45.23%。由此说明，用砂纸摩擦可明显破除种子的硬实。

2.7　不同处理间最优方法破除黄芪硬实种子的比较

通过不同处理间最优方法的比较试验，结果表明，对黄芪种子硬实破除以浓硫酸处理 30 min 效果较好，可以达到 64.44%，其次是砂纸摩擦，可以达到 63.10%。而赤霉素、热水、双氧水处理虽有一定的破除作用，但效果不理想（表 5）。发芽势以砂纸摩擦处理最高，可以达到 45.23%，其次是浓硫酸处理 30 min，可以达到 33.12%。由此说明，98%的浓硫酸处理 30 min 和砂纸摩擦处理是较理想的方法。

表 5　不同处理间最优方法对黄芪硬实种子的发芽率和发芽势比较

处理	发芽率（%）	5%显著水平	1%显著水平	发芽势（%）	5%显著水平	1%显著水平
砂纸摩擦	63.10	a	A	45.23	a	A
浓硫酸（30 min）	64.44	a	A	33.12	b	B

（续表）

处理	发芽率（%）	5%显著水平	1%显著水平	发芽势（%）	5%显著水平	1%显著水平
赤霉素（300 mg/kg）	25. 20	b	B	5. 53	d	C
双氧水（16%）	16. 53	c	C	0. 87	e	D
温度（100 ℃）	23. 17	b	B	13. 17	c	C

3 结论与讨论

黄芪种子硬实现象普遍存在。黄芪种皮含有大量的蜡质、油脂和果胶质，在成熟期收获的时候如果遇到干旱天气会使种子大量脱水，造成黄芪种子的硬实；黄芪种子小，并且种脐小、结构紧密，这种原因也造成了黄芪的硬实现象。破除黄芪种子硬实的方法主要有化学法，物理法，生物法。本试验通过对黄芪硬实种子的不同处理，结果表明，98%的浓硫酸处理 30 min 和砂纸摩擦处理可以显著提高黄芪硬实种子的发芽率和发芽势，可在生产中推广应用，但在大规模生产黄芪的情况下，砂纸摩擦会带来很多的不便，因此可以用机械打磨代替砂纸摩擦，可以有效地破除黄芪种子的硬实。有关机械打磨破除黄芪种子的硬实有待于进一步研究。

（本论文发表于《种子》2016 年第 6 期）

膜荚黄芪根水浸液对4种作物种子萌发及幼苗生长的影响

陈 叶[1,2] 南 静[1] 苏彩娟[1] 马银山[1,2] 魏 宁[3] 景玉霞[3]

（1. 河西学院农业与生态工程学院，甘肃张掖 734000；
2. 甘肃省河西走廊特色资源利用重点实验室，甘肃张掖 734000；
3. 亚东生物科技有限责任公司，甘肃张掖 734000）

摘要：通过室内生物测定法，研究了黄芪根水浸液对4种作物种子萌发及幼苗生长的化感影响。结果表明，黄芪根水浸液对4种作物种子萌发及幼苗生长均有明显的化感作用，其中根受到的化感抑制大于地上部分，种子萌发阶段受到的化感抑制大于幼苗生长阶段。不同受体的发芽势、最长根长和根冠比受到的化感抑制最强。4种作物的化感敏感性为小麦＞板蓝根＞大麦＞大豆。因此，选择与黄芪轮作、套作的作物时，优先选择大豆和大麦，其次为板蓝根。

关键词：膜荚黄芪；根水浸液；作物；化感作用

植物化感作用是指一种活体植物产生并以挥发、淋溶、分泌和分解等方式向环境释放次生代谢物而影响邻近伴生植物的生长发育的化学生态学现象[1]。孔垂华等[2]提出植物化感作用为一种活或死的植物通过适当的途径向环境释放特定的化学物质从而直接或间接影响邻茬或下茬（后续）同种或异种植物萌发和生长的效应，这种效应绝大多数情况下是抑制作用。化感作用的研究是一门新兴的交叉学科，近年来受到人们的重视，将对作物的配置、耕作制度和栽培管理的实际应用产生影响。

膜荚黄芪（*Astragalus membranaceus* Bunge）为豆科黄芪属草本植物，含有多种人体必需的氨基酸、多糖、微量元素等，并且有较高的营养价值和药用价值。黄芪在种植过程中存在严重的连作障碍现象[3]，是由于黄芪中含有大量的甜菜碱、咖啡酸、克洛酸、阿魏酸、黄酮类等化感物质[4]，这些物质部分通过根系释放到根际土壤中，从而引起土壤理化性状和微生物环境的改变。而轮作是恢复土壤地力、减少病虫害，减轻药用植物连作障碍的重要措施[5]。近年来的研究[6-7]表明，蒙古黄芪根水提液中存在自毒物质；赵旭等[8]认为蒙古黄芪产生的化感自毒效应随根系分泌物浓度的升高而增强；张博等[9]认为蒙古黄芪植株水提液对小麦、黄瓜、萝卜和白菜均有抑制作用。叶文斌等[10]研究了黄芪种植地土壤水浸液对玉米种子的萌发和幼苗生长有化感效应。甘肃河西地区主栽膜荚黄芪，但在黄芪种植后，如何建立合理的黄芪轮作体系研究较少。为此，本试验研究黄芪根水浸液对当地主栽的小麦、大麦、大豆和板蓝根 4 种作物种子萌发和幼苗生长的影响，以期为建立高效的轮作模式提供一定的理论依据。

1　材料与方法

1.1　试验材料

试验材料为 2018 年 9 月采自河西学院教学科研示范园内二年生膜荚黄芪的根。采后用清水洗净、风干、粉碎备用。4 种农作物种子分别为小麦（兰天 26 号）、大麦（甘啤 6 号）、大豆（广石绿大豆 1 号）和板蓝根，种子均购自张掖市种子门市部。

1.2　试验方法

1.2.1　水浸液的制备

按 10 g 膜荚黄芪根粉碎物，加 600 mL 蒸馏水的比例，浸泡 36 h，过滤，制得 0.16 7 g/mL 的母液[11]。然后取母液稀释为 0.10 g/mL、0.05 g/mL、0.01 g/mL、0.005 g/mL 的水浸液，4 ℃下保存待用。

1.2.2　发芽试验

将高温灭菌后的干净河沙，装进发芽盒（13 cm×19 cm×6 cm）中，每盒沙床的厚度为 2 cm。将不同浓度的黄芪根水浸液 20 mL 添加到发芽盒中，同一浓度设 3 次重复，以蒸馏水为对照。将 4 种农作物种子用 3%的次氯酸钠（NaClO）溶液消毒后，均匀播入装有沙子的发芽盒中，25 粒/盒，置于温度为 25 ℃，光照/黑暗为 14 h/10 h 的培养箱内培养。播后次日开始，每天记录萌发的种子数，并补充蒸馏水，保持河沙湿度。连续观察 10 d，计算发芽势、发芽率、发芽指数等，第 15 天测定 4 种作物的幼苗生长指标。

1.3　植株生长指标测定

1.3.1　发芽指标测定

发芽结束后，统计发芽率、发芽势，测量株高、根长、叶片数；称取根和苗的鲜重。

发芽率(GR)=(萌发的种子数/播种数)×100%;

发芽指数(GL)= $\sum(Gt/Dt)$,其中 Gt 为 t 日内的发芽数,Dt 为相应的发芽天数;

活力指数(VI)= $GI \times S$(GI 为发芽指数,S 为幼苗的根长)[1,8]。

1.3.2 生长指标

发芽试验第 15 天，每皿选择整齐一致的幼苗 10 株，测量苗高和最长根长。将植株的地上部与根部分开，称取鲜重，根据茎叶鲜重和根鲜重计算根冠比，根冠比=根鲜重/茎叶鲜重。

1.3.3 化感指数计算

采用化感作用效应指数（RI，简称化感指数）度量化感作用强度。$RI=1-C/T$（$T \geqslant C$）；$RI=T/C-1$（$T<C$），式中，C 为对照值，T 为处理值。当 $RI>0$ 表现为促进作用，$RI<0$ 表现为抑制作用[1]。采用平均敏感指数（MSI）来评价作物对化感作用的敏感性，$MSIR=\text{SUM}(a1+a2+a3\cdots\cdots+an)/n$。其中 R 表示 MSI 的级别（发芽势、发芽率、发芽指数、活力指数、茎叶鲜重、根鲜重、苗高、根长、根冠比的化感性为一级指标，种子萌发阶段、幼苗生长阶段的化感性为二级指标，作物水平的化感性为三级指标），a 为数据项，n 表示该级别数据（RI）的总个数，$MSI>0$ 表现为促进，$MSI<0$ 表现为抑制[11]。

1.3.4 数据处理

所有试验数据利用 Excel 2007 统计，DPS v7.50 软件对其进行处理分析。

2 结果与分析

2.1 根水浸液对不同作物种子萌发的影响

由表 1 和表 3 可知，根水浸液对小麦种子的萌发随根水浸液浓度的升高而降低。与对照相比，在水浸液浓度为 0.01 g/mL 时，小麦发芽率、发芽指数和活力指数呈显著性差异；在水浸液浓度为 0.05 g/mL 时，发芽势有显著性影响；当水浸液浓度达到 0.10 g/mL 时，小麦种子的萌发完全受到抑制。根水浸液对大麦种子发芽势、发芽指数和活力指数的影响呈低促高抑效应，与对照相比差异不显著；其发芽率随着水浸液浓度的升高而下降，在根水浸液浓度为 0.10 g/mL 时，与对照相比差异显著。黄芪根水浸液对大豆种子的发芽指数和活力指数呈促进作用，与对照相比差异不显著；在浓度为 0.005 g/mL 时，其发芽势与对照相比差异显著；当根水浸液浓度为 0.10 g/mL 时发芽率最高，与对照相比差异显著。黄芪根水浸液对板蓝根种子的发芽指数、活力指数呈低促高抑效应，与对照相比差异不显著，而发芽率和发芽势与水浸液呈量增效减效应，当浓度为 0.05 g/mL 时，发芽率与对照相比差异显著，当浓度为 0.10 g/mL 时，发芽势与对照相比差异显著。由此可见，黄芪根水浸液浓度对不同作物种子萌发的化感不同，且化感强度差异较大。

表 1　黄芪根水浸液对不同作物种子萌发的影响

作物	水浸液浓度（g/mL）	发芽势（%）	发芽率（%）	发芽指数	活力指数
小麦	0（CK）	83.3±6.4aA	98.3±2.9aA	4.7±0.3aA	5.2±1.1aA
	0.005	79.7±6.1abA	88.3±7.6bAB	4.3±0.5abA	3.8±1.1bAB
	0.01	70.0±5.0abA	81.7±7.6bBC	3.9±0.7bA	3.5±0.7bAB
	0.05	65.1±5.0bA	70.0±5.0cC	3.7±0.1bA	3.2±0.4bB
	0.10	0.0±0.0cB	0.0±0.0dD	0.0±0.0cB	0.0±0.0cC
大麦	0（CK）	68.3±2.9aA	81.7±2.9aA	3.8±0.1aA	4.7±0.6aA
	0.005	70.3±2.9aA	78.3±2.9abAB	3.9±0.1aA	5.2±0.4aA
	0.01	65.0±5.0aA	76.7±5.8abAB	3.8±0.3aA	5.1±0.6aA
	0.05	60.7±7.6aA	71.7±2.9bAB	3.8±0.6aA	5.0±0.6aA
	0.10	58.0±5.0aA	70.0±5.0bB	3.7±0.6aA	4.3±0.0aA
大豆	0（CK）	56.7±7.6aA	63.3±5.8bB	3.0±0.4aA	33.0±1.6aA
	0.005	38.3±2.9bB	65.0±5.0bB	3.1±0.3aA	33.7±3.4aA
	0.01	36.7±2.9bB	73.3±2.9aA	3.2±0.1aA	33.9±3.1aA
	0.05	35.0±2.0bB	75.1±5.0aA	3.2±0.3aA	34.7±3.6aA
	0.10	33.3±2.9bB	74.1±5.0aA	3.2±0.2aA	34.1±0.5aA
板蓝根	0（CK）	63.3±8.4aA	93.3±2.9aA	3.1±1.8aA	0.6±0.5aA
	0.005	60.7±8.4aA	88.3±5.8aA	3.9±0.3aA	0.8±0.3aA
	0.01	41.7±7.6bB	76.7±7.6bcB	3.3±0.4aA	0.7±0.1aA
	0.05	35.0±9.2bB	70.1±5.0cC	2.7±1.6aA	0.6±0.2aA
	0.10	13.3±2.9cC	50.1±0.0dD	1.9±0.1aA	0.3±0.1aA

注：不同大、小写字母表示在 0.01、0.05 水平差异显著。下同。

2.2　根水浸液对不同作物幼苗生长的影响

由表 2 和表 3 可见，黄芪根水浸液对小麦的幼苗生长呈量增效减效应。与对照相比，当浓度为 0.005 g/mL 时对茎叶鲜重有显著的抑制作用；当浓度为 0.05 g/mL 时对根长有显著的抑制作用。黄芪根水浸液对大麦幼苗的不同部位影响不同，与对照相比，当浓度为 0.05 g/mL 时，茎叶鲜重和苗高达到最大，差异达极显著水平；当水浸液浓度为 0.10 g/mL 时，对根长和根冠比有显著的抑制作用；对根鲜重的影响较小。黄芪根水浸液对大豆的根冠比影响较小；在 0.005 g/mL 时，茎叶鲜重和根鲜重的值达到最大，且与对照相比差异显著；根长和苗高在浓度为 0.1 g/mL 时有显著性影响。根水浸液对板蓝根的茎叶鲜重和根冠比的影响较小，在 0.005 g/mL 时，与对照相比，根鲜重表现为显著的促进作用；在 0.10 g/mL 时，最长根长表现为显著的抑制作用。由此可见，黄芪根水浸液对不同作物和同一作物不同部位间化感程度不同，总体来看，低浓度有利于板蓝根幼苗的生长，而高浓度对板蓝根幼苗的化感趋强，且对地下部分的影响大于地上部分。

表 2　黄芪根水浸液对不同作物幼苗生长的影响

作物	水浸液浓度（g/mL）	茎叶鲜重（g/10 株）	根鲜重（g/10 株）	苗高（cm）	根长（cm）	根冠比
小麦	0（CK）	1.11±0.18aA	0.57±0.21aA	15.27±2.58aA	16.97±3.04aA	0.52±0.17aA
	0.005	0.90±0.11bA	0.49±0.15aA	14.07±1.42aA	16.23±0.51aA	0.43±0.12aA
	0.01	0.89±0.07bA	0.37±0.13aA	13.33±0.99aA	15.97±1.06aA	0.41±0.01aAB
	0.05	0.87±0.11bA	0.32±0.24aA	12.90±1.15aA	11.47±0.81bB	0.38±0.31aAB
	0.10	0.00±0.00cB	0.00±0.00bB	0.00±0.00bB	0.00±0.00cC	0.00±0.00bB
大麦	0（CK）	1.24±0.19bB	0.64±0.32aA	13.30±1.21cB	16.43±3.48aA	0.50±0.20aA
	0.005	1.35±0.08bAB	0.60±0.14aA	13.96±0.55bcAB	16.30±1.97aA	0.42±0.07abA
	0.01	1.36±0.04bAB	0.56±0.14aA	14.8±0.45abcAB	15.60±0.80aA	0.42±0.10abA
	0.05	1.65±0.13aA	0.50±0.05aA	15.73±0.90aA	13.40±1.60abAB	0.38±0.07abA
	0.10	1.31±0.12bB	0.34±0.10aA	15.40±0.98abAB	10.27±1.14bB	0.26±0.09bA
大豆	0（CK）	8.36±1.22bB	1.58±0.20bA	12.17±1.40abA	11.10±1.47aA	0.18±0.04aA
	0.005	11.93±0.92aA	2.23±0.64aA	12.57±1.02aA	10.73±1.15aA	0.19±0.05aA
	0.01	11.18±0.94aA	1.97±0.24abA	11.53±1.20abA	8.87±1.12abA	0.18±0.04aA
	0.05	10.75±0.94aAB	1.50±0.24bA	8.97±0.87bcAB	8.60±0.10abA	0.14±0.03aA
	0.10	10.60±0.60aAB	1.38±0.27bA	6.57±3.46cB	7.63±2.82bA	0.13±0.03aA
板蓝根	0（CK）	0.16±0.11aA	0.01±0.01bcB	3.23±0.95abA	5.70±1.80aAB	0.11±0.06aA
	0.005	0.20±0.09aA	0.02±0.005aA	3.93±0.59abA	5.97±1.87aA	0.13±0.04aA
	0.01	0.21±0.02aA	0.02±0.00abAB	4.23±0.11aA	6.33±0.64aA	0.09±0.02aA
	0.05	0.19±0.06aA	0.02±0.00bcAB	3.10±1.01abA	3.70±1.95abAB	0.08±0.02aA
	0.10	0.17±0.03aA	0.01±0.00cB	2.83±0.06bA	1.70±1.21bB	0.07±0.01aA

2.3　根水浸液对不同作物种子萌发和幼苗生长的化感影响

从表 3 可知，不同浓度的根水浸液对小麦的一级化感指标的影响均为负值，对大麦的发芽率、根鲜重、根长、根冠比的影响为负值，而对大豆的发芽势、根长的影响为负值，对板蓝根的发芽率、发芽势的影响为负值，且影响随浓度的升高而加大；对不同作物的其他指标呈低促高抑效应。同时还可看出，不同浓度的水浸液对大麦的茎叶鲜重和苗高有促进作用，对大豆的发芽指数和活力指数有促进作用，对板蓝根的茎叶鲜重和根鲜重有促进作用。由此可知，对大豆和板蓝根的种子萌发和幼苗的负影响较小，对小麦的负影响较大。

表 3　黄芪根水浸液对不同作物种子萌发和幼苗生长的化感作用

作物	水浸液浓度	发芽势 *RI*	发芽率 *RI*	发芽指数 *RI*	活力指数 *RI*	茎叶鲜重 *RI*	根鲜重 *RI*	苗高 *RI*	根长 *RI*	根冠比 *RI*
小麦	0（CK）	0aA	0aA	0aA	0aA	0aA	0aA	0aA	0aA	0aA
	0.005	−0.05abA	−0.11bAB	−0.09abA	−0.39bAB	−0.23bA	−0.16aA	−0.09aA	−0.05aA	−0.21aA
	0.01	−0.19abA	−0.08bBC	−0.20bA	−0.20bAB	−0.25bA	−0.54aA	−0.15aA	−0.06aA	−0.27aAB
	0.05	−0.28bA	−0.17cC	−0.40bA	−0.29bB	−0.28bA	−0.78aA	−0.18aA	−0.48bB	−0.37aAB
	0.10	−1.00cB	−1.00dD	−1.00cB	−1.00cC	−1.00cB	−1.00bB	−1.00bB	−1.00cC	−1.00bB
大麦	0（CK）	0aA	0aA	0aA	0aA	0bB	0aA	0cB	0aA	0aA
	0.005	0.03aA	−0.04abA	0.01aA	0.10aA	0.08bAB	−0.07aA	0.05bcAB	−0.01aA	−0.19abA
	0.01	−0.05aA	−0.07abAB	−0.01aA	0.07aA	0.09bAB	−0.14aA	0.11abcAB	−0.05aA	−0.19abA
	0.05	−0.12aA	−0.14bAB	−0.14aA	0.05aA	0.25aA	−0.28aA	0.15aA	−0.23abAB	−0.32abA
	0.10	−0.18aA	−0.17bB	−0.17aA	−0.10aA	0.05bB	−0.88aA	0.14abAB	−0.60bB	−0.92bA
大豆	0（CK）	0aA	0bB	0aA	0aA	0bB	0bA	0abA	0aA	0aA
	0.005	−0.48bB	0.03bB	0.02aA	0.02aA	0.30aA	0.29aA	0.03aA	−0.03aA	0.05aA
	0.01	−0.55bB	0.13aA	0.06aA	0.03aA	0.25aA	0.20abA	−0.06abA	−0.25abA	0aA
	0.05	−0.62bB	0.02aA	0.07aA	0.05aA	0.22aAB	−0.05bA	−0.36cAB	−0.29abA	−0.29aA
	0.10	−0.79bB	−0.01aA	0.06aA	0.03aA	0.21aAB	−0.14bA	−0.85cB	−0.45bA	−0.38aA
板蓝根	0（CK）	0aA	0aA	0aA	0aA	0aA	0bcB	0abA	0aAB	0aA
	0.005	−0.04aA	−0.06aA	0.21aA	0.17aA	0.20aA	0.50aA	0.18abA	0.05aA	0.15aA
	0.01	−0.52bB	−0.22cB	0.09aA	0.09aA	0.24aA	0.50abAB	0.24aA	0.10aA	−0.22aA
	0.05	−0.81bB	−0.33cC	−0.15aA	−0.02aA	0.16aA	0.29bcAB	−0.04abA	−0.54abAB	−0.38aA
	0.10	−3.75cC	−0.86dD	−0.57aA	−0.04aA	0.06aA	0cB	−0.14bA	−2.35bB	−0.57aA

2.4　不同作物对根水浸液影响的敏感性

从受体作物对黄芪根水浸液化感作用的平均敏感指数（*MSI*）可知（表 4），一、二、三级化感指数大多为负值，说明黄芪根水浸液对 4 种作物有明显的抑制作用。黄芪根水浸液对小麦的一级化感指数（M1）的敏感性为：茎叶鲜重＞种子活力指数＝根鲜重＞根冠比＞发芽率＞发芽指数＝最长根长＝苗高。对大麦的敏感性为：根冠比＞根鲜重＞最长根长＞发芽率＞发芽指数＝发芽势，其中对种子活力指数、茎叶鲜重和苗高表现为促进作用。对大豆的敏感性为：发芽势＞苗高＞最长根长＞根冠比，其中对发芽率、发芽指数、活力指数、茎叶鲜重和根鲜重有促进作用。对板蓝根的敏感性为：发芽势＞最长根长＞发芽率＞根冠比＞发芽指数，其中对活力指数、茎叶鲜重、根鲜重和苗高有促进作用。由此可见，不同受体所受的化感抑制不同，不同受体的发芽势、最长根长和根冠比受到的化感抑制最强。从二级敏感指数（M2）的敏感性看，大豆和板蓝根在种子萌发阶段受到的化感抑制大于幼苗生长阶段，而小麦和大麦在种子萌发阶段受到的化感抑制小于幼苗生长阶段。从三级敏感指数（M3）的敏感性看，小麦＞板蓝根＞大麦＞大豆。

表 4　不同作物对根水浸液化感作用的敏感性比较

作物	三级敏感指数（M3）	二级敏感指数（M2）		一级敏感指数（M1）								
	作物水平	种子萌发阶段	幼苗生长阶段	发芽势	发芽率	发芽指数	活力指数	茎叶鲜重	根鲜重	苗高	根长	根冠比
小麦	−0.39	−0.37	−0.40	−0.30	−0.34	−0.32	−0.50	−0.53	−0.50	−0.32	−0.32	−0.37
大麦	−0.09	−0.05	−0.12	−0.06	−0.08	−0.06	0.02	0.09	−0.27	0.09	−0.18	−0.32
大豆	−0.08	−0.10	−0.06	−0.49	0.03	0.04	0.03	0.20	0.06	−0.25	−0.20	−0.12
板蓝根	−0.18	−0.29	−0.06	−0.82	−0.29	−0.09	0.04	0.14	0.26	0.05	−0.55	−0.20

3 讨　论

许多作物存在着明显的自毒作用[1,3,6,12-14]。研究[1,7,15]表明，根系分泌物影响种子萌发和幼苗生长、土壤养分和微生物数量[16]，甚至对病原微生物产生作用[17]。对化感物质进行研究，有助于在农林业生产上正确的轮作、间作和套作[18]。药用植物含有特定的生理活性物质，所以药用植物更易产生化感物质，从而产生化感作用[18]。本研究中黄芪根水浸液对 4 种当地主要农作物的化感结果表明，根水浸液对不同作物的种子萌发和同一作物不同部位的化感效应明显不同。其中，对发芽势的影响大于发芽率，对根的影响大于地上部分，且化感的强弱与提取液浓度间有必然的相关性，这与张子龙[5]、叶文斌[10]、张博等[19]研究的结果相似。说明不同作物对化感活性物质的响应不同，化感强度与作物产生的拮抗作用相关，不同受体的发芽势、最长根长和根冠比受到的化感抑制最强。4 种作物的化感敏感性为小麦＞板蓝根＞大麦＞大豆，由此表明，与黄芪轮作、套作时，宜优先选择大豆和大麦。由于本研究通过根水浸液的方法进行研究，与实际生产有差异，本研究的作用效果还需要在生产中进行验证。

4 结 论

合理轮作是解决连作障碍的有效举措。本研究通过黄芪与4种作物的化感作用研究，结果表明，黄芪根的提取液对4种作物的化感明显不同，测试的敏感性3个级别的平均敏感指数（*MSI*）大多为负值，其数值较小，说明黄芪根水浸液虽对作物有一定的化感作用，但总体上强度不大，也表明大麦、大豆和板蓝根3种作物与黄芪轮作的合理性；特别在高浓度下对大豆种子的发芽指数、活力指数和幼苗的茎叶鲜重仍表现出促进作用，充分说明大豆作为黄芪轮作品种的可行性。从三级化感敏感指数（M3）看，排序依次为小麦（-0.39）＞板蓝根（-0.18）＞大麦（-0.09）＞大豆（-0.08），可能与作物对化感物质的抗性和适应性相关。由此表明，选择与黄芪轮作、套作时，优先选择大豆和大麦，其次为板蓝根。

参考文献

[1] 王雄飞，刘春生，高鹏，等．三七水提液对几种植物种子萌发和幼苗生长的化感作用［J］．中国农学通报，2014，30（4）：299-303.

[2] 孔垂华，胡飞，王朋．植物化感（相生相克）作用［M］．北京：高等教育出版社，2016.

[3] 赵培强．黄芪连作障碍的研究［D］．兰州：西北师范大学，2009.

[4] 温燕梅．黄芪的化学成分研究进展［J］．中成药，2006，28（6）：879-883.

[5] 张子龙，王文全．药用植物连作障碍的形成机理及其防治［J］．中国农业科技导报，2009，11（6）：19-23.

[6] 赵庆芳，李海燕，张博．蒙古黄芪根系自毒物质初步分离及效应研究［J］．西北师范大学学报，2012，48（1）：80-83.

[7] 赵旭，王文丽，李娟，等．蒙古黄芪根系分泌物的化感自毒效应研究［J］．土壤与作物，2019，8（1）：102-109.

[8] 郎多勇，付雪艳，荣佳旺，等．蒙古黄芪根围土壤水浸液对自身种子发芽及生理特性的影响［J］．中药材，2015，38（1）：11-13.

[9] 张博．蒙古黄芪的化感作研究［D］．兰州：西北师范大学，2008.

[10] 叶文斌，樊亮．党参和黄芪种植地土壤水浸液对玉米化感作用研究［J］．种子，2013，32（4）：29-33.

[11] 张子龙，侯俊玲，王文全，等．三七水浸液对不同玉米品种的化感作用［J］．中国中药杂志，2014，39（4）：594-600.

[12] 谷岩，邱强，王振民，等．连作大豆根际微生物群落结构及土壤酶活性［J］．中国农业科学，2012，45（19）：3955-3965．

[13] 刘小龙，马建江，管吉钊，等．连作对棉田土壤枯、黄萎病菌数量及细菌群落的影响［J］．棉花学报，2015，27（1）：62-70．

[14] 王庆玲，董涛，张子．三七对小麦的化感作用［J］．生态学杂志，2015，34（2）：431-438．

[15] 张磊，邱黛玉，魏鹏，等．大蒜根系分泌物不同极性成分对当归发芽及幼苗的影响［J］．中国现代中药，2015，17（8）：815-820．

[16] 袁秀梅，耿赛男，郑梦圆，等．蚕豆根分泌物对紫色土有效养分及微生物数量的影响［J］．中国生态农业学报，2016，24（7）：910-917．

[17] 董艳，董坤，汤利，等．蚕豆根系分泌物中氨基酸含量与枯萎病的关系［J］．土壤学报，2015，52（4）：919-925．

[18] 林娟，殷全玉，杨丙钊，等．植物化感作用研究进展［J］．中国农学通报，2007，23（1）：68-72．

[19] 张博，赵庆芳，郭鹏辉，等．甘肃省重要中草药的化感作用初探［J］．安徽农业科学，2008，36（2）：601-604．

（本论文发表于《作物杂志》2020年第2期）

河西走廊甜叶菊田病虫害调查初报

王文平[1,2]　罗光宏[1]　陈　叶[1]
（1. 河西学院，甘肃张掖　734000；
2. 甘肃省肃州区农业技术推广中心，甘肃酒泉　735000）

摘要：调查了甜叶菊田主要的病虫害、发生时间、为害特征、为害程度。结果表明：为害甜叶菊的主要病害有立枯病、叶斑病、斑枯病和白娟病，虫害有蚜虫、烟蓟马、华北蝼蛄和甜菜叶蛾。针对病虫害的种类和发生时期不同，提出了具体的防治措施，旨在为甜叶菊安全生产提供参考。

关键词：甜叶菊；病虫害；调查；河西走廊

甜叶菊（*Stevia rebaudiana*）又名甜草、甜菊，为菊科多年生草本植物。从中提取的甜菊糖已被广泛应用于食品、饮料和医药等行业，是新型糖源植物[1]。甜叶菊自20世纪80年代引入我国种植后，推广速度较快，我国现已成为世界甜叶菊原料生产大国。河西走廊地处西北干旱荒漠区东部和青藏高原的北部边缘，境内光照充足，年温差较大，气候类型为温带荒漠气候类型，为西北内陆干旱区[2]。甜叶菊被引种到甘肃河西地区有近10年的历史，但随着栽培面积逐年加大，病虫害问题日益突出，现已成为制约菊农增产增效的瓶颈。为此，笔者于2011—2013年对甘州区、凉州区、肃州区、临泽县甜叶菊田主要病虫害的种类、发生时间、病情病症、为害程度进行了调查，以期为病虫害的识别和防治提供参考。

1　调查与鉴定方法

笔者于2011—2013年，结合走访菊农，对栽培田进行了调查。调查地点为河西走廊的凉州区、肃州区、甘州区、临泽县；每个调查地选10个样地，田间调查采用“Z”形取样法，每点查30株，记载受害株的症状、发病率、虫害率，并采集病、虫标本，在实验室内进行镜检，确定病、虫种类。

2 病害调查

2.1 甜叶菊立枯病

2.1.1 病 原

经病原的分离、培养和鉴定，甜叶菊立枯病病原为立枯丝核菌（*Rhizoctonia solani* Kuhn），隶属半知菌亚门。菌丝生长的最适温度为23 ℃，菌核形成的适温为23～28 ℃。病菌在种子表面或留在土壤中的菌核越冬，并成为第二年的初侵染源[3]。

2.1.2 发病特征

症状特点有3种类型，一是种子萌发时病菌侵入或出苗后病菌从近地面侵入，经繁殖在茎基部呈现黄色病斑，由小逐渐扩大，呈褐色，使受害的幼苗腐烂而死亡；二是在病株茎基部出现淡黄色水浸状病斑，并逐渐扩大，受害部位茎基部变细，植株易烂断而摔倒；三是随幼苗长大，在近地面基部出现水浸状的黄褐色病斑，病斑逐渐扩大后细溢，渐呈黑褐色，植株地上部分半边叶出现萎蔫、干枯，随着病斑逐渐扩大，茎基部呈褐色凹陷斑，直径1～6 cm，后期地上部分逐渐干枯，在病斑上常覆有紫色菌丝层，有时近地面处生出形状各异的块状或片状的小菌核，发病重时叶片卷曲或顶叶萎蔫、枯死[3]。

2.1.3 发病规律

立枯病是甜叶菊苗期的主要病害，不同生育时期均有发生，属于土传性病害。土壤带菌是苗床幼苗发病的初侵染源，早春育苗阶段和夏季病害发生较重。调查表明，饱满、成熟度好的褐色种子发病率低；实生苗种植的田块比扦插苗发病率低；种植密度为13.5万株/hm^2 比18万株/hm^2 的田块发病率低；灌水量大比灌水适中田块发病率高，黏土地和排水不良的地块发病率明显高于排水良好的砂壤土；重茬或迎重茬种植甜叶菊的田块发病重于轮作倒茬的田块。经调查发病地块达46.2%左右，田间发病率为15.5%～31%。

2.1.4 防治方法

育苗床土可用甲基硫菌灵800倍液喷洒；选择通透性、排水性良好的砂壤土和壤土种植；忌重茬或迎重茬，轮作期以3年为宜；播种前将种子用50%多菌灵可湿性粉剂250倍液浸种15 min；每次灌水量不宜大，田内不得有积水；大田种植密度以15万株/hm^2 左右为宜；田间发现有病株，要立即拔除，将病株烧毁，并在病穴处撒石灰粉或用50%代森铵可湿性粉剂500倍液浇灌消毒，以防病菌传播。发病较重时，可用50%多菌灵可湿性粉剂700～1 000倍液喷洒防治。

2.2 甜叶菊叶斑病

2.2.1 病原及入侵条件

该病是日本的石破知加子等人于1978年7月初在香川大学农学部实验场栽培甜叶菊时发现的，国内研究也有过大量报道。由壳针孢属（*Septoria*）引起，以菌丝、分生孢子器、子囊壳在病残体上越夏或越冬，种子和田间病体上的病菌为主要的侵染源，病组织及病残体所产生的分生孢子或子囊孢子借气流、雨水、昆虫传播。在温度条件适宜时，病斑上又会产生孢子或子囊孢子，进行多次再侵染。

2.2.2 发病特征

叶斑病又称斑点病，全生育期均能发病，且为害时间长，发生较普遍。发病时，先侵害基部叶，以后逐渐向上蔓延，叶片上出现淡黄褐色小斑，后病斑逐渐扩大为黑色病斑，有同心轮纹，发病严重时，全株叶片枯死。发生初期叶部出现针尖大小茶褐色斑点，慢慢扩大形成角斑或圆形斑点，后逐渐发育成大的、圆形、长方形或不规则形的褐色或暗褐色病斑，病斑中央生有小黑点，周围黄化，严重时多斑连片，导致整个叶片枯萎、早落。

2.2.3 发病规律

病原菌在甜叶菊整个生育期均可为害，但植株繁茂期是主要为害时期，潮湿多雨有利于叶斑病的发生。当温、湿度适宜时，产生大量的分生孢子作为初侵染源，并随风雨传播，进行再侵染。受气候条件和栽培管理的影响，甜叶菊叶斑病一般在5月下旬出现中心株，发病盛期为8月至9月下旬。从调查的情况看，种子饱满，成熟度好，则发病轻；种子育苗移栽田的发病率明显低于扦插苗；密度为15万/hm^2、18万/hm^2、21万/hm^2的发病率分别为3.4%、11.1%、28.4%；干旱时发病轻于水涝；排水良好的砂壤土发病率低于黏土地；重茬地发病率为30%以上，迎茬地发病率为21%以上。

2.2.4 防治方法

选择通透性、排水性良好的砂壤土和壤土种植；忌重茬或迎茬，轮作期以3年为宜；选用播种品质较好的种子播种；密度以15万株/hm^2左右为宜；要少浇勤浇水，若有积水，应及时排除。病害未发生时用70%甲基硫菌灵可湿性粉剂500倍液或50%多菌灵可湿性粉剂500倍液预防。病害发生时用10%苯醚甲环唑水分散粒剂1 500倍液或40%氟硅唑乳油7 500倍液喷雾防治，药剂交替使用，防效达85%以上。

2.3 甜叶菊斑枯病

2.3.1 病　原

经鉴定此病原菌属于壳针孢属（*Septoria*），分生孢子器球形，外壁厚，黑褐色，内壁薄，无色。产孢细胞瓶梗状，着生在内壁上，分生孢子线形，有的微弯曲[4]。侵入方式主要是通过叶片直接穿透，其次是自然孔口。

2.3.2 发病特征

甜叶菊斑枯病发病初期叶片上出现褐色小斑点，之后扩大成角斑或近圆形斑点，病斑中央呈黄褐色，边缘褐色较深，后期病斑上产生多个小黑点。病斑周围黄化，病健交界分明，且多斑呈连片状，逐渐向上部叶片扩展，导致早期落叶。

2.3.3 发病规律

该病在甜叶菊全生育期均可发病。病害在低温时发病较轻，春季定植后随着温度升高、雨水增多病害加重；重茬地、迎重茬地发病较重。

2.3.4 防治方法

育苗的苗床要精心选址，减少菌源随苗土传播；忌大水漫灌；及时通风降湿、清理病残体；发现零星发病时，可结合化学药剂防治，选用苯醚甲环唑、甲基硫菌灵、百菌清等，交替用药，效果较好。

2.4 甜叶菊白绢病

2.4.1 病　原

经鉴定其病原为半知菌亚门齐整小核菌（*Sclerotium rolfsii*）。菌丝呈白色棉絮状或绢丝状，后期形成球形或近球形的菌核，直径 2 mm 左右，平滑，有光泽，表面茶褐色，内部白色。病菌以菌核或菌丝体随病残组织在土壤中越冬，成为病害主要的初侵染源[5]。

2.4.2 发病特征

白绢病又称菌核性根腐病，常为害幼苗的基部。发病初期在茎基部有暗褐色水渍状病斑，后逐渐扩大，稍凹陷，其上有辐射状的白绢丝状的菌丝体长出，湿度大时形成白色菌索，并延伸到土壤中，病斑向四周扩展，绕茎一圈后，引起叶片凋萎、整株枯死；病斑在后期生出许多茶褐色的菌核，茎基部逐渐腐烂，引起植株萎蔫或枯死。

2.4.3 发病规律

调查发现，甜叶菊白绢病在育苗棚内呈块状或点片状分布，发病棚数达 54.6%

左右，病株数占 10%～20%。高温、高湿时发病率越高，传染越快，危害性越大；育苗基质偏酸时，发病重；前茬是甜叶菊的大棚，发病重；如果灌水量大，且灌水速度慢，则发病率明显提高；田间有积水而又不能得到及时排除的育苗池发病重；育苗基质透气性差，质地粗糙，黏性大，则发病率高[5]。

2.4.4　防治方法

在配制育苗基质时，将优质有机肥和无机肥结合，基质的透气性要好，酸碱度以中性为宜；灌水速度要快，育苗池内不得有积水；育苗期间适当通风和降温，棚内湿度不要高于 80%；为预防病害发生，可每 10 d 左右用 1 次草木灰。发病初期用 1∶500 的百菌清和 1∶1∶100 的波尔多液喷洒叶面及灌根。也可用井冈霉素 500～700 倍液，直接喷洒 1～2 次，都会取得较好的防治效果。

3　虫害调查

3.1　蚜　虫

属同翅目、蚜科。蚜虫对气候的适应性较强，分布很广、体小、繁殖力强，种群数量巨大。气温高时，4～5 d 就可繁殖 1 代，1 年可繁殖几十代。由于繁殖速度快，嫩叶、嫩茎、花蕾等组织器官上很快布满蚜虫。蚜虫以刺吸式口器刺吸植株的茎、叶，尤其是幼嫩部位，吸取花卉体内养分，常群居为害，造成叶片皱缩、卷曲、畸形，使甜叶菊生长发育迟缓，甚至枯萎死亡。蚜虫为害期长，还是传播病毒病的主要媒介，且为害较为普遍，株害率几乎达 100%。田间发现虫害，可及时喷洒兼具内吸、触杀、熏蒸作用的药剂，轮换使用防治。防治药剂可选用 4.5%高效氯氰菊酯乳油 2 000倍液、或 2.5%溴氰菊酯乳油 3 000倍液、或 10%二氯苯醚菊酯乳油 3 000倍液、或 20%菊・马乳油 2 500倍液等药剂喷雾防治。还可以结合清除杂草等残物，减少蚜虫的滋生地。

3.2　烟蓟马

属昆虫纲，缨翅目蓟马科昆虫，又名葱蓟马，属植食性。黄褐色和暗褐色，年发生 5～10 余代，世代历期 9～23 d，成虫寿命 8～10 d。雌虫还可孤雌生殖，每头雌虫在叶内平均产卵约 50 粒。2 龄若虫后期，常转向地下，蛹期在表土中度过。以成虫和若虫在一些植物、土块下、土缝内或枯枝落叶中越冬。成虫和若虫以口器为害嫩芽、嫩叶和生长点，从植物的细嫩组织吸取汁液，为害部位常呈现灰白色斑点，使叶片出现扭曲、褪绿、变形；植株叶片稀少，节间缩短，生长迟缓；部分幼苗出现黄化，并逐渐死亡。据调查，苗期受害植株比正常株矮 3~5 cm，受害率达 16%~83%，死亡率达 17.8%左右[6]。移栽于大田后，危害性减轻。

3 月下旬到 4 月下旬是蓟马发生的高峰期，3 月上旬至 3 月中旬是防治蓟马的最佳时期。防治时可用 50%辛硫磷乳油 1 000倍液喷洒。

3.3 华北蝼蛄

地下害虫，体长圆形，淡黄褐色或暗褐色，全身密被短小软毛。雌虫体长约 3 cm，雄虫略小。头圆锥形，前尖后钝，头的大部分被前胸板盖住。触角丝状，长度可达前胸的后缘，第 1 节膨大，第 2 节以下较细。成虫体长 30~35 mm，灰褐色，腹部色较浅，全身密布细毛。2 年发生 1 代，以成虫或若虫在地下越冬。5 月上旬至 6 月中旬是蝼蛄最活跃的时期。白天多潜伏于土壤深处，晚上到地面为害，在土中咬食种子和幼芽，受害部位呈乱麻状，引起缺苗断垄。调查也发现，蝼蛄在一些育苗棚内为害也较重，但为害有局部性。甜叶菊的受害率达 11%~33%，减产 15%左右。蝼蛄出现时，用敌百虫作毒饵，把麦麸、棉籽饼或豆饼等炒香，按饵料质量 0.5%~1%的比例加入 90%敌百虫晶体制成毒饵。若苗床受害严重时，用 80%敌敌畏乳油 30 倍液灌洞灭虫。也可用 50%辛硫磷乳油 1 000倍液，沿为害处浇灌。

3.4 甜菜叶蛾

属鳞翅目、夜蛾科，是一种世界性分布、间歇性大发生的杂食性害虫。主要为害叶片，取食叶肉，仅留叶脉，也剥食茎秆皮层。幼虫可成群迁移，稍受震扰吐丝落地，有假死性。3~4 龄后，白天潜于植株下部或土缝，傍晚移出取食为害。一年发生 6~8 代，7—8 月发生多，高温、干旱年份为害严重，主要在甜叶菊生长旺盛期为害。除结合一定的农业防治措施外，用 2.5%溴氰菊酯乳油 3 000倍液、或 10%二氯苯醚菊酯乳油 3 000倍液、或 20%菊·马乳油 2 500倍液等药剂交替喷洒防治，防效在 90%以上。

参考文献

[1] 张贤泽．甜叶菊的栽培技术［J］．中国糖料，1997（3）：48-51.

[2] 陈叶，郝宏杰，罗光宏，等．河西走廊绿洲灌区甜叶菊的栽培技术［J］．蔬菜，2012（2）：10-11.

[3] 高海利，王治江，罗光宏，等．河西走廊绿洲灌区甜叶菊立枯病的发病规律

与防治［J］．长江蔬菜，2004（1）：38-40.
［4］ 王光华，马汇泉，靳学慧，等．甜叶菊斑枯病病原研究［J］．植物病理学报，1995（4）：366.
［5］ 王文平，田凌汉，罗光宏，等．河西走廊甜叶菊育苗期白绢病的发生与防治［J］．中国糖料，2014（3）：76-77.
［6］ 陈叶，罗光宏，郑天翔，等．烟蓟马对甜叶菊的危害与防治［J］．中国糖料，2013（3）：73-74.

（本论文发表于《中国糖料》2014 年第 4 期）

临泽县新华镇甜叶菊田菟丝子为害调查初报

陈 叶[1,2] 陈述章[1]

（1. 河西学院，甘肃张掖 734000；
2. 甘肃省高校河西走廊特色资源利用省级重点实验室，甘肃张掖 734300）

摘要：对为害甘肃省临泽县新华镇甜叶菊的菟丝子种类进行了鉴定，并通过走访和现场调查分析，初步调查了其为害及发生规律。结果表明：为害甜叶菊田的菟丝子为日本菟丝子。日本菟丝子的侵染率＜10%，为害指数为12.4。发生菟丝子为害的农田，株高下降5~11 cm，减产幅度为5.4%~14.6%。并有针对性地提出了合理建议。

关键词：甜叶菊；日本菟丝子；感染率；为害指数

菟丝子为旋花科菟丝子属一年生寄生性草本植物，以种子繁殖，是世界性的恶性寄生杂草，被我国列为检疫对象。菟丝子叶退化，茎呈黄色或橙色，无叶绿素，靠吸器吸附在寄生植物上，从寄主体内吸取营养和水分。具有寄主广泛、蔓延迅速、为害较重的特点。农田中一旦有菟丝子为害，会造成寄主植物营养不良、生长缓慢，发育滞后。有关菟丝子为害作物的报道较多[1-4]，而菟丝子为害甜叶菊的情况笔者未见报道。2017年6—9月，笔者在甘肃省临泽县新华镇甜叶菊农田中发现有菟丝子为害，被侵害的农田约为5%，为此，笔者对为害甜叶菊田的菟丝子种类进行了鉴定，对为害情况进行了初步调查分析，以期为甜叶菊田内菟丝子的综合防控提供参考。

1 调查鉴定方法

以临泽县新华镇甜叶菊田为调查对象，随机选择10块面积为450~710 m^{2}的甜叶菊田，每块田采用梅花型调查法选取5个样方，每个样方1 m^2，观察并记录样方菟丝子的覆盖度，调查甜叶菊的受害情况。计算侵染率和为害指数。

侵染率(%)=侵染样方数/总样方数×100%

为害指数=$(0\times x_1+1\times x_2+2\times x_3+3\times x_4+4\times x_5)/[5\times(x_1+x_2+x_3+x_4+x_5)]\times 100\%$

式中0、1、2、3、4、5为菟丝子的目测覆盖等级，x_1、x_2、x_3、x_4、x_5为各等级出现的样方数。覆盖度分级标准，0级：未感染菟丝子；1级：覆盖度1%~5%；

2 级：覆盖度 6%~25%；3 级：覆盖度 26%~50%；4 级：51%~75%；5 级：75%以上[5]。

2017 年 6—9 月，每 15 天定期观察菟丝子的发生及生长情况，记录其生长蔓延情况和环境条件对其生长的影响，并进行分析。

2 结果与分析

2.1 甜叶菊菟丝子的种类鉴定

2017 年 8—9 月，对临泽县新华镇甜叶菊田菟丝子进行采集，由河西学院植物教研室鉴定后，确定为害甜叶菊田的菟丝子为日本菟丝子（*Cuscuta japonica* Choisy）。成片发生的菟丝子是单一种群，没有发现其他种类的菟丝子为害。

2.2 甜叶菊田菟丝子的为害程度

2.2.1 为害症状

日本菟丝子为一年生缠绕型的草本寄生性种子植物，茎呈淡黄色，叶退化为鳞片状。种子萌发后幼苗伸长 10~15 cm，碰到寄主就缠绕其上，其茎与甜叶菊（寄主）的茎在接触处形成吸根，并伸入寄主组织内，部分细胞组织分化为导管和筛管，与寄主的导管和筛管相连，从寄主体内吸取养分和水分，从此寄生关系建立。寄生一周左右菟丝子的茎上产生分枝，且分枝借助于寄主的茎不断产生新分枝而蔓延，除紧缠初寄主外，向临近植株侵染蔓延，并逐渐连接成片状。甜叶菊被菟丝子缠绕后导致养分缺失，生长缓慢或停滞，植株矮化，叶片薄而小、黄化、枯萎、脱落、长势衰弱，造成局部成片枯黄或死亡，导致大幅减产；同时，由于菟丝子缠绕茎不断产生分枝，发生较严重时整株寄主布满菟丝子，形似“狮子头”。如果将撕断的菟丝子茎随意丢弃在甜叶菊植株上，丢弃部分会继续为害寄主。日本菟丝子主要以藤茎繁殖为害，一旦寄生，即生长迅速，产生大量吸器，其生物量大，使寄主营养不良。因临泽县新华镇 5 月底才移栽甜叶菊，日本菟丝子一般在 6 月上旬幼苗出土，6 月中旬开始缠绕初寄主，6 月底到 7 月初向四周蔓延。由于其蔓延性较强，很快从中心株缠绕邻近的甜叶菊植株，为害直径一般为 1~3 m。

2.2.2 为害程度

通过样方调查统计，为害甜叶菊田的日本菟丝子的侵染率＜10%，为害指数为 12.4。结果表明，为害程度相对较轻。其原因是发生菟丝子为害的甜叶菊田因农户采用了人工拔除方法防治，虽不能达到彻底清除草害蔓延的目的，但减缓了其为害速度。经调查，发生菟丝子为害的农田，株高下降 5 ~ 11 cm，减产幅度为 5.4%~14.6%。

3 菟丝子的形态特征、生物学特性及发生规律

3.1 菟丝子的形态特征及生物学特性

3.1.1 形态特征

日本菟丝子为一年生寄生草本。叶退化为鳞片状。茎呈攀缘性，丝状且光滑，直径约 1 mm，淡黄色，植株以吸器附着寄主而生存。花多数，簇生成球状，具有极短的柄，花萼 5 裂，大约与花冠等长，花冠 5 裂，呈短钟形，约 2 cm，雄蕊 5 枚，花柱 2 枚。蒴果为球形，稍扁，种子形状变化较大，褐色[1]。

3.1.2 生物学特性

日本菟丝子种子在临泽县新华镇 8 月开花，9 月种子陆续成熟，蒴果开裂后，种子落入土中，过冬后到翌年夏初时萌发。萌发时胚根伸入土中，胚芽脱种壳而伸出地面，有时则将种壳顶出土面。根呈圆柱状，不分枝，其上生许多细短的绒毛，形状如一般植物的根毛，地上部分呈丝状的菟丝，菟丝生长较快，一般每天生长 1~2 cm。在与寄主建立寄生关系之前，茎尚不分枝，幼小时茎尖端有 3~4 cm 的一段稍呈现淡绿色，向光性较强。后茎伸长速度加快，且自由地旋转，当碰到寄主茎叶时就顺势缠绕其上，并在与寄主接触处形成吸盘。吸盘形成后，茎的生长加速，并不断在与寄主接触处形成吸盘。主要靠缠绕生长，且蔓延迅速，如果断茎后，与寄主相连的部分可继续生长。一株菟丝子产籽 2 800~11 000粒，种子千粒重小，表面光滑，可在土壤中存活多年，种子萌发的适宜温度为 25 ℃。

3.2 菟丝子的发生规律

日本菟丝子在甘肃河西地区 8 月开花，9 月种子陆续成熟，种子落入土中经休眠越冬，或到第二年 2—6 月落入土壤，陆续发芽，遇寄主后缠绕为害。根据调查，临泽县新华镇均采用育苗移栽，日本菟丝子种子来源尚处于调查阶段。根据田间生长情况，土壤肥力好的农田菟丝子发生较重，土壤贫瘠的农田发生较轻；甜叶菊长势好的农田菟丝子发生较重，甜叶菊长势弱的农田发生较轻；高温湿度大的季节菟丝子发生较重，干燥条件下菟丝子发生较轻；放任菟丝子生长的田块，菟丝子发生较重，采用撕除菟丝子茎的农田菟丝子发生较轻。

4 建 议

4.1 查清种源

菟丝子寄主范围广，本地区初次发现其为害甜叶菊田，且种子来源不明。为此要开展种源调查，相关部门要做好植物检疫工作，杜绝种源传播之路，以防菟丝子给本地区的农业生产带来更大的损失。

4.2 进行防治研究工作

因甜叶菊田中的菟丝子防治方法未见研究报道，农户和技术人员不敢贸然用药防治，农户对受害的甜叶菊田只好采用人工拔除的方法，虽减缓了为害速度，但不能从根本上彻底清除其为害，损失在所难免。建议有针对性地进行防治试验，筛选出高效、安全的药剂进行防治。

参考文献

[1] 郭凤根，李扬汉．云南省日本菟丝子危害性的调查研究［J］．杂草科学，1999（3）：11-12.

[2] 王朝晖，王云，徐兆林．湘北地区菟丝子种类、分布及危害研究［J］．湖北农业科学，2010，49（2）：366-369.

[3] 席家文，娄巍，洪权春，等．珲春地区菟丝子种类、分布、危害以及主要寄主的调查［J］．延边大学农学学报，2000，22（4）：275-279.

[4] 赵儒．南方菟丝子在四川部分地区的发生和防治研究［J］．植物保护，1990，16（3）：30-31.

[5] 马跃峰，郭成林，马永林，等．广西园林菟丝子发生危害情况调查与分析［J］．南方农业学报，2013，44（12）：2001-2006.

（本论文发表于《中国糖料》2018 年第 2 期）

烟蓟马对甜叶菊的为害与防治

陈　叶　罗光宏　郑天翔　王治江　孟红梅

（河西学院农业与生物技术学院，甘肃张掖　734000）

摘要：调查了临泽县甜叶菊育苗大棚内的蓟马种类和为害特点。结果表明：为害甜叶菊的蓟马为烟蓟马。在3个月的育苗期内，2月上旬到中旬，未发现蓟马为害；2月下旬株虫头数较少，仅为2头，3月上旬蓟马的株虫头数上升为3头，甜叶菊的受害率达16%，4月下旬株虫头数增加到28头，甜叶菊受害率猛增到83%。因此，3月下旬到4月下旬是蓟马发生的高峰期，3月上旬到3月中旬是防治蓟马的最佳时期。

关键词：甜叶菊；烟蓟马；为害症状；发生特点

甜叶菊（*Stevia rebaudiana* Bertoni）又名甜菊、甜草、甜茶，为菊科甜菊属多年生草本植物。原产于南纬22°~24°、西经55°~56°的南美洲巴拉圭和巴西交界的阿曼拜山脉，当地的印第安土著居民以此为甜草当作甜味剂使用已经有几百年的历史，是一种很有价值的糖料作物。叶片含糖苷14%，而热量仅为白砂糖的1/300，是一种非常理想的可替代蔗糖的甜味剂。目前，甜菊糖已广泛应用于食品、饮料、医药、日用化工、酿酒、化妆品等行业[1]。2005年，甜叶菊被引种到甘肃河西地区，现已经大面积栽培。

蓟马属于昆虫纲，是缨翅目蓟马科昆虫的通称，绝大部分属植食性，主要为害大豆、韭菜、葱、蒜及豆科、十字花科、锦葵科植物[2]。2011—2012年，笔者在温室育苗大棚内发现有蓟马不同程度地为害甜叶菊幼苗，造成部分苗木发育不良或死亡，直接影响到种苗的安全供应。关于甜叶菊的栽培报道较多[1,3]，虫害方面的研究报道较少[4]，而蓟马为害甜叶菊未见报道。由于蓟马虫体小，活动敏捷，行为隐蔽，为害不易察觉，为了摸清蓟马在甜叶菊上的为害特点，减少盲目用药，笔者对蓟马为害甜叶菊进行调查报道，以期为当地蓟马的科学防治提供理论依据。

1　蓟马种类和形态特征

选择临泽县鸭暖镇暖泉村的温室甜叶菊育苗大棚，从育苗开始，每10 d调查1次，采用随机取样，共调查10个样点，每点调查10株，统计虫头数和甜叶菊的受害率。并用小毛笔将蓟马蘸入虫瓶中，用 AGA 液保存，带回实验室制成临时装片用于鉴定[5]。将采集的蓟马带回实验室，由河西学院罗光宏教授进行室内鉴定，经鉴定，为害临泽县甜叶菊的蓟马为烟蓟马（*Thrips tabaci* Lindeman）。

烟蓟马又名葱蓟马，雌虫体长 1.2~1.4 mm，黄褐色和暗褐色。触角第 1 节色淡；第 2 节和 6~7 节灰褐色；3~5 节淡黄褐色，但 4、5 节末端色较深。前翅淡黄色。腹部 2~8 背板较暗，前缘线暗褐色。头宽大于长，单眼间鬃较短，位于前单眼之后、单眼三角连线外缘。触角 7 节。前胸稍长于头，后角有 2 对长鬃。中胸腹板内叉骨有刺，后胸腹板内叉骨无刺。前翅基鬃 7 根或 8 根，端鬃 4~6 根；后脉鬃 15 根或 16 根。腹部 2~8 背板中对鬃两侧有横纹，背板两侧和背侧板线纹上有许多微纤毛。第 2 背板两侧缘纵列 3 根鬃。第 8 背板后缘梳完整。各背侧板和腹板无附属鬃。卵 0.29 mm，初期肾形，乳白色，后期卵圆形，黄白色，可见红色眼点。若虫共 4 龄，体淡黄，触角 6 节，第 4 节具 3 排微毛，胸、腹部各节有微细褐点，点上生粗毛。

2 烟蓟马发生与为害特点

烟蓟马年发生 5 至 10 余代，世代历期 9~23 d，成虫寿命 8~10 d。雌虫可行孤雌生殖，每头雌虫于叶内平均产卵约 50 粒。2 龄若虫后期，常转向地下，蛹期在表土中度过。以成虫越冬为主，若虫也可在葱、蒜叶鞘内侧、杂草、土块下、土缝内或枯枝落叶中越冬，还有少数以“蛹”在土中越冬。成虫极活跃，善飞，怕阳光，白天在隐蔽处躲藏，阴暗时在叶面上为害。晚上或阴天取食强，对作物为害重。在 25 ℃和相对湿度 60%以下时，有利于烟蓟马发生。一年中以 4—5 月为害最重，以后随作物长势增强，为害减轻。春季葱、蒜返青开始恢复活动，为害一段时间后，部分飞到其他作物上为害繁殖。初孵若虫活动较少，多在叶背的叶脉两侧为害，7—8 月各虫态混生，进入 9 月虫量明显减少，10 月早霜来临之前，大量烟蓟马迁往附近的杂草、葱、蒜田越冬或进入温室为害。

烟蓟马从甜叶菊幼苗出土到移栽于大田都可为害，成虫和若虫主要为害嫩芽、嫩叶和生长点。常以锉吸式口器从植物的细嫩组织吸取汁液，受害叶片出现灰白色斑点，叶片出现褪绿、扭曲、变形；若生长点受害，则植株节间缩短，叶片少，生长迟缓或停止生长，部分幼苗出现黄化，并逐渐死亡。调查发现，在移苗时，受害植株比正常株矮 3~5 cm，死亡率达 17.8%左右。调查也发现，棚口处的苗受害轻，离棚口较远的苗受害重；棚边的苗受害轻，棚中间的苗受害重。调查样点内每株有虫 5~33 头不等，甚至 1 片叶上有虫多达 10 头。在甜叶菊育苗阶段，随着育苗时间的延长，甜叶菊的受害呈加重趋势。2 月下旬仅有少量的植株受害，而到 3 月上旬甜叶菊的受害率达 16%；3 月下旬受害率达 26%；4 月下旬受害率猛增到 83%，个别样点达 100%，这说明受害率与虫头数的增加成正比。但移栽到大田后，受害率下降到 22%，这可能是烟蓟马因环境的改变和迁移到其他作物上有关。

烟蓟马个体小，繁殖力强，随着育苗时间的延长，每株甜叶菊的虫头数呈加速上升之势。甜叶菊于 2 月上旬进行温室内种子直播，7~10 d 出土，5 月初移栽于大田中。经棚内群体动态调查，2 月中旬未见烟蓟马为害，2 月下旬发生数量较少，株虫头数为 2 头；3 月上旬数量上升为 3 头，3 月中旬数量增加到 5 头；4 月下旬株虫头数高达 28 头，甜叶菊受害最重，说明随棚室温度的升高，烟蓟马的繁殖明显加快。但 5 月初移栽于大田后，害虫数量减少到 5 头，对甜叶菊的为害明显减轻，说明烟蓟马种群的量变可能与周围作物和环境的改变有关。因此，3 月下旬到 4 月下旬为发生高峰期，3 月上旬到中旬为防治烟蓟马的最佳时期。

3　防治方法

3.1　农业防治

育苗棚选在离大豆、韭菜、葱、蒜及豆科、十字花科、锦葵科作物远的地方。在秋季作物收获前，结合防治其他害虫，抓好育苗棚内及周围田块中的枯枝落叶、杂草的清除工作，有助减少或消灭越冬虫源。棚内土壤在种植前要深翻一次，破坏烟蓟马的越冬场所。

3.2　化学防治

当株虫头数平均达 3 头以上时，用 50%辛硫磷乳油 1 000倍液喷洒，尤其是叶背面和地表都要均匀喷到。

参考文献

[1]　陈叶，郝宏杰，罗光宏，等．河西走廊绿洲灌区甜叶菊栽培技术［J］．蔬菜，2012（2）：10-11.

[2]　段半锁，吕佩珂．危害葱类蔬菜蓟马的种类调查．植物保护，1999，25（5）：29-31.

[3] 袁建中．甜叶菊的播种与育苗 [J]．作物研究，1988（3）：41.
[4] 李雨浓．黑龙江省甜叶菊主要病虫害及其防治 [J]．中国糖料，2010（3）：56-57.
[5] 张宏瑞，OKAJIMA S，Laurence A M．蓟马采集和玻片标本的制作 [J]．昆虫知识，2006，43（5）：725-728.

（本论文发表于《中国糖料》2013 年第 3 期）

河西走廊绿洲灌区孜然套种甜菜高产高效栽培技术

陈 叶

（甘肃河西学院农科系，甘肃张掖 734000）

孜然是一种调味品，也可以药用。近几年来，随着种植业结构的调整，人们对孜然的利用价值有了进一步的认识，种植面积逐步扩大，价格一直呈稳中有升的势头，由起初的小作物发展成为当地农民致富的支柱产业。

孜然套种甜菜是河西地区近年来迅速发展起来的一种新型种植模式，也是一种理想的高产高效立体种植模式。孜然的生育期较短，与生育期较长的甜菜套种，既充分利用了生长季节，又发挥了两作物的生长优势，较大限度地利用了地力、空间和光热资源，变一年一熟为一年两熟。据笔者调查和试验，孜然的平均产量为 90 kg/亩，收入为 902 元/亩。甜菜的平均产量为 4 000 kg/亩，收入为 800 元/亩，总收入为 1 702元/亩，比单种增收 20%~30%。其栽培技术如下。

1 选地整地、施足基肥

孜然和甜菜适应性较强，耐旱怕涝，对土壤要求不严，一般应选择通透性、排水性良好的砂壤土种植较好。前茬以小麦、玉米、豆茬、绿肥地或蔬菜地为宜，避免用胡麻、甜菜、瓜类茬等，忌重茬或迎茬。前作物收获后及时深耕翻，灌足底墒水，第二年早春土壤解冻 10 cm 深后及时进行精细整地，要求达到墒足、地平、土细等标准，结合整地，每亩施优质有机肥 2 500~3 000 kg，磷酸二铵 25 kg，或硝酸铵 10~15 kg，复合肥 25~30 kg，细沙 6~10 m^3/亩，均匀混施于土壤中。

2 土壤处理

孜然和甜菜都易感根腐病，3 月上旬播种前 7~10 d 结合整地，每亩用绿享 1 号 50 g 兑水 450 kg，在无风条件下均匀喷施于地表，及时耙地，深度 7~10 cm，使土药均匀混合，然后耥平。孜然实行垄作，起垄要直，垄宽 50 cm、垄高 10~15 cm；甜菜平作，种 2 行，宽幅为 40 cm，结合平作在甜菜行内耧施甜菜专用肥 50 kg/亩，待播。

3　选用适宜良种、做好种子处理

孜然选用的优质品种，一般是新疆的成熟度好、籽粒大、色泽正、抗病性好的品种。播种前用赤霉素 300 倍液浸种 4 h，然后冲洗干净、晾干播种。甜菜选用工农 2 号、甘糖 2 号等优良品种，播前将种球压碎成单粒状，用温水浸种 24 h 后捞出，每 100 kg 种子用 2 kg 稀土、0. 10 kg 杀毒矾或三唑酮兑适量水稀释均匀拌种，稍晾干后待播。

4　适时播种

先播孜然后播甜菜。孜然播种在 3 月中下旬，依气候状况，宜早不宜迟，亩播种量 1. 5~2. 0 kg，播种时，在种子中渗入适量细沙，人工均匀交叉撒两遍，将种子撒于垄表，也可用播种机浅播，行距 15 cm，播深 1~2 cm，播后拂平地表，然后在种子表面均匀覆盖 1~2 cm 厚细沙，灌水压沙，墒情好可以不灌水。当 5 cm 地温稳定通过 5 ℃时，为甜菜的适宜播种期。河西地区 4 月中下旬较为适宜，5 月初点种结束。亩播种量 1. 0~1. 5 kg，采用人工开穴点播，播种深度 2~3 cm，播种 2 行，行距 40 cm，株距 20 cm，每穴播种 4~5 粒种子，播后及时用湿土封口，确保一次全苗。

5　田间管理

5. 1　中耕松土、定苗

孜然一般不需要间苗，要及时消灭杂草。甜菜要在幼苗 2 片真叶时进行间苗，4 片真叶时即可定苗，要留健壮大苗，间除小苗，每穴留苗 1 株，严禁留双苗，坚持狠间苗，早定苗，每亩保苗 4 000~4 500株。每隔 10 d 左右中耕松土除草 1 次，促进幼苗发育。

5. 2　合理灌水追肥

孜然和甜菜都喜旱怕湿，浇水时，采用少量多次的方法，保持地表不干旱，正常生长为宜。一般孜然 4~5 片真叶时浇头水，开花期灌二水，结实期灌三水，全生育期灌水 2~3 次，注意水量不宜多，田间积水时应及时排出。结合孜然灌头水，追施硝酸铵 150 kg/hm^2，或尿素 105~120 kg/hm^2，后期叶面喷施磷酸二氢钾 2~3 次，有利于籽粒饱满。孜然收获后立即对甜菜进行追肥灌水，结合灌水追施 150~225

kg/hm^2 尿素或磷酸二铵，施于苗侧 10 cm 远处，以后每隔 20 d 左右灌水 1 次，8 月中下旬至 9 月中下旬块根膨大期要及时灌水，并结合灌水追施 225~300 kg/hm^2 尿素 1 次，收获前 15 d 左右停止灌水，灌水宜少而浅，田间有积水应及时排出。8 月上中旬用磷酸二氢钾进行叶面追肥 4~5 次，每隔 7 d 1 次，以促进块根膨大。

5.3 加强病虫害防治

孜然 5 月下旬至 6 月上旬根腐病发生严重，若发现中心病株应及时拔除，并用 800 倍甲基硫菌灵或绿享 1 号等叶面喷洒防治。甜菜在生长期及时用杀灭菊酯等防治甘蓝夜蛾、菜青虫等害虫。对立枯病、根腐病除采用拌种措施外，应加强中耕松土，少灌或浅灌水，并用 1 000倍杀毒矾和三唑酮混合剂灌根、或用 500 倍多菌灵或 800 倍甲基硫菌灵等喷洒防治。

6 及时收获

6 月下旬，孜然 60%~70%枝叶发黄，籽粒呈青黄色时为收获适期，收获时最好分批进行，随熟随收，收获后放在场上凉晒 4~5 d 进行后熟，待孜然果柄干枯即可打碾脱粒，收藏保存。进入 10 月，当甜菜外层老叶枯黄，内层心叶散开，整株叶片松散匍匐，块根发脆时即可收获。采挖时要保证块根完整，切削干净，切除叶柄青头和直径 2 cm 以下尾根，刮净根毛和泥土，集中堆放，用叶覆盖，避免风吹日晒，造成产量损失。

（本论文发表于《农业科技与信息》2000 年第 1 期）

河西走廊绿洲灌区孜然根腐病的发病因子研究及防治

陈　叶

（甘肃河西学院农科系，甘肃张掖　734000）

摘要： 近几年来，河西地区孜然根腐病的发病率已达36.2%，发病轻的田块减产15%左右，发病重的田块减产50%左右，部分田块甚至绝收，种植面积已缩减了25%~40%。为此，通过对不同栽培条件下孜然根腐病发病因子的调查和分析，旨在为大面积开展孜然栽培及孜然根腐病的防治提供理论依据。

关键词： 河西地区；孜然根腐病；发病率；防治

孜然（*Cucuminum cyminum* L.）是伞形科孜然芹属一年生或二年生草本植物。原产于埃及、埃塞俄比亚，既是一种调味品，又可以药用。以前仅在我国的新疆地区进行栽培，近几年来，随着种植业结构的调整，人们对孜然的利用价值有了进一步的认识，孜然被引进河西地区，种植面积逐步扩大，1998—2001年，年种植面积达1.4万 hm^2 左右，价格一直呈稳中有升的势头，由起初的小作物发展成为当地农民致富的产业。但2001年以后，由于孜然根腐病在生产中逐渐加重，一些农户连年受害，颗粒无收，种植面积大幅度下降。据笔者调查，河西地区孜然的发病率已达36.2%，发病轻的田块减产约15%，发病较重的田块减产近50%，约有13%的田块绝收，种植面积比2001年缩减了30%~40%。为此，笔者于2002年和2003年在甘肃酒泉、张掖、武威等地针对孜然根腐病的田间发病情况进行了调查分析，调查采用田间随机样方和走访农户相结合的方法，旨在为大面积开展孜然栽培及孜然根腐病的防治提供参考。

1　发病病状

孜然根腐病由茄腐镰刀菌入侵孜然根引起，属于土传性病害，种子一般不带菌，以病残体和土壤带菌的方式传播。病菌一般从根尖或根部伤口入侵，逐渐转移到根中部或茎部。植株一般从苗期开始发病，并由中心病株向四周蔓延。植株受害后，往往表现为生长势下降，下部叶黄化，根尖端和中部发黑，地上部分萎蔫，花序或果序萎蔫、下垂，直至干枯死亡。植株死亡后，叶仍不脱落。

2 发病因子的调查

2.1 种子与发病率

选用优良品种是孜然优质高产的基础。河西地区的孜然品种起初从新疆引入（吐椭一号），该品种粒大、色正、饱满，抗病性好。在生产中有些农户从种子部门购置该品种种植时，田间发病率不到5%；用自繁自留的当年种子，田间发病率达13%~15%；用存放2~3年的吐椭一号种子，田间发病率为5%~10%；用存放2~3年的自繁自留种子，籽粒饱满度低，抗病性弱，且发病率明显提高，一般为20%~25%；同时，在调查中还发现：为促进种子发芽，在播种前将种子用赤霉素30倍液浸种4 h，然后冲洗干净、晾干后播种的田块，发病较轻，没有进行种子处理的田块发病率偏高。

2.2 密度与发病率

种植密度直接关系到群体与个体之间的相关性。据笔者在田间调查时发现：密度与发病率呈正相关。种植密度为14万株/667m^2、16万株/667m^2、18万株/667m^2、20万株/667m^{2}的4种种植试验，根腐病发病率分别为16.4%、19.1%、22.4%、26.5%，种植密度为14万/667m^2，虽然单株生长良好，发病率低，但产量低，不可取。播种量大，则田间郁蔽，通风透光差，单株长势弱，发病率高。相比较而言，密度为16万~18万株/667m^2，较为适宜。

2.3 水与发病率

孜然属耐旱作物，喜旱怕湿。浇水时，采用少量多次的方法，保持地表不干旱，正常生长为宜。一般孜然的全生育期需3次水。据笔者调查：干旱年份发病轻，多雨年份发病重；在灌水过程中，如果灌水量多，田间有积水而又不能及时排出时发病重；灌水量适中，灌水后2 h田内无积水，则发病轻；单水口，灌水速度慢，发病重，多水口，水速快，发病轻；正午或高温时灌水，发病重，阴天无雨或早晨、傍晚时灌水，发病轻；大雨或连续阴雨，发病重，无雨或小雨时，发病轻；如果是结实期，发病率达80%以上。从调查的情况看，绝产都是由第一种情况所引起的。

2.4 耕作制度与发病率

孜然喜欢生长在土层深厚，腐殖质含量高，排水良好的砂壤土、壤土地上。调查发现：黏土地、低洼地和排水不良的地块，发病率为25%~45%，排水良好的砂壤土发病率<壤土地<黏土地；进行精细整地，达到墒足、地平、土细等标准的田块，发病较轻，如果土壤质地粗糙，整地质量差，则发病率高；新开垦的荒地一般不发病或发病极轻，而种植多年的熟地发病重；施用优质农家肥的田块，发病轻，只单纯施用无机肥的田块，发病重；前茬作物是小麦、玉米、豆类、绿肥作物、棉花等的田块发病轻；前茬作物是胡麻、甜菜、瓜类、葫芦以及伞形科作物等的田块发病重；进行合理轮作的田块发病轻，重茬或迎茬种植孜然的田块发病重，重茬地发病率为60%以上，迎茬地发病率为35%以上；做畦，与其他作物间作，在畦面上种植孜然的田块发病轻，平作种植孜然的田块发病重。此外，孜然在苗期的发病率不足5%，在营养生长与生殖生长并进期发病率上升，开花期和结实期发病最重。发病率4月<5月<6月。

3 防治技术

3.1 选地、整地

选择通透性高、排水良好的砂壤土和壤土种植，如果土壤偏黏，应施入一定的河沙。前茬以小麦、玉米、豆类、棉花、绿肥地或蔬菜地为宜，避免用胡麻、甜菜、瓜类、伞形科植物等茬口，忌重茬或迎茬。前茬作物收获后及时深耕翻，灌足底墒水，第二年早春土壤解冻10 cm深后及时进行精细整地，要求达到墒足、地平、土细等标准，结合整地，施入优质农家肥，条件许可情况下，进行配方施肥。播种前7~10 d，结合整地，每667m^2用绿享1号750 g/hm^2兑水450 kg，在无风条件下均匀喷施于地表，及时耙地，深度7~10 cm，使土药均匀混合，然后耱平。尽可能做畦，与其他作物间作，在畦面上种植孜然。

3.2 选用良种，并进行种子处理

选用新疆引入的粒大、色正、饱满，抗病性好的吐槲一号品种，或种子部门繁育的良种。同时，播种前将种子用赤霉素300倍液浸种4 h，然后冲洗干净，晾干后播种。提倡早播早收，每667m^2播种量一般为1.5 kg为宜，密度为16万~18万株/667m^2为宜。

3.3 合理灌水

孜然生长期灌4次水即可。撒播种子后，在表面均匀覆盖1~2 cm厚的细沙，立即灌水压沙，以后灌3次水即可。3片真叶时浇头水，开花期灌二水，结实期灌三水。注意灌水时，水量不宜大，田内不能有积水，若有积水，应及时排出；阴雨天不灌水；正午或高温时不灌水。

3.4 药剂防治

孜然根腐病的发病率受多种因素影响，一般在4月下旬开始发病，5月下旬至6月上旬根腐病最严重，在田间管理时，若发现中心病株应及时拔除，并用80倍甲基硫菌灵或绿享1号等叶面喷洒，连喷2~3次，即可防治。

（本论文发表于《陕西农业科学》2004年第3期）

张掖市孜然套种栽培模式及效益

陈　叶　王　进

（河西学院农科系，甘肃张掖　734000）

摘要：介绍了张掖市孜然套种经济作物、粮食作物及瓜类的几种主要栽培模式并分析了其综合效益，提出了孜然套种栽培模式要选择适宜套种的优良品种、科学施肥、精细整地、加强病虫害防治等配套技术措施。

关键词：张掖市；孜然；套种；栽培模式；配套措施

张掖市是我国重要的商品粮基地。区内地势平坦，光热资源充足，年日照总时数3 000 h以上，无霜期160 d左右，昼夜温差大，最高气温38.1 ℃，最低气温-30 ℃；年降水量100 mm左右，蒸发量却为降水量的20~30倍，气候干燥，属典型的温暖带干旱气候，为孜然生产适宜区。孜然（*Cuminum cyminum* L.）是伞形科孜然芹属，一年生或二年生草本植物。原产于埃及、埃塞俄比亚，既是调味品，又可以药用。以前仅在我国的新疆栽培，近年来，随着种植业结构的调整，孜然被引种到河西地区，年种植面积达1.4万 hm^2 左右，价格一直呈稳中有升的势头，种植也由起初的单作发展为立体套作模式，由起初的小作物发展成为当地农民致富的产业之一。

1　孜然套种的主要栽培模式

1.1　孜然套种糖料作物

主要有孜然套种甜菜。孜然播种在3月中下旬，亩播种量1.5~2.0 kg/667m^2，用播种机浅播，行距15 cm，播深1~2 cm，然后在种子表面均匀覆盖1~2 cm厚细沙，灌水压沙。甜菜在4月中下旬播种较为适宜，亩播种量1~1.5 kg/667m^2，采用人工开穴点播，播深2~3 cm，行距40 cm，株距20 cm，每穴播种4~5粒种子。

1.2　孜然套种油料作物

主要有孜然套种蓖麻。孜然的种植方式同上。蓖麻选择晋蓖2号、浙蓖4号等良种，在4月下旬以株距50 cm，宽行100 cm，窄行60 cm，宽窄行方式用点播器带尺划线点播，每穴 2~3 粒种子，深度 4~6 cm，栽后覆土、压实，以利出苗。

1.3 孜然套种粮食作物

主要有孜然套种鲜食玉米。孜然种植方式与同上，玉米种子选用高产、优质、抗病、早熟的甜单 8 号，筑糯改良 2 号，酒单等。玉米种子在 4 月下旬以宽行 100 cm，窄行 40 cm，株距 22 cm 的宽窄行方式用点播器带尺划线点播，每穴 2~3 粒种子，用种量 2.5~3.5 kg/667m^2，播深 4~6 cm。

1.4 石砂田孜然套种棉花

孜然在地表解冻 5 cm 时用机械或畜力播种机条播，行距 13 cm，带状种植，带宽 65 cm，用种量 30 kg/hm^2，播深不超过 2 cm。拉运石砂 210~225 m^3/hm^2，均匀铺在地面，厚 1~2 cm。棉花可在孜然出苗后视天气、地温变化情况播种，一般应比单种地膜棉花推迟 3~5 d，棉花用种量 105~120 kg/hm^2，棉花点种前要覆膜，膜面宽 100 cm，株距 18~20 cm，行距 20 cm，保苗 1.20 万~1.50 万株/hm^2。

2 孜然套种综合效益分析

2.1 孜然套种甜菜

孜然的生育期较短，与生育期较长的甜菜套种，既充分利用了生长季节，又发挥了两作物的生长优势，较大限度地利用地力、空间和光热资源，变一年一熟为一年两熟。孜然的平均产量为 1 352.9 kg/hm^2，收入为 13 529 元/hm^2。甜菜的平均产量为 60 000 kg/hm^2，收入为 12 000 元/hm^2，总收入为 25 529 元/hm^{2}左右，比单种孜然增收 20%~30%。

2.2 蓖麻与孜然套种

共生期短，孜然收获后，有利于蓖麻优势的发挥，可大面积示范推广。多点试验和大面积生产示范结果表明，孜然套种蓖麻模式的蓖麻平均产量为 3 750 kg/hm^2，收入为 9 375 元/hm^2；孜然的平均产量为 1 500 kg/hm^2，收入为 22 500 元/hm^2。综合经济效益 31 875 元/hm^2，比单种孜然增收 4 875 元/hm^2。

2.3 孜然套种鲜食玉米

孜然套种鲜食玉米，实现了高矮搭配，充分利用了光、热、水、土资源，增产增收效果显著。多点试验和大面积生产示范结果表明，孜然套种鲜食玉米模式的孜然平均产量为 1 500 kg/hm^2，收入为 22 500 元/hm^2，鲜食玉米的平均收入为 15 000 元/hm^2。综合经济效益 37 500 元/hm^2，比单种孜然增收 10 500 元/hm^2。

2.4 孜然套种棉花

在石砂田孜然套种棉花，能充分发挥作物的个体特性和群体优势，孜然生育期短（110 d 左右），植株矮小，根系分布浅，而棉花生育期长，植株较大，根系发达，喜水喜肥，二者合理套种，一高一矮、一深一浅、一长一短，变单一群体为复合群体，变平面结构为立体结构，形成多层采光，通风透光条件得到改善，缓解了争水、争肥、争光的矛盾，较好地发挥了增产潜力。多点试验和大面积生产示范结果表明，石砂田孜然套种棉花模式的孜然平均产量 1 050.0 kg/hm^2，收入为 15 750 元/hm^2，棉花的平均收入为 22 500 元/hm^2，综合经济效益达 38 250 元/hm^2，比单种孜然增加经济收入 10 500 元/hm^2。

3 套种田孜然的主要配套措施

3.1 选地整地、施足基肥

孜然适应性较强，耐旱怕涝，对土壤要求不严，一般应选择通透性、排水性良好的砂壤土种植较好。前茬以小麦、玉米、豆茬、绿肥地或蔬菜地为宜，避免用胡麻、甜菜、瓜类茬等，忌重茬或迎茬。及时进行精细整地，施优质有机肥 2 500~3 000 kg，磷酸二铵 25 kg，或硝酸铵 10~15 kg，复合肥 25~30 kg，细沙 90~150 m^3/hm^2。

3.2 选用适宜良种、做好种子处理

孜然选用的优质品种，一般是从新疆引入的成熟度好、籽粒大、色泽正，抗病性好的品种。播种前用赤霉素 300 倍液浸种 4 h，然后冲洗干净、晾干播种。

3.3 加强田间管理

3.3.1 合理灌水追肥

孜然喜旱怕湿，浇水时，采用少量多次的方法，保持地表不干旱，正常生长为宜。一般孜然 4~5 片真叶时浇头水，开花期灌二水，结实期灌三水，全生育期灌水 2~3 次，注意水量不宜多，田间积水时应及时排除。结合孜然灌头水，追施硝酸铵

150 kg/hm^2，或尿素 105～120 kg/hm^2，后期叶面喷施磷酸二氢钾 2～3 次，有利于籽粒饱满。

3.3.2 加强病害防治

孜然在 5 月下旬至 6 月上旬根腐病发生严重，若发现中心病株应及时拔除，并用 800 倍甲基硫菌灵或绿享 1 号等叶面喷洒防治。

4 及时收获

6 月下旬，孜然 60%～70%枝叶发黄，籽粒呈青黄色时为收获适期，收获时最好分批进行，随熟随收，收获后放在场上晾晒 4～5 d 进行后熟，待孜然果柄干枯即可打碾脱粒，收藏保存。

（本论文发表于《耕作与栽培》2005 年第 4 期）

紫苏利用和栽培

王　佩　陈　叶　罗光宏

摘要：较全面地论述了紫苏在河西地区的分布、生态学特性、化学成分及其在药用、调味品、饲料等领域的利用价值及应用前景；总结了栽培管理技术；提出开展杂交育种方面的研究，选育出优良品种，为地方建设发挥更大的经济效益和社会效益。

关键词：紫苏；种质资源；利用；生物学特性

紫苏（*Perilla frutescens*）别名红苏、赤苏、香紫苏，系唇形科一年生草本植物，全草入药，是具有特异芳香的一种天然香料，是既可食用、又可药用的60种中草药之一[1-4]。近几年来，紫苏作为新资源植物，在国内外得到了重视和发展，苏联早在20世纪60年代就在西伯利亚地区建立了紫苏开发利用的研究中心，日本、加拿大、朝鲜、印度等国也相继开展了紫苏的综合利用研究。我国陕西、江苏、浙江、河南、河北、山西、安徽等省也开展了紫苏的开发利用研究工作。河西地区是紫苏资源非常丰富的地区之一，对河西地区紫苏资源的综合利用和栽培技术进行研究，已成为迫切需要。

1　紫苏的生物学特性

紫苏生于草甸、林缘、林下、路旁、田埂、水渠边。具有耐阴、喜光、喜肥的特性，适应性很强，对土壤要求不严格，房前屋后、水沟边、地头地角、树荫下、大株作物行间均可种植。在排水良好的砂质壤土、壤土、黏壤土及肥沃的土壤上栽培，生长良好[5-8]。前茬作物以蔬菜为好，果树幼林下均能栽种。

2　紫苏的化学成分

2.1　柴苏的氨基酸组成及含量

紫苏根、茎、叶、种子中氨基酸含量丰富，由表1和表2可知，氨基酸种类达18种。其中含有8种成人必需的氨基酸、9种儿童必需的氨基酸。各种氨基酸中，谷氨酸含量最高，天门冬氨酸、亮氨酸、精氨酸、丙氨酸含量也较高[9,10]。

表1 紫苏叶中氨基酸含量

氨基酸名称		含量（%）	氨基酸名称		含量（%）
天门冬氨酸	Asp	0.830	蛋氨酸	Met	0.112
苏氨酸	Thr	0.403	异亮氨酸	Ile	0.357
丝氨酸	Ser	0.215	亮氨酸	Leu	0.692
谷氨酸	Glu	1.071	酪氨酸	Tyr	0.293
甘氨酸	Gly	0.472	苯丙氨酸	Phe	0.384
脯氨酸	Pro	0.401	赖氨酸	Lys	0.411
丙氨酸	Ala	0.483	组氨酸	His	0.170
半胱氨酸	Cys	0.325	精氨酸	Arg	0.581
缬氨酸	Val	0.172	色氨酸	Trp	0.080

表2 紫苏种子中氨基酸含量

氨基酸名称		含量（%）	氨基酸名称		含量（%）
天门冬氨酸	Asp	0.830	蛋氨酸	Met	0.112
苏氨酸	Thr	0.403	异亮氨酸	Ile	0.357
丝氨酸	Ser	0.215	亮氨酸	Leu	0.692
谷氨酸	Glu	1.071	酪氨酸	Tyr	0.293
甘氨酸	Gly	0.472	苯丙氨酸	Phe	0.384
脯氨酸	Pro	0.401	赖氨酸	Lys	0.411
丙氨酸	Ala	0.483	组氨酸	His	0.170
半胱氨酸	Cys	0.325	精氨酸	Arg	0.581
缬氨酸	Val	0.172	色氨酸	Trp	0.080

2.2 紫苏的微量元素组成及含量

紫苏中含有多种人体所必需的微量元素，这些元素在调节人体新陈代谢，支持和参与人体生理生化反应中起着很重要的作用。其中 Ca、P、K、Mg、Fe 含量较高，见表 3。

表3 紫苏不同部位矿质元素含量 单位：mg/kg

部位	Ca	Mg	Mn	Fe	Zn	Cu	K	Na
根	8 400	1 040	15.8	430	64	14	1 260	200
茎	9 100	1 100	24.2	860	82	14	1 420	220
叶	11 100	2 760	41.5	410	50	20	1 820	180
种子	26 700	5 045	30.3	230	38	19	5 326	142

3 紫苏的利用价值

3.1 药用价值

紫苏种子味辛无毒，归肺经，具有降气平喘，祛痰，润肠之功效。紫苏叶有解热抗菌作用，辛温能散，气薄发泄，临床用紫苏叶与少量干姜治疗慢性气管炎。紫苏梗能通百脉，治咽膈烦闷，通二便，止下痢赤白。紫苏苞可治血虚、感冒。紫苏营养丰富，经测定，紫苏种子出油率高达45%，蛋白质含量高达25%，氨基酸含量丰富，同时，含谷维素0.1%~1%，维生素E 0.1%~0.2%，花色素苷1.9%，以及黄酮类等抗氧化成分。此外，还含有丰富的Ca、P、K、Mg、Fe等矿质元素，对身体健康大有裨益。紫苏油含有60%左右的α-亚麻酸，具有抵御癌症，改善过敏体质，提高智力和视力，延年益寿的功效[11]。因此，美国在1990年5月发布的《配方食品研制计划》中将其列入五种（类）防癌食品开发之列[5]。

3.2 紫苏在调味品中的应用

3.2.1 制作点心、花卷

采收紫苏种子碾制粉酥，这种粉酥蘸上白糖可直接食用，还可加拌猪油制作汤团点心馅；在做好的面上使用5%粉酥，蒸制花卷，色美味香。

3.2.2 煮粥

紫苏茎叶清香扑鼻，用其汁液煮粥，用量根据食用习惯，吃起来清香爽口，健胃解暑。

3.2.3 制作防暑解毒饮料

鲜叶制作清凉饮料，每杯开水中投放1~1.5 g鲜叶或少量干叶，暑期经常饮用，味醇清香，还可防暑解毒。

3.2.4 调制咸菜

鲜叶片可腌制咸菜。将幼嫩的叶片洗净腌菜，腌制的咸菜芳香爽口；也可与其他蔬菜共同盐渍制作腌菜，增加清香。调制凉菜时加几片切碎的嫩叶，吃起来别具风味。

3.2.5 防腐

紫苏叶具有防腐功能，在炎热的夏季，每千克酱油中放入 8 g 左右的紫苏鲜叶，不仅能防腐保鲜，还能增进酱油的营养和风味。

3.2.6 解毒

紫苏亦有去腥解毒的功效，凡烹调鱼类菜肴，加入少许紫苏茎叶，切碎放于鱼、虾、蟹上既增加芳香又可去除腥气、增味解毒。据介绍，食蟹中毒引起腹泻、腹痛、呕吐等，饮一杯紫苏茎叶泡的茶，便可解毒除病。

3.3 饲用价值

紫苏嫩茎叶的粗蛋白含量为 34.95%~45.51%，粗脂肪含量为 4.63%；籽粒中的粗蛋白含量为 19.65%~25.12%，粗脂肪含量为 4.63%，氨基酸含量为 19.66%~28.77%，因此，紫苏除药用外，还是一种优质饲草。紫苏经加工紫苏油后，紫苏油饼也是一种优质饲料，含粗蛋白 32.7%，1 kg 油饼含有 1.14 个饲料单位，其营养价值相当于 2 kg 玉米。

4 栽培技术

4.1 播种育苗

选用日本的食叶紫苏或国内的大叶紫苏品种。选择表土不易板结、通气保水性好、含腐殖质较高的肥沃土壤作苗床。每 667m^2 苗床先于地表均匀施用腐熟的鸡羊粪 200 kg 或浓人粪尿肥 400 kg。翻入土内，晒垡 10 d 后，再撒施复合肥 5 kg、尿素 2 kg 作底肥。肥土混匀耙平整细后做床，床高 15 cm，长宽视地形和操作方便而定。3 月中下旬播种，播种前在床面喷洒 300 倍除草通（二甲戊灵）药液除草。喷药 4 d 后播种，将种子均匀地撒在床面上，覆盖薄土和稻草，浇足水，平覆或架设小拱棚盖膜压平即可。育苗期间，施淡人粪尿肥 2~3 次，间苗 3 次，定苗苗距 3 cm 左右。为防止幼苗徒长和土壤湿度过大，需经常揭膜换气。苗龄 45 d 左右移栽。

4.2 整地定植

各类土壤都可栽培紫苏，以 pH 值 6~6.5 的壤土和砂壤土栽培为好。大田基肥以有机肥为主，每 667m^2 施腐熟垃圾肥 5 000 kg、粪肥 3 000 kg或鸡羊粪 1 500 kg、复合肥 100 kg。土壤翻耕晒垡整细耙平后做畦，畦面宽 90 cm，畦沟宽、深各 30 cm。4 月底至 5 月初定植，每畦栽 6 行，株行距 15 cm×15 cm，每 667m² 栽 1.5 万~2 万株。为消灭杂草和防止地老虎为害幼苗，定植前 3 d 可用除草通喷洒土表并用糠麸和 500 倍液的敌百虫洒在畦面诱杀。

4.3　摘叶打杈

紫苏定植 20 d 后，对已长成 5 茎节的植株，应将茎部 4 茎节以下的叶片和枝杈全部摘除，促进植株健壮生长。

摘除初茬叶 1 周后，当第 5 茎节的叶片横径宽 10 cm 以上时即可开始采摘叶片，每次采摘 2 对叶片，并将上部茎节上发生的腋芽从茎部抹去。5 月下旬至 8 月上旬是采叶高峰期，可每隔 3~4 d 采 1 次。9 月初，植株开始生长花序，此时对留叶不留种的可保留 3 对叶片摘心、打杈，使其达到成品叶标准。全年每株紫苏可摘叶 36~44 片，每 667m² 可产鲜叶 1 700~2 000 kg。

4.4　施肥治虫

幼苗栽植成活后，每隔半个月根际追肥 1 次，每次每 667m² 大田施人粪尿肥 2 500 kg或尿素 10 kg；为加速叶片生长，提高叶片质量，每月用 0.5%尿素液根外追肥 1 次；生长期间如遇高温干旱，早晚要浇水抗旱。

为害紫苏的害虫主要有叶螨、蚜虫、青虫和蚱蜢等，可选择 80%敌敌畏乳油 800~1 000倍液，60% 速灭杀丁乳剂 10 000倍液等进行防治，喷药时间应在每批叶片采摘后进行。

5　讨　论

（1）河西地区具有资源丰富、热量充沛、昼夜温差大、土地宽广、劳动力充足等优势。目前紫苏的利用主要依赖于野生，而野生资源具有有限性，并非取之不尽，更何况河西地区生态环境相对脆弱，再生能力有限，恢复非常缓慢，因而在开发利用中，必须做好资源保护工作，尤其是应该保护植物的生长环境。应大力开展人工栽培研究，据笔者调查，紫苏的栽培仅在民间有零星种植，大面积栽培还是空白。在引种栽培过程中，应掌握正确的繁殖技术，深入研究其生态习性及对环境的适应能力，避免盲目引种，造成失败。

（2）紫苏广布于河西地区各地，为常用中草药和香料植物。开发和利用紫苏资源，具有投资小，加工工艺路线简单，效益高等特点，极具开发潜力，适合大规模加工生产。因此，利用本地区资源优势，进行产品的深加工，在鲜味剂、保健品等调味品、药品的深层次开发上下功夫。

（3）紫苏无论是茎叶、种子、油饼，都含有丰富的营养物质，是一种优质饲料。目前，我国在饲料方面的研究很少，如果开展此方面的研究，对本地区的畜牧业发展将起到促进作用。

（4）针对紫苏的多用途，应开展杂交育种方面的研究，选育出优良品种，为地方建设贡献更大的经济效益和社会效益。

参考文献

[1] 赵子文，曹毅，王德俊，等．紫苏注射液对动物出、凝血时间影响的进一步研究［J］．中药药理与临床，1985（1）：132.

[2] 梁明华，曹毅，张晓蓓，等．紫苏对动物微血管的影响和作用机制［J］．中国微循环，1998（2）：115-117.

[3] 曹毅，赵子文，杨影，等．紫苏治疗宫颈出血108例疗效分析［J］．中医杂志，1988，29（8）：49.

[4] 姚大地．于海洪．紫苏开发利用的理论研究［J］．吉林林学院学报，1999，15（1）：25.

[5] 陈文麟．紫苏油的特点及其利用［J］．中国油料，1992（3）.

[6] 顾健，邓维德，沈詹岳，等．潘生丁及紫苏对孕妇分娩前后体内外TXB1α和6-Keto-PGF1α水平的影响［J］．扬州医学院学报，1990，2（1）：21.

[7] 吴练中，曹毅，高桃原．紫苏水溶性成分的初步分析［J］．中国药学杂志，1989，24（11）：678.

[8] 张太平．黔南山区苏子种质资源研究［J］．中国油料，1997，19（1）：67.

[9] 谭丽霞，廖菁，饶桂春．紫苏微量元素的测定［J］．贵州科学，1998，16（2）：132-135.

[10] 刘月秀，张卫明．紫苏化学成分分析［J］．广西植物，1999，19（3）：285-288.

[11] 刘秉和．要重视紫苏的利用和开发［J］．湖南中医药导报，2000，6（2）：16-17.

（本论文发表于《中国农村科技》2011年第5期）

细叶益母草引种及栽培试验

罗光宏[1]　陈　叶[1]　毛晓春[2]　张永虎[1*]
（1. 甘肃省河西学院农业资源与环境系，甘肃张掖　734000；
2. 张掖市药物检验所，甘肃张掖　734000）

细叶益母草（*Leonurus sibiricus* L.）为唇形科益母草属多年生草本植物，全草和果实入药，味苦、性辛、微寒。具调经活血、祛瘀生新、利尿消肿之功效。主治月经不调、闭经、产后瘀血腹痛、肾炎浮肿、小便不利、尿血等症；外用治疮疡肿毒。据《中药大辞典》《中药志》记载：细叶益母草含有益母草碱、水苏碱、益母草定、益母草宁等多种生物碱及苯甲酸、氯化钾、月桂酸、亚麻酸、油酸、甾醇、维生素 A、芸香苷等黄酮类成分；且作益母草入药，功效与益母草相同。河西走廊是细叶益母草的主产地之一，野生细叶益母草含水苏碱高达 0.56%，生物碱质量分数明显高于《中国药典》2000 年版中记载的益母草生物碱质量分数限度。但近年来，由于需求量增大，造成乱采滥挖，野生资源日趋减少，生境惨遭破坏，再加上细叶益母草自然更新能力弱，资源呈现濒危状态。为此笔者在本地区开展了引种及栽培试验。

1　试验材料

野生细叶益母草种子采自祁连山区北坡地段，经甘肃张掖市药品检验所毛晓春副主任药师鉴定为细叶益母草 *Leonurus sibiricus* L.。

2　植物学特征

二年生草本，高 20~30 cm。茎直立，四棱形，被倒向糙伏毛，常从基部分枝，丛生。叶掌状三全裂，裂片再三裂或羽状分裂；小裂片线形，边缘反卷，两面被糙伏毛；最上部苞叶三全裂。轮伞花序组成疏离的穗状花序；花萼筒状，外面中部以上脉上密被有节长柔毛；花冠粉红色，长约 1.6 cm，上唇比下唇长 1/4。花期 7 月。生长于山坡、地埂、路旁、水渠边。

3　地理分布概况

野生种分布于海拔 2 200~2 400 m 的草丛及河溪湿润处，该地段具有温差大、四季分明的大陆性气候和水、热显著的垂直地带性变化的高山气候特点。全年日照 2 683 h，年均气温 0~1 ℃，极端最高温度 37. 8 ℃，极端最低温度-27. 6 ℃，降水量 250~400 mm，蒸发量 1 350~3 240 mm，无霜期 115 d，年总辐射量 133. 36kcal/cm^2，土壤为黑褐色森林土。

试种区选地为甘肃山丹县霍城乡，属典型大陆性季风气候，春季干旱多风，夏季炎热少雨，秋季降水多、降温快、多早霜，冬季严寒；全年平均日照 2 809 h，海拔高度 1 900m左右：年平均气温 5. 8 ℃，最高温度 39. 1 ℃，最低温度-33. 3 ℃；平均年降水量 196. 2 mm，蒸发量 2 047. 9~2 341 mm，无霜期 149 d。试验地土质为耕种栗钙土，持水性较好。

4 栽培方法

4.1 选地、整地

选择土层深厚，土壤肥沃而疏松，地势平坦，排灌良好的砂质壤土或富含腐殖质的壤土。土壤 pH 值为 7. 8，前茬为小麦。前作物收获后及时深耕翻，灌足底墒水，早春精细整地，并用 500 倍的多菌灵消毒。结合耕地，施优质有机肥 37 500~45 000 kg/hm^2，磷酸二铵 375 kg/hm^2 或尿素 150 ~ 225 kg/hm^2，复合肥 375 ~ 450 kg/m^2，均匀混施于土壤中。

4.2 播 种

4.2.1 种子处理

野生细叶益母草的种子实际是矩圆状三棱形的小坚果，长 0. 5 cm，直径 0. 3 cm，一个果实内含一粒种子。种子发芽率较低，为 40%~50%，且在田间出苗不整齐，常导致缺苗断垄现象发生。为此将待播的种子用 0. 1%赤霉素处理 24 h，对促进种子萌发很有效，种子发芽的整齐度提高到75%。也可用3% H_2O_2 浸种 24 h，发芽率可提高到 70%以上。

4.2.2 播种

播种期为 4 月上旬（当气温稳定通过 10 ℃时进行），播种方法采用搂播，深 1~1. 5 cm，行距 30 cm，播种量为 0. 003 kg/m^2，播后覆土，并稍加镇压。如果土壤墒情较差，可立即灌水。

4.3 田间管理

播种 7 d 即可出土，当 4 片真叶时间苗，6 片叶时定苗，株距 10 cm 为宜，一般中等肥力的地块需保苗 30～37.5 株/m^2。幼苗期杂草较多，要及时拔除，结合除草进行中耕，一般需中耕 3～4 次。早期中耕宜深，以后渐浅，以免伤根。追肥以氮肥为主，在五叶期时适当追施 1 次，一般地块追施尿素 150 kg/hm^2，越冬前要盖 2 cm 厚的腐熟农家肥，以利越冬；第二年植株返绿时追施尿素 10 kg 左右；5 月中旬追施尿素 15 kg；在开花前 20 d，每 7 d 叶面喷施磷酸二氢钾 1 次。追肥后立即灌水，后期视苗情适量灌水，保持地面湿润即可，且忌水涝。

4.4 防治虫害

细叶益母草在生长过程中的虫害主要是蚜虫，可用 1 000倍的菊马乳油进行喷洒，注意禁用剧毒型农药，采收前 30 d 停止用药。

4.5 采收加工

细叶益母草生长 2 年即可采收。当夏、秋季花开时，割取地上全草，除去杂质，切段，晒干备用。

5 小 结

开展人工引种、栽培细叶益母草，是解决资源面临濒危状态和供求矛盾的有效途径之一。在邻近野生生长地带开展人工驯化栽培，结果表明：人工栽培的细叶益母草适应性强，生长状况良好，其产量和经济效益都很可观，经甘肃省张掖市药品检验所化验，栽培种含盐酸水苏碱 0.52%，与野生种盐酸水苏碱含量 0.56% 相接近，且明显高于《中国药典》2000 年版中记载的益母草生物碱质量分数限度，可进一步大面积推广种植。

（本论文发表于《中草药》2005 年第 7 期）

苦豆子种子发芽特性研究

王　进[1]　王泽基[2]　陈　叶[1]　张　勇[1]　罗光宏[1]

（1. 河西学院植物科学系，甘肃张掖　734000；

2. 中国华禾公司张掖分公司，甘肃张掖　734000）

摘要：对苦豆子破除种子硬实、提高活力指数的方法及最适发芽的土壤含水量和播深进行了测定与研究，结果表明：苦豆子种子发芽困难的原因是种皮致密，吸胀困难；提高发芽率的措施是砂纸摩擦或65% H_2SO_4 处理20 min；提高种子活力的措施是65% H_2SO_4 处理20 min后，再用0.02% GA_3处理；苦豆子种子萌发的适宜土壤含水量为8%~12%，播种的最适深度为0.3 cm。

关键词：苦豆子；种子萌发；幼苗；土壤水分；播种深度

苦豆子（*Sophora alopecuroides* L.）别名草本槐、苦豆根，是北方地区生态系统中重要的生态草[1]，又是药品工业原料[2]。随荒漠化加剧，地表裸露、过度放牧及过度开采，苦豆子野生资源量急剧下降[3-4]，野生资源无法满足中药加工提取苦豆碱和有机绿肥对原料的供应，开展苦豆子人工栽培和恢复荒原生态系统中苦豆子种群是当前解决原料问题的关键[5-6]，李晓莺等发现苦豆子扩繁种群靠组织培养[7]，并对此作了初步研究；杨辉等就苦豆子种子特性与种群扩展关系进行研究[8]，但没有就实际栽培问题进行阐述。本文结合生产实践，就破除种子硬实、提高活力指数的方法及最适发芽的土壤含水量和播种深度进行了研究，确定了苦豆子种子快速萌发的处理措施和人工栽培苦豆子的最适土壤含水量和播种深度，为人工驯化栽培苦豆子和苦豆子在非农业系统繁殖提供理论参考。

1　材料与方法

1.1　材料及试验仪器

苦豆子种子于2005年10月在黑河边采集（312国道边）。仪器：种子筛，人工智能气候箱，干燥盒，发芽皿（15 cm），滤纸，镊子，砂纸，消毒沙（0.05~0.8 mm），培养盒（40 cm×20 cm×15 cm），沙土，移液管。

1.2 种子处理

将采集到的苦豆子果穗自然阴干，用木棒敲击脱粒后清选，逐个精选。

1.3 试验设计

1.3.1 不同处理条件对苦豆子种子发芽的影响

苦豆子种子处理 1，100 ℃开水烫种 2 min 后，凉至室温；处理 2，将种子在 0~3 ℃的湿沙中层积 30 d；处理 3，将种子用砂纸摩擦至种皮破损；处理 4，将种子用 70%的 H_2SO_4 处理至种皮破损，以新鲜种子为对照，在 20 ℃下进行发芽试验，4 次重复，每重复 100 粒。

1.3.2 H_2SO_4浓度和处理时间对种子萌发的影响

配制浓度为 60%、65%、70%、75%、80%的 H_2SO_4 溶液，然后分别将苦豆子种子处理 5 min、10 min、15 min、20 min、25 min，共 25 个处理，每处理 4 次重复，每重复 100 粒种子，在 20 ℃下进行发芽试验，第 10 天统计发芽率、硬实率和烂籽率。

1.3.3 不同激素和 PEG 处理对苦豆子种子发芽和幼苗生长的影响

利用 1.3.2 的结果，将 65% H_2SO_4 处理 20 min 后的种子再用 0.02% GA_3、0.01% 6-BA、20% PEG、0.001% IBA 处理，以新鲜种子作对照，在 20 ℃下进行发芽试验，4 次重复，每重复 100 粒种子。逐日统计其发芽数，第 10 天统计发芽率。

1.3.4 不同土壤水分含量对苦豆子种子发芽的影响

称取 70 g 高温消毒后的砂土放入培养皿中，分别加入蒸馏水，使砂土中水分含量分别为 5%、7%、8%、10%、12%、13%、15%、20%、25%、30%，共 10 个处理，每个处理 3 个重复。每个重复放入 50 粒种子（播种深度约为 1 cm）。将培养皿置于实验室内，保证其适宜温度（20 ℃左右）和光照。每天称重，补充因蒸发而丧失的水分，每天统计种子出苗数。

1.3.5 不同播种深度下苦豆子种子的发芽试验

将 40 cm×30 cm×25 cm 的培养盒内盛入过筛的砂土，用蒸馏水保持湿润，然后把 65% H_2SO_4 处理 20 min 后的苦豆子种子再用 0.02% GA_3处理，之后迅速以 0 cm、1 cm、2 cm、3 cm、4 cm、5 cm、6 cm、7 cm 的深度点播，每盒播种 100 粒，每个处理 3 次重复，将培养盒放置于 20 ℃的发芽室内光照培养 20 d，逐日统计其发芽数，最后统计出苗率。

1.4 统计分析

发芽率以最终达到正常幼苗的百分率计；按 $GI=\sum(Gt/Dt)$ 公式计算发芽指数，按 $G\times S$ 计算简易活力指数，式中 GI 为发芽指数，Gt 为逐日发芽数，Dt 为相应的发芽天数，S 为幼苗鲜重，G 为发芽率[9-11]。数据采取 Excel 进行差异显著性分析。

2 结果与分析

2.1 不同处理条件对苦豆子种子发芽的影响

由图 1、表 1 可见，新鲜种子在良好的发芽条件下，发芽率极低，用硫酸或砂纸摩擦种子，种子发芽率达 91%和 86%。开水烫种和低温层积能不同程度改变种皮透性，提高发芽率，但提高幅度不大，4 种处理措施的结果是：硫酸处理＞砂纸摩擦＞开水烫种＞低温层积＞对照种子的发芽率。从发芽指数来看，硫酸处理的种子发芽速度高于砂纸摩擦，各处理的发芽率和发芽指数经 LSR 检验达到了显著和极显著水平。破除苦豆子种子休眠和硬实最简便、合适的方法是用 H_2SO_4 处理种子。

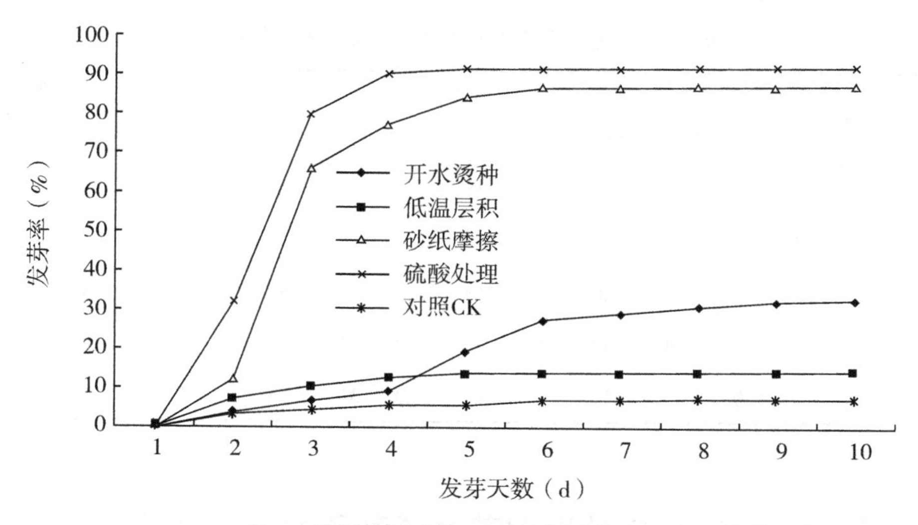

图 1 不同处理对苦豆子种子发芽的影响

2.2 H_2SO_4 浓度和处理时间对种子萌发的影响

由表 2 可见，60% H_2SO_4 处理的种子在 5~25 min 内，随处理时间的延长，发芽率逐渐提高，硬实度降低；65%~70% H_2SO_4 处理 5~20 min 内的种子，随处理时间延长，发芽率逐渐提高，硬实度降低，处理20 min以上，随处理时间的延长，发芽率逐渐降低，烂实率提高；75%～80% H_2SO_4处理5～15 min的种子，随处理时间延长，发芽率逐渐提高，硬实度降低，处理15 min以上，随处理时间的延长，发芽率逐渐降低，烂实率提高。在同一时间内，随H_2SO_4浓度的提高，硬实率降低，烂芽率提高。因此，促进苦豆子种子萌发最适宜的处理方式是65% H_2SO_4处理20 min。

表1　不同处理对苦豆子种子发芽影响的显著性检验

处理	发芽率（%）	显著性检验		发芽指数	显著性检验	
		0.01	0.05		0.01	0.05
开水烫种	31	C	b	7.254	C	e
低温层积	13	D	e	5.200	D	d
砂纸摩擦	86	B	a	28.480	B	b
硫酸处理	91	A	a	34.700	A	a
对照CK	6	E	e	2.267	E	e

表2　H_2SO_4处理浓度和时间对苦豆子发芽的影响　　单位：%

H_2SO_4浓度（%）	处理5 min			处理10 min			处理15 min			处理20 min			处理25 min		
	发芽率	硬实	烂实	发芽率	硬实	烂实	发芽率	硬实	烂实	发芽率	硬实	烂实	发芽率	硬实	烂实
60	2	98	0	12	88	0	15	85	0	38	61	1	42	57	1
65	3	97	0	23	77	0	50	49	1	93	4	3	60	1	39
70	16	78	6	38	50	10	68	20	12	80	5	15	58	0	42
75	30	63	7	56	30	14	70	10	20	54	2	44	40	0	60
80	48	32	10	66	11	23	66	0	34	51	0	49	32	0	68

2.3　不同激素和PEG处理对苦豆子种子发芽和幼苗生长的影响

从表3可见，GA_3、6-BA、PEG处理的种子与对照种子相比，发芽率无差异，IBA处理种子后发芽率降低，差异显著。发芽速度GA_3＞6-BA＞H_2O＞PEG＞IBA，从幼苗生长量来看，GA_3＞PEG＞6-BA＞H_2O＞IBA，从活力指数来看，GA_3、6-BA、PEG处理后的种子与对照差异显著。因此，提高种子发芽率、发芽速度和幼苗生长量的适宜措施是 0.02% 的 GA_3处理。

表 3　不同激素和 PEG 处理对苦豆子种子发芽的影响

处理	发芽率（%）	发芽指数	单苗鲜重（mg）	活力指数
CA_3	92a	46.92a	124.0a	11.408a
6-BA	92a	39.88a	108.8b	10.009a
PEG	90a	31.40e	114.7a	10.320a
IBA	85b	13.99d	72.4c	6.154c
H_2O	91a	34.70c	98.4b	8.954b

注：同列数据后不同小写字母表示差异达显著水平。

2.4　土壤水分含量对种子发芽的影响

从表 4 可见，置床后的种子第 2 天后开始出苗，在第 3~6 天发芽速度最快，土壤含水量从 5%升至 12%，表现出随土壤含水量升高发芽率升高，发芽速度加快，在 8%~12%的土壤含水量下，种子发芽率、发芽指数最高，且无差异。在 13%~25% 的土壤含水量下，随含水量的升高，发芽率和发芽指数降低，土壤含水量在 25% 以上，种子萌发受抑制。苦豆子种子萌发的适宜土壤含水量为 8%~12%。

表 4　不同土壤含水量对苦豆子种子发芽率的影响

土壤含水量（%）	发芽率（%）	显著性检验		发芽指数	显著性检验	
		0.01	0.05		0.01	0.05
5	64	C	c	21.23	C	c
7	88	AB	b	45.04	A	a
8	94	A	a	46.00	A	a
10	94	A	a	48.46	A	a
12	94	A	a	51.30	A	a
13	88	AB	b	41.27	AB	b
15	84	B	b	28.92	B	bc
20	12	D	d	3.00	D	d
25	3	E	c	0.16	E	e

2.5　不同播种深度对苦豆子种子发芽的影响

从图 2 可以看出，0 cm 播深第 3 天开始出苗，随播深加深，出苗延迟，第 4~8

天出苗速度最快。播深 0~3 cm，田间出苗率最高，播深 4~6 cm，随播深加深，出苗率降低，播深 7 cm，不出苗。苦豆子种子的最适宜播深为 0~3 cm。

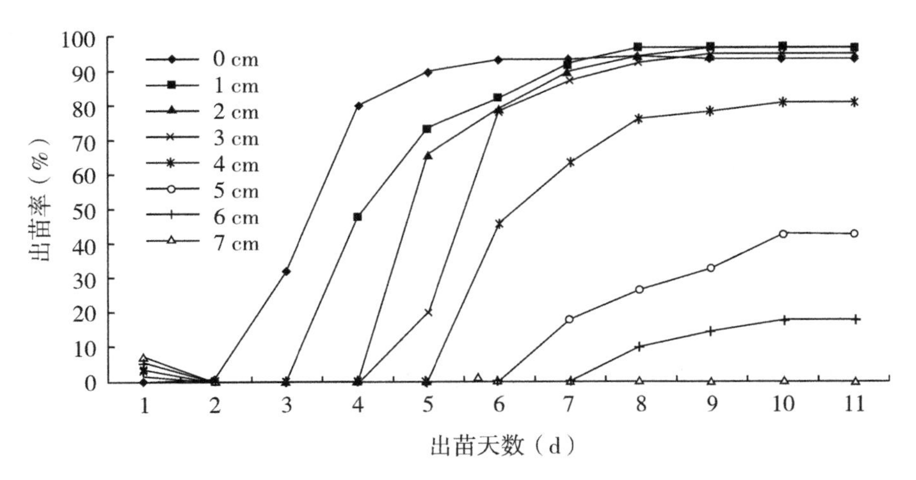

图 2　不同播种深度对苦豆子种子出苗率的影响

3　结　论

（1）苦豆子种子发芽障碍主要是种皮致密，硬实度大，吸胀困难，用砂纸多次摩擦和硫酸处理能破坏种皮，加速种子吸胀及萌发。经研究，破除种子硬实最合适的方法是 H_2SO_4 处理。

（2）H_2SO_4 浓度和处理时间对种皮破坏和种子萌发有显著影响，H_2SO_4 浓度太低，无法使种皮烧损，太高会将种子内部胚芽和子叶烧伤，致使烂芽率提高。最适宜的浓度及处理时间为 65% H_2SO_4 处理 20 min。

（3）H_2SO_4 破除休眠和硬实后的种子用 GA_3 处理，可显著提高发芽指数、活力指数和幼苗生长量；用 6-BA 处理可显著提高发芽指数和活力指数；用 PEG 处理，可显著提高幼苗生长量和活力指数，这与 GA_3、6-BA、PEG 对种子的影响理论相符。在人工栽培苦豆子过程中，提高出苗速度、活力指数和幼苗生长量，是提高田间出苗率和幼苗抗逆性的根本措施[12]。

（4）土壤含水量是调节种子萌发的重要因素之一，土壤含水量的高低调节着种子萌发速度和发芽率。苦豆子种子属发芽快的中小粒种子，在非农业生态系统中直播时要考虑自然降水和土壤的含水状态，在夏季阴雨连绵时节播种有利于成苗。在退耕还林地上直播，考虑底墒适宜，确保种子萌发过程中适宜的土壤含水量。

（5）播深是影响苦豆子种子田间出苗的重要因素之一，播深也调节着田间出苗率与出苗速度。苦豆子幼苗顶土能力弱，播种过浅，会因出苗过程中土壤干旱而导致幼苗死亡；播种过深，田间缺苗严重。在自然环境中播种苦豆子，应依据发芽期内土壤湿度决定播种深浅，土壤含水量高，播浅些，含水量低，可播深些。同时还要考虑外界环境条件。

参考文献

［1］ 陈默君，贾慎修．中国饲用植物［M］．北京：中国农业出版社，2000：634–635.

［2］ 孙曾祺．西北特药苦豆子的研究开发与利用［J］．陕西中医学院学报，1999（4）：40–43.

［3］ 王建宇．宁夏中部干旱带药用植物区系特点及开发利用［J］．干旱地区农业研究，2005（1）：204–207.

［4］ 赵子倩，刁治民，熊亚．青海高寒地区苦豆子资源现状及开发前景［J］．青海草业，2004，13（4）：32–34.

［5］ 杜天庆，时永杰．苦豆子的特征特性及其合理利用途径初探［J］．中兽医医药杂志，2003（1）：42–43.

［6］ 李爱华，孙兆军．苦豆子资源开发现状及前景初探［J］．宁夏大学学报，2001，25（4）：354–356.

［7］ 李晓莺，曹有龙．苦豆子组织培养初步研究［J］．甘肃农业科技，2004（12）：24–26.

［8］ 杨辉，华鹏．苦豆子种子特性与种群扩展关系的研究［J］．干旱区资源与环境．2006（1）：198–201.

［9］ 国际种子检验协会．种苗评定与种子活力测定方法手册［M］．徐本美，译．北京：北京农业大学出版社，1993：53–56.

［10］ 韩建国．实用牧草种子学［M］．北京：中国农业大学出版社，1997：87–90.

［11］ 颜启传．种子检验原理与技术［M］．杭州：浙江大学出版社，2001：56–80.

［12］ 刘祖祺，张石城.植物抗逆生理学［M］．北京：中国农业出版社，1994：86–87.

（本论文发表于《干旱地区农业研究》2007 年第 4 期）

河西走廊甜叶菊育苗期白绢病的发生规律与防治

王文平[1]　田凌汉[2]　罗光宏[3]　陈　叶[3]

（1. 酒泉市肃州区农业技术推广中心，甘肃酒泉　735000；
2. 张掖市甘州区委农村工作办公室，甘肃张掖　734000；
3. 河西学院，甘肃张掖　734000）

摘要：通过甜叶菊育苗设施调查和室内白绢病病原菌分离试验，分离出了该病病原菌，查清了育苗期在苗床分布状况和发生规律，研究制定了防治措施，旨在为了解河西走廊甜叶菊白绢病发生和防治提供参考。

关键词：甜叶菊；白绢病；防治；河西走廊

甜叶菊又名甜菊、甜草、甜茶，为菊科甜菊属多年生草本植物。原产于南纬22°~24°、西经55°~56°的南美洲巴拉圭和巴西交界的阿曼拜山脉。以种子繁殖，主要采收叶片，整株含有糖分，以叶片甜度最高，含糖苷14%左右，枝梗糖苷含量仅为叶片的一半，其加工精品为白色粉末状，是一种低热量、高甜度的天然甜味剂，被称为第三代糖源。经大量药物试验证明，甜菊糖无毒副作用，无致癌物，食用安全，现已广泛应用于食品、药品、化妆品和饮料中[1-2]。我国自1977年引入后，在全国各地进行了推广种植，目前已发展成为继甘蔗、甜菜之后的新型糖料作物[3-4]。

酒泉市肃州区充分利用其光照充足、空气干燥、降水量少、昼夜温差大的独特气候，于2006年在总寨镇首次引进甜叶菊栽培试验并获得成功，至目前，全区推广种植面积达1 300 hm^2，平均产量4 500 kg/hm^2，产值4.05万元/hm^2。甜叶菊栽培省工、省时、节水、节肥、高效，3月上中旬在温室或塑料大棚育苗，5月中下旬宽膜（145 cm）覆盖破膜移栽大田，10月上中旬收获，推广速度较快。在该区的示范带动下，甘肃河西走廊种植面积已达2 300~2 600 hm^2，已成为该地区后续主导特色产业之一。但随着推广面积的逐步扩大，育苗期病害已成为制约甜叶菊生产的瓶颈，据2010—2013年育苗设施调查，甜叶菊在育苗期发生的主要病害有立枯病和白绢病，其中甜叶菊白绢病发生较为普遍，该病在育苗期苗床呈块状或点片状分布，平均发病棚数54.6%左右，发病株率10%~20%，严重者达42.4%，直接影响健苗、壮苗的供应，造成预留地块缺苗或闲置，减产绝收。关于甜叶菊栽培技术研究报道较多[3-7]，研究者在病害的发生和防治方面对甜叶菊叶斑病、立枯病、斑枯病等病害进行了研究[8-10]，但对白绢病的研究未见系统报道。为此，笔者于2011—2013年对河西走廊甜叶菊白绢病在育苗期间发病情况开展了调查，对发病规律和防治措施进行了深入研究，旨在为了解甜叶菊白绢病的发生与防治提供参考。

1 甜叶菊白绢病的发生

1.1 发病症状

白绢病又称菌核性根腐病，常为害近地面的茎基部。发病时，茎基部初呈暗褐色水渍状病斑，后逐渐扩大，稍凹陷，其上有白色绢丝状的菌丝体长出，呈辐射状。在潮湿条件下，受害部位表面产生白色菌索，并延伸到土壤中，同时，病斑向茎干四周扩展，延至一圈后，引起叶片萎蔫；茎部受害后，影响水分和养分的吸收，以致生长不良，地上部叶片变小、变黄，节间缩短，严重时枝叶凋萎，甚至会导致全株枯死。发病部位在后期生出许多茶褐色的菌核，茎基部皮层腐烂，导致植株萎蔫或枯死。在适宜条件下，菌核萌发产生菌丝，从直接侵入中心植株茎基部蔓延到其他植株，如果茎基部有伤口，更有利于病菌侵入。

1.2 病原及发生条件

1.2.1 病　原

对甜叶菊育苗棚内的病株现场取样，并带回河西学院植物病理实验室，用PDA培养基进行分离培养，遵照柯赫准则，分离到致病菌种，将直径为6 mm的菌饼放在直径为9 cm的PDA培养皿中央，置于28~30 ℃下培养，观察菌丝生长状况及菌核的形成、颜色变化及其形状，用显微镜观察菌核内部细胞的形状。经罗光宏教授鉴定，病原为半知菌亚门齐整小核菌（*Sclerotium rolfsii* Sacc），属根部病害。有性世代为担子菌，但很少出现。菌丝白色棉絮状或绢丝状。菌核球形或近球形，直径1~3 mm，平滑，有光泽，表面茶褐色，内白色。

1.2.2 发生条件

病菌主要以菌核在土壤中越冬，也可以菌丝体、菌索随病残组织遗留在土中越冬，土壤中的菌核、菌丝体为病害主要的初侵染源。病菌借苗木、土壤、流水进行传播，高温（最适温度25~35 ℃）、高湿可使该病害蔓延，造成大量幼苗死亡，严重影响育苗质量。本病是土传性病害，土壤条件、栽培技术、气候环境对病害的发生、发展都会产生影响，另外土壤中富含有机质也有利于该病害的发生。

1.3 病害发生规律

调查发现，气温高、湿度大，发病率高，传染快，危害性大；在低温、通风条件下，发病较轻。育苗基质偏酸时，发病重；基质中性或偏碱时，发病轻。高温高湿有利于发病，故低洼湿地发病较重。前茬是甜叶菊的发病重；其他作物的发病轻。如果灌水量大，且灌水速度慢，则发病重；灌水量适中，速度快，则发病轻。苗床有积水而又不能及时排出的发病重；育苗床平坦，床面无积水，则发病较轻。育苗基质透气性好，发病较轻；育苗床质地粗糙，黏性大，则发病率高；苗床种植密度大，发病较重。

2 白绢病的防治措施

2.1 农业防治

在选择育苗温室和搭建塑料大棚时，忌重茬或迎茬，轮作期以 3 年为宜；在配制基质时，适当施入优质农家肥，并注意基质的透气性要好，酸碱度以中性为宜，如果基质偏酸时，每 667m^2 用氢氧化钙 100～150 kg 中和；灌水量不宜过大，以灌透、育苗床面无积水为宜，并适当通风降温，棚室内空气湿度控制在 80%以下。

由于病菌不耐碱性，也可用草木灰防治，草木灰是碱性物质，pH 值一般为 12 左右，使用草木灰灭菌效果显著。其方法是取干燥、无污染的草木灰撒在植株基部，用量以能覆盖植株茎基部及基质周围为妥，不宜太多。切记使用后不要马上浇水。育苗田出现病株时，可用草木灰，每天用 1 次，连续用 5 d；如果用于预防，可每 10 d 左右用 1 次。

2.2 药剂防治

2.2.1 苗床消毒

应选择疏松、肥沃、排水性好的砂壤土育苗。床土可用 800 倍甲基硫菌灵喷洒消毒，并翻动均匀，7 d 后播种。

2.2.2 种子处理

将甜叶菊种子用 50%多菌灵 250 倍液浸种 15 min 后捞出，淋去多余药液，即可催芽播种，温度控制在 40 ℃左右为宜，也可用 50%代森铵 500 倍液浸种。

2.2.3 育苗期发病的防治

发病初期施用 15%三唑酮可湿性粉剂叶面喷洒，或用 2.5%三唑酮 2 000 倍液淋施于茎基部，每 667m^2 每次用药液 0.25 kg，或喷洒 20% 甲基立枯磷（利克菌）乳油 1 000倍液，每 7~10 d 喷 1 次，防治 1~2 次；也可用 50%甲基立枯磷可湿性粉剂 1 份，兑细土 100~200 份，撒在发病植株茎基部，防效明显。必要时也可在植株的茎基部及其四周地面撒施 70%五氯硝基苯药土（比例为 70%五氯硝基苯 0.5 kg，拌细土 15~25 kg），用量为 15~22.5 kg/hm^2，每次相隔 25~30 d，连续 2 次，都会取得较好的防治效果。

参考文献

[1] 王贵民，董振红，郝再彬．甜叶菊糖苷的应用和安全性的研究进展 [J]．中国食品添加剂，2007 (6)：65-69.

[2] 陈叶，郝宏杰，罗光宏，等．河西走廊绿洲灌区甜叶菊的栽培技术 [J]．蔬菜，2012 (2)：10-11.

[3] 殷学云．河西冷凉灌区甜叶菊扦插育苗及根蘖繁殖技术 [J]．中国糖料，2011 (1)：52-54.

[4] 雒淑珍，赵继荣，魏玉杰，等．河西绿洲灌区甜叶菊优质丰产栽培技术 [J]．北方园艺，2010 (23)：69-70.

[5] 张贤泽．甜叶菊的栽培技术 [J]．中国糖料，1997 (3)：48-51.

[6] 李瑞锋，谢东涛，处刘敏．夏栽甜叶菊无公害栽培技术 [J]．河北农业科技，2008 (7)：10.

[7] 袁建中．甜叶菊的播种与育苗 [J]．作物研究，1988，2 (3)：41.

[8] 卢斌．东台市甜叶菊立枯病发生与防治 [J]．江西植保，2009，32 (1)：46，48.

[9] 高海利，王治江，罗光宏，等．河西走廊绿洲灌区甜叶菊立枯病的发病规律与防治 [J]．长江蔬菜，2013 (2)：84-86.

[10] 马汇泉，唐文华，孙伟萍．甜叶菊斑枯病生物防治拮抗菌株的筛选 [J]．山东理工大学学报（自然科学版），2003，17 (2)：97-99.

（本论文发表于《中国糖料》2014 年第 3 期）

附　录

中药材生产质量管理规范（GAP）

第一章　总　则

第一条　为落实《中共中央　国务院关于促进中医药传承创新发展的意见》，推进中药材规范化生产，保证中药材质量，促进中药高质量发展，依据《中华人民共和国药品管理法》《中华人民共和国中医药法》，制定本规范。

第二条　本规范是中药材规范化生产和质量管理的基本要求，适用于中药材生产企业（以下简称企业）采用种植（含生态种植、野生抚育和仿野生栽培）、养殖方式规范生产中药材的全过程管理，野生中药材的采收加工可参考本规范。

第三条　实施规范化生产的企业应当按照本规范要求组织中药材生产，保护野生中药材资源和生态环境，促进中药材资源的可持续发展。

第四条　企业应当坚持诚实守信，禁止任何虚假、欺骗行为。

第二章　质量管理

第五条　企业应当根据中药材生产特点，明确影响中药材质量的关键环节，开展质量风险评估，制定有效的生产管理与质量控制、预防措施。

第六条　企业对基地生产单元主体应当建立有效的监督管理机制，实现关键环节的现场指导、监督和记录；统一规划生产基地，统一供应种子种苗或其他繁殖材料，统一肥料、农药或者饲料、兽药等投入品管理措施，统一种植或者养殖技术规程，统一采收与产地加工技术规程，统一包装与贮存技术规程。

第七条　企业应当配备与生产基地规模相适应的人员、设施、设备等，确保生产和质量管理措施顺利实施。

第八条 企业应当明确中药材生产批次，保证每批中药材质量的一致性和可追溯。

第九条 企业应当建立中药材生产质量追溯体系，保证从生产地块、种子种苗或其他繁殖材料、种植养殖、采收和产地加工、包装、储运到发运全过程关键环节可追溯；鼓励企业运用现代信息技术建设追溯体系。

第十条 企业应当按照本规范要求，结合生产实践和科学研究情况，制定如下主要环节的生产技术规程：

（一）生产基地选址；

（二）种子种苗或其他繁殖材料要求；

（三）种植（含生态种植、野生抚育和仿野生栽培）、养殖；

（四）采收与产地加工；

（五）包装、放行与储运。

第十一条 企业应当制定中药材质量标准，标准不能低于现行法定标准。

（一）根据生产实际情况确定质量控制指标，可包括：药材性状、检查项、理化鉴别、浸出物、指纹或者特征图谱、指标或者有效成分的含量；药材农药残留或者兽药残留、重金属及有害元素、真菌毒素等有毒有害物质的控制标准等；

（二）必要时可制定采收、加工、收购等中间环节中药材的质量标准。

第十二条 企业应当制定中药材种子种苗或其他繁殖材料的标准。

第三章 机构与人员

第十三条 企业可采取农场、林场、公司+农户或者合作社等组织方式建设中药材生产基地。

第十四条 企业应当建立相应的生产和质量管理部门，并配备能够行使质量保证和控制职能的条件。

第十五条 企业负责人对中药材质量负责；企业应当配备足够数量并具有和岗位职责相对应资质的生产和质量管理人员；生产、质量的管理负责人应当有中药学、药学或者农学等相关专业大专及以上学历并有中药材生产、质量管理三年以上实践经验，或者有中药材生产、质量管理五年以上的实践经验，且均须经过本规范的培训。

第十六条 生产管理负责人负责种子种苗或其他繁殖材料繁育、田间管理或者药用动物饲养、农业投入品使用、采收与加工、包装与贮存等生产活动；质量管理负责人负责质量标准与技术规程制定及监督执行、检验和产品放行。

第十七条 企业应当开展人员培训工作，制定培训计划、建立培训档案；对直接从事中药材生产活动的人员应当培训至基本掌握中药材的生长发育习性、对环境条件的要求，以及田间管理或者饲养管理、肥料和农药或者饲料和兽药使用、采收、产地加工、贮存养护等的基本要求。

第十八条 企业应当对管理和生产人员的健康进行管理；患有可能污染药材疾病的人员不得直接从事养殖、产地加工、包装等工作；无关人员不得进入中药材养殖控制区域，如确需进入，应当确认个人健康状况无污染风险。

第四章 设施、设备与工具

第十九条 企业应当建设必要的设施，包括种植或者养殖设施、产地加工设施、中药材贮存仓库、包装设施等。

第二十条 存放农药、肥料和种子种苗，兽药、饲料和饲料添加剂等的设施，能够保持存放物品质量稳定和安全。

第二十一条 分散或者集中加工的产地加工设施均应当卫生、不污染中药材，达到质量控制的基本要求。

第二十二条 贮存中药材的仓库应当符合贮存条件要求；根据需要建设控温、避光、通风、防潮和防虫、防鼠禽畜等设施。

第二十三条 质量检验室功能布局应当满足中药材的检验条件要求，应当设置检验、仪器、标本、留样等工作室（柜）。

第二十四条 生产设备、工具的选用与配置应当符合预定用途，便于操作、清洁、维护，并符合以下要求：

（一）肥料、农药施用的设备、工具使用前应仔细检查，使用后及时清洁；

（二）采收和清洁、干燥及特殊加工等设备不得对中药材质量产生不利影响；

（三）大型生产设备应当有明显的状态标识，应当建立维护保养制度。

第五章 基地选址

第二十五条 生产基地选址和建设应当符合国家和地方生态环境保护要求。

第二十六条 企业应当根据种植或养殖中药材的生长发育习性和对环境条件的要求，制定产地和种植地块或者养殖场所的选址标准。

第二十七条 中药材生产基地一般应当选址于道地产区，在非道地产区选址，应当提供充分文献或者科学数据证明其适宜性。

第二十八条 种植地块应当能满足药用植物对气候、土壤、光照、水分、前茬作物、轮作等要求；养殖场所应当能满足药用动物对环境条件的各项要求。

第二十九条 生产基地周围应当无污染源；生产基地环境应当持续符合国家标准：

（一）空气符合国家《环境空气质量标准》二类区要求；

（二）土壤符合国家《土壤环境质量农用地污染风险管控标准（试行）》的要求；

（三）灌溉水符合国家《农田灌溉水质标准》，产地加工用水和药用动物饮用水符合国家《生活饮用水卫生标准》。

第三十条 基地选址范围内，企业至少完成一个生产周期中药材种植或者养殖，并有两个收获期中药材质量检测数据且符合企业内控质量标准。

第三十一条 企业应当按照生产基地选址标准进行环境评估，确定产地，明确生产基地规模、种植地块或者养殖场所布局：

（一）根据基地周围污染源的情况，确定空气是否需要检测，如不检测，则需提供评估资料；

（二）根据水源情况确定水质是否需要定期检测，没有人工灌溉的基地，可不进行灌溉水检测。

第三十二条 生产基地应当规模化，种植地块或者养殖场所可成片集中或者相对分散，鼓励集约化生产。

第三十三条 产地地址应当明确至乡级行政区划；每一个种植地块或者养殖场所应当有明确记载和边界定位。

第三十四条 种植地块或者养殖场所可在生产基地选址范围内更换、扩大或者缩小规模。

第六章　种子种苗或其他繁殖材料

第一节　种子种苗或其他繁殖材料要求

第三十五条　企业应当明确使用种子种苗或其他繁殖材料的基原及种质，包括种、亚种、变种或者变型、农家品种或者选育品种；使用的种植或者养殖物种的基原应当符合相关标准、法规。使用列入《国家重点保护野生植物名录》的药用野生植物资源的，应当符合相关法律法规规定。

第三十六条　鼓励企业开展中药材优良品种选育，但应当符合以下规定：

（一）禁用人工干预产生的多倍体或者单倍体品种、种间杂交品种和转基因品种；

（二）如需使用非传统习惯使用的种间嫁接材料、诱变品种（包括物理、化学、太空诱变等）和其他生物技术选育品种等，企业应当提供充分的风险评估和实验数据证明新品种安全、有效和质量可控。

第三十七条　中药材种子种苗或其他繁殖材料应当符合国家、行业或者地方标准；没有标准的，鼓励企业制定标准，明确生产基地使用种子种苗或其他繁殖材料的等级，并建立相应检测方法。

第三十八条　企业应当建立中药材种子种苗或其他繁殖材料的良种繁育规程，保证繁殖的种子种苗或其他繁殖材料符合质量标准。

第三十九条　企业应当确定种子种苗或其他繁殖材料运输、长期或者短期保存的适宜条件，保证种子种苗或其他繁殖材料的质量可控。

第二节　种子种苗或其他繁殖材料管理

第四十条　企业在一个中药材生产基地应当只使用一种经鉴定符合要求的物种，防止与其他种质混杂；鼓励企业提纯复壮种质，优先采用经国家有关部门鉴定，性状整齐、稳定、优良的选育新品种。

第四十一条　企业应当鉴定每批种子种苗或其他繁殖材料的基原和种质，确保与种子种苗或其他繁殖材料的要求相一致。

第四十二条　企业应当使用产地明确、固定的种子种苗或其他繁殖材料；鼓励企业建设良种繁育基地，繁殖地块应有相应的隔离措施，防止自然杂交。

第四十三条 种子种苗或其他繁殖材料基地规模应当与中药材生产基地规模相匹配；种子种苗或其他繁殖材料应当由供应商或者企业检测达到质量标准后，方可使用。

第四十四条 从县域之外调运种子种苗或其他繁殖材料，应当按国家要求实施检疫；用作繁殖材料的药用动物应当按国家要求实施检疫，引种后进行一定时间的隔离、观察。

第四十五条 企业应当采用适宜条件进行种子种苗或其他繁殖材料的运输、贮存；禁止使用运输、贮存后质量不合格的种子种苗或其他繁殖材料。

第四十六条 应当按药用动物生长发育习性进行药用动物繁殖材料引进；捕捉和运输时应当遵循国家相关技术规定，减免药用动物机体损伤和应激反应。

第七章 种植与养殖

第一节 种植技术规程

第四十七条 企业应当根据药用植物生长发育习性和对环境条件的要求等制定种植技术规程，主要包括以下环节。

（一）种植制度要求：前茬、间套种、轮作等；

（二）基础设施建设与维护要求：维护结构、灌排水设施、遮阴设施等；

（三）土地整理要求：土地平整、耕地、做畦等；

（四）繁殖方法要求：繁殖方式、种子种苗处理、育苗定植等；

（五）田间管理要求：间苗、中耕除草、灌排水等；

（六）病虫草害等的防治要求：针对主要病虫草害等的种类、为害规律等采取的防治方法；

（七）肥料、农药使用要求。

第四十八条 企业应当根据种植中药材营养需求特性和土壤肥力，科学制定肥料使用技术规程：

（一）合理确定肥料品种、用量、施肥时期和施用方法，避免过量施用化肥造成土壤退化；

（二）以有机肥为主，化学肥料有限度使用，鼓励使用经国家批准的微生物肥料及中药材专用肥；

（三）自积自用的有机肥须经充分腐熟达到无害化标准，避免掺入杂草、有害物质等；

（四）禁止直接施用城市生活垃圾、工业垃圾、医院垃圾和人粪便。

第四十九条 防治病虫害等应当遵循“预防为主、综合防治”原则，优先采用生物、物理等绿色防控技术；应制定突发性病虫害等的防治预案。

第五十条 企业应当根据种植的中药材实际情况，结合基地的管理模式，明确农药使用要求：

（一）农药使用应当符合国家有关规定；优先选用高效、低毒生物农药；尽量减少或避免使用除草剂、杀虫剂和杀菌剂等化学农药；

（二）使用农药品种的剂量、次数、时间等，使用安全间隔期，使用防护措施等，尽可能使用最低剂量、降低使用次数；

（三）禁止使用：国务院农业农村行政主管部门禁止使用的剧毒、高毒、高残留农药，以及限制在中药材上使用的其他农药；

（四）禁止使用壮根灵、膨大素等生长调节剂调节中药材收获器官生长。

第五十一条 按野生抚育和仿野生栽培方式生产中药材，应当制定野生抚育和仿野生栽培技术规程，如年允采收量、种群补种和更新、田间管理、病虫草害等的管理措施。

第二节 种植管理

第五十二条 企业应当按照制定的技术规程有序开展中药材种植，根据气候变化、药用植物生长、病虫草害等情况，及时采取措施。

第五十三条 企业应当配套完善灌溉、排水、遮阴等田间基础设施，及时维护更新。

第五十四条 及时整地、播种、移栽定植；及时做好多年生药材冬季越冬田地清理。

第五十五条 采购农药、肥料等农业投入品应当核验供应商资质和产品质量，接收、贮存、发放、运输应当保证其质量稳定和安全；使用应当符合技术规程要求。

第五十六条 应当避免灌溉水受工业废水、粪便、化学农药或其他有害物质污染。

第五十七条 科学施肥，鼓励测土配方施肥；及时灌溉和排涝，减轻不利天气影响。

第五十八条 根据田间病虫草害等的发生情况，依技术规程及时防治。

第五十九条 企业应当按照技术规程使用农药，做好培训、指导和巡检。

第六十条 企业应当采取措施防范并避免邻近地块使用农药对种植中药材的不良影响。

第六十一条 突发病虫草害等或者异常气象灾害时，根据预案及时采取措施，最大限度降低对中药材生产的不利影响；要做好生长或者质量受严重影响地块的标记，单独管理。

第六十二条 企业应当按技术规程管理野生抚育和仿野生栽培中药材，坚持“保护优先、遵循自然”原则，有计划地做好投入品管控、过程管控和产地环境管控，避免对周边野生植物造成不利影响。

第三节 养殖技术规程

第六十三条 企业应当根据药用动物生长发育习性和对环境条件的要求等制定养殖技术规程，主要包括以下环节：

（一）种群管理要求：种群结构、谱系、种源、周转等；

（二）养殖场地设施要求：养殖功能区划分，饲料、饮用水设施，防疫设施，其他安全防护设施等；

（三）繁育方法要求：选种、配种等；

（四）饲养管理要求：饲料、饲喂、饮水、安全和卫生管理等；

（五）疾病防控要求：主要疾病预防、诊断、治疗等；

（六）药物使用技术规程；

（七）药用动物属于陆生野生动物管理范畴的，还应当遵守国家人工繁育陆生野生动物的相关标准和规范。

第六十四条 按国务院农业农村行政主管部门有关规定使用饲料和饲料添加剂；禁止使用国务院农业农村行政主管部门公布禁用的物质以及对人体具有直接或潜在危害的其他物质；不得使用未经登记的进口饲料和饲料添加剂。

第六十五条 按国家相关标准选择养殖场所使用的消毒剂。

第六十六条 药用动物疾病防治应当以预防为主、治疗为辅，科学使用兽药及生物制品；应当制定各种突发性疫病发生的防治预案。

第六十七条 按国家相关规定、标准和规范制定预防和治疗药物的使用技术规程：

（一）遵守国务院畜牧兽医行政管理部门制定的兽药安全使用规定；

（二）禁止使用国务院畜牧兽医行政管理部门规定禁止使用的药品和其他化

合物；

（三）禁止在饲料和药用动物饮用水中添加激素类药品和国务院畜牧兽医行政管理部门规定的其他禁用药品；经批准可以在饲料中添加的兽药，严格按照兽药使用规定及法定兽药质量标准、标签和说明书使用，兽用处方药必须凭执业兽医处方购买使用；禁止将原料药直接添加到饲料及药用动物饮用水中或者直接饲喂药用动物；

（四）禁止将人用药品用于药用动物；

（五）禁止滥用兽用抗菌药。

第六十八条 制定患病药用动物处理技术规程，禁止将中毒、感染疾病的药用动物加工成中药材。

第四节 养殖管理

第六十九条 企业应当按照制定的技术规程，根据药用动物生长、疾病发生等情况，及时实施养殖措施。

第七十条 企业应当及时建设、更新和维护药用动物生长、繁殖的养殖场所，及时调整养殖分区，并确保符合生物安全要求。

第七十一条 应当保持养殖场所及设施清洁卫生，定期清理和消毒，防止外来污染。

第七十二条 强化安全管理措施，避免药用动物逃逸，防止其他禽畜的影响。

第七十三条 定时定点定量饲喂药用动物，未食用的饲料应当及时清理。

第七十四条 按要求接种疫苗；根据药用动物疾病发生情况，依规程及时确定具体防治方案；突发疫病时，根据预案及时、迅速采取措施并做好记录。

第七十五条 发现患病药用动物，应当及时隔离；及时处理患传染病药用动物；患病药用动物尸体按相关要求进行无害化处理。

第七十六条 应当根据养殖计划和育种周期进行种群繁育，及时调整养殖种群的结构和数量，适时周转。

第七十七条 应当按照国家相关规定处理养殖及加工过程中的废弃物。

第八章 采收与产地加工

第一节 技术规程

第七十八条 企业应当制定种植、养殖、野生抚育或仿野生栽培中药材的采收与产地加工技术规程，明确采收的部位、采收过程中需除去的部分、采收规格等质量要求，主要包括以下环节。

（一）采收期要求：采收年限、采收时间等；

（二）采收方法要求：采收器具、具体采收方法等；

（三）采收后中药材临时保存方法要求；

（四）产地加工要求：拣选、清洗、去除非药用部位、干燥或保鲜，以及其他特殊加工的流程和方法。

第七十九条 坚持“质量优先、兼顾产量”原则，参照传统采收经验和现代研究，明确采收年限范围，确定基于物候期的适宜采收时间。

第八十条 采收流程和方法应当科学合理；鼓励采用不影响药材质量和产量的机械化采收方法；避免采收对生态环境造成不良影响。

第八十一条 企业应当在保证中药材质量前提下，借鉴优良的传统方法，确定适宜的中药材干燥方法；晾晒干燥应当有专门的场所或场地，避免污染或混淆的风险；鼓励采用有科学依据的高效干燥技术以及集约化干燥技术。

第八十二条 应当采用适宜方法保存鲜用药材，如冷藏、砂藏、罐贮、生物保鲜等，并明确保存条件和保存时限；原则上不使用保鲜剂和防腐剂，如必须使用应当符合国家相关规定。

第八十三条 涉及特殊加工要求的中药材，如切制、去皮、去心、发汗、蒸、煮等，应根据传统加工方法，结合国家要求，制定相应的加工技术规程。

第八十四条 禁止使用有毒、有害物质用于防霉、防腐、防蛀；禁止染色增重、漂白、掺杂使假等。

第八十五条 毒性、易制毒、按麻醉药品管理中药材的采收和产地加工，应当符合国家有关规定。

第二节　采收管理

第八十六条 根据中药材生长情况、采收时气候情况等，按照技术规程要求，在规定期限内，适时、及时完成采收。

第八十七条 选择合适的天气采收，避免恶劣天气对中药材质量的影响。

第八十八条 应当单独采收、处置受病虫草害等或者气象灾害等影响严重、生长发育不正常的中药材。

第八十九条 采收过程应当除去非药用部位和异物，及时剔除破损、腐烂变质部分。

第九十条 不清洗直接干燥使用的中药材，采收过程中应当保证清洁，不受外源物质的污染或者破坏。

第九十一条 中药材采收后应当及时运输到加工场地，及时清洁装载容器和运输工具；运输和临时存放措施不应当导致中药材品质下降，不产生新污染及杂物混入，严防淋雨、泡水等。

第三节 产地加工管理

第九十二条 应当按照统一的产地加工技术规程开展产地加工管理，保证加工过程方法的一致性，避免品质下降或者外源污染；避免造成生态环境污染。

第九十三条 应当在规定时间内加工完毕，加工过程中的临时存放不得影响中药材品质。

第九十四条 拣选时应当采取措施，保证合格品和不合格品及异物有效区分。

第九十五条 清洗用水应当符合要求，及时、迅速完成中药材清洗，防止长时间浸泡。

第九十六条 应当及时进行中药材晾晒，防止晾晒过程雨水、动物等对中药材的污染，控制环境尘土等污染；应当阴干药材不得暴晒。

第九十七条 采用设施、设备干燥中药材，应当控制好干燥温度、湿度和干燥时间。

第九十八条 应当及时清洁加工场地、容器、设备；保证清洗、晾晒和干燥环境、场地、设施和工具不对药材产生污染；注意防冻、防雨、防潮、防鼠、防虫及防禽畜。

第九十九条 应当按照制定的方法保存鲜用药材，防止生霉变质。

第一百条 有特殊加工要求的中药材，应当严格按照制定的技术规程进行加工，如及时去皮、去心，控制好蒸、煮时间等。

第一百零一条 产地加工过程中品质受到严重影响的，原则上不得作为中药材销售。

第九章 包装、放行与储运

第一节 技术规程

第一百零二条 企业应当制定包装、放行和储运技术规程，主要包括以下环节。

（一）包装材料及包装方法要求：包括采收、加工、贮存各阶段的包装材料要求及包装方法；

（二）标签要求：标签的样式，标识的内容等；

（三）放行制度：放行检查内容，放行程序，放行人等；

（四）贮存场所及要求：包括采收后临时存放、加工过程中存放、成品存放等对环境条件的要求；

（五）运输及装卸要求：车辆、工具、覆盖等的要求及操作要求；

（六）发运要求。

第一百零三条 包装材料应当符合国家相关标准和药材特点，能够保持中药材质量；禁止采用肥料、农药等包装袋包装药材；毒性、易制毒、按麻醉药品管理中药材应当使用有专门标记的特殊包装；鼓励使用绿色循环可追溯周转筐。

第一百零四条 采用可较好保持中药材质量稳定的包装方法，鼓励采用现代包装方法和器具。

第一百零五条 根据中药材对贮存温度、湿度、光照、通风等条件的要求，确定仓储设施条件；鼓励采用有利于中药材质量稳定的冷藏、气调等现代贮存保管新技术、新设备。

第一百零六条 明确贮存的避光、遮光、通风、防潮、防虫、防鼠等养护管理措施；使用的熏蒸剂不能带来质量和安全风险，不得使用国家禁用的高毒性熏蒸剂；禁止贮存过程使用硫黄熏蒸。

第一百零七条 有特殊贮存要求的中药材贮存，应当符合国家相关规定。

第二节 包装管理

第一百零八条 企业应当按照制定的包装技术规程，选用包装材料，进行规范包装。

第一百零九条 包装前确保工作场所和包装材料已处于清洁或者待用状态，无其他异物。

第一百一十条 包装袋应当有清晰标签，不易脱落或者损坏；标示内容包括品名、基原、批号、规格、产地、数量或重量、采收日期、包装日期、保质期、追溯标志、企业名称等信息。

第一百一十一条 确保包装操作不影响中药材质量，防止混淆和差错。

第三节　放行与储运管理

第一百一十二条　应当执行中药材放行制度，对每批药材进行质量评价，审核生产、检验等相关记录；由质量管理负责人签名批准放行，确保每批中药材生产、检验符合标准和技术规程要求；不合格药材应当单独处理，并有记录。

第一百一十三条　应当分区存放中药材，不同品种、不同批中药材不得混乱交叉存放；保证贮存所需要的条件，如洁净度、温度、湿度、光照和通风等。

第一百一十四条　应当建立中药材贮存定期检查制度，防止虫蛀、霉变、腐烂、泛油等的发生。

第一百一十五条　应当按技术规程要求开展养护工作，并由专业人员实施。

第一百一十六条　应当按照技术规程装卸、运输；防止发生混淆、污染、异物混入、包装破损、雨雪淋湿等。

第一百一十七条　应当有产品发运的记录，可追查每批产品销售情况；防止发运过程中的破损、混淆和差错等。

第十章　文　件

第一百一十八条　企业应当建立文件管理系统，全过程关键环节记录完整。

第一百一十九条　文件包括管理制度、标准、技术规程、记录、标准操作规程等。

第一百二十条　应当制定规程，规范文件的起草、修订、变更、审核、批准、替换或撤销、保存和存档、发放和使用。

第一百二十一条　记录应当简单易行、清晰明了；不得撕毁和任意涂改；记录更改应当签注姓名和日期，并保证原信息清晰可辨；记录重新誊写，原记录不得销毁，作为重新誊写记录的附件保存；电子记录应当符合相关规定；记录保存至该批中药材销售后至少三年以上。

第一百二十二条　企业应当根据影响中药材质量的关键环节，结合管理实际，明确生产记录要求：

（一）按生产单元进行记录，覆盖生产过程的主要环节，附必要照片或者图像，保证可追溯；

（二）药用植物种植主要记录：种子种苗来源及鉴定，种子处理，播种或移栽、定植时间及面积；肥料种类、施用时间、施用量、施用方法；重大病虫草害等的发生时间、为害程度，施用农药名称、来源、施用量、施用时间、方法和施用人等；灌溉时间、方法及灌水量；重大气候灾害发生时间、危害情况；主要物候期；

（三）药用动物养殖主要记录：繁殖材料及鉴定；饲养起始时间；疾病预防措施，疾病发生时间、程度及治疗方法；饲料种类及饲喂量；

（四）采收加工主要记录：采收时间及方法；临时存放措施及时间；拣选及去除非药用部位方式；清洗时间；干燥方法和温度；特殊加工手段等关键因素；

（五）包装及储运记录：包装时间；入库时间；库温度、湿度；除虫除霉时间及方法；出库时间及去向；运输条件等。

第一百二十三条　培训记录包括培训时间、对象、规模、主要培训内容、培训效果评价等。

第一百二十四条　检验记录包括检品信息、检验人、复核人、主要检验仪器、检验时间、检验方法和检验结果等。

第一百二十五条　企业应当根据实际情况，在技术规程基础上，制定标准操作规程用于指导具体生产操作活动，如批的确定、设备操作、维护与清洁、环境控制、贮存养护、取样和检验等。

第十一章　质量检验

第一百二十六条　企业应当建立质量控制系统，包括相应的组织机构、文件系统以及取样、检验等，确保中药材质量符合要求。

第一百二十七条　企业应当制定质量检验规程，对自己繁育并在生产基地使用的种子种苗或其他繁殖材料、生产的中药材实行按批检验。

第一百二十八条　购买的种子种苗、农药、商品肥料、兽药或生物制品、饲料和饲料添加剂等，企业可不检测，但应当向供应商索取合格证或质量检验报告。

第一百二十九条　检验可以自行检验，也可以委托第三方或中药材使用单位检验。

第一百三十条　质量检测实验室人员、设施、设备应当与产品性质和生产规模相适应；用于质量检验的主要设备、仪器，应当按规定要求进行性能确认和校验。

第一百三十一条　用于检验用的中药材、种子种苗或其他繁殖材料，应当按批取样和留样：

（一）保证取样和留样的代表性；

（二）中药材留样包装和存放环境应当与中药材贮存条件一致，并保存至该批中药材保质期届满后三年；

（三）中药材种子留样环境应当能够保持其活力，保存至生产基地中药材收获后三年；种苗或药用动物繁殖材料依实际情况确定留样时间；

（四）检验记录应当保留至该批中药材保质期届满后三年。

第一百三十二条 委托检验时，委托方应当对受托方进行检查或现场质量审计，调阅或者检查记录和样品。

第十二章 内 审

第一百三十三条 企业应当定期组织对本规范实施情况的内审，对影响中药材质量的关键数据定期进行趋势分析和风险评估，确认是否符合本规范要求，采取必要改进措施。

第一百三十四条 企业应当制定内审计划，对质量管理、机构与人员、设施设备与工具、生产基地、种子种苗或其他繁殖材料、种植与养殖、采收与产地加工、包装放行与储运、文件、质量检验等项目进行检查。

第一百三十五条 企业应当指定人员定期进行独立、系统、全面的内审，或者由第三方依据本规范进行独立审核。

第一百三十六条 内审应当有记录和内审报告；针对影响中药材质量的重大偏差，提出必要的纠正和预防措施。

第十三章 投诉、退货与召回

第一百三十七条 企业应当建立投诉处理、退货处理和召回制度。

第一百三十八条 企业应当建立标准操作规程，规定投诉登记、评价、调查和处理的程序；规定因中药材缺陷发生投诉时所采取的措施，包括从市场召回中药材等。

第一百三十九条 投诉调查和处理应当有记录，并注明所调查批次中药材的信息。

第一百四十条　企业应当指定专人负责组织协调召回工作，确保召回工作有效实施。

第一百四十一条　应当有召回记录，并有最终报告；报告应对产品发运数量、已召回数量以及数量平衡情况予以说明。

第一百四十二条　因质量原因退货或者召回的中药材，应当清晰标识，由质量部门评估，记录处理结果；存在质量问题和安全隐患的，不得再作为中药材销售。

第十四章　附　则

第一百四十三条　本规范所用下列术语的含义是：

（一）中药材

指来源于药用植物、药用动物等资源，经规范化的种植（含生态种植、野生抚育和仿野生栽培）、养殖、采收和产地加工后，用于生产中药饮片、中药制剂的药用原料。

（二）生产单元

基地中生产组织相对独立的基本单位，如一家农户，农场中一个相对独立的作业队等。

（三）技术规程

指为实现中药材生产顺利、有序开展，保证中药材质量，对中药材生产的基地选址，种子种苗或其他繁殖材料，种植、养殖，野生抚育或者仿野生栽培，采收与产地加工，包装、放行与储运等所做的技术规定和要求。

（四）道地产区

该产区所产的中药材经过中医临床长期应用优选，与其他地区所产同种中药材相比，品质和疗效更好，且质量稳定，具有较高知名度。

（五）种子种苗

药用植物的种植材料或者繁殖材料，包括籽粒、果实、根、茎、苗、芽、叶、花等，以及菌物的菌丝、子实体等。

（六）其他繁殖材料

除种子种苗之外的繁殖材料，包括药用动物供繁殖用的种物、仔、卵等。

（七）种　质

生物体亲代传递给子代的遗传物质。

（八）农业投入品

生产过程中所使用的农业生产物资，包括种子种苗或其他繁殖材料、肥料、农药、农膜、兽药、饲料和饲料添加剂等。

（九）综合防治

指有害生物的科学管理体系，是从农业生态系统的总体出发，根据有害生物和环境之间的关系，充分发挥自然控制因素的作用，因地制宜、协调应用各种必要措施，将有害生物控制在经济允许的水平以下，以获得最佳的经济、生态和社会效益。

（十）产地加工

中药材收获后必须在产地进行连续加工的处理过程，包括拣选、清洗、去除非药用部位、干燥及其他特殊加工等。

（十一）生态种植

应用生态系统的整体、协调、循环、再生原理，结合系统工程方法设计，综合考虑经济、生态和社会效益，应用现代科学技术，充分应用能量的多级利用和物质的循环再生，实现生态与经济良性循环的中药农业种植方式。

（十二）野生抚育

在保持生态系统稳定的基础上，对原生境内自然生长的中药材，主要依靠自然条件、辅以轻微干预措施，提高种群生产力的一种生态培育模式。

（十三）仿野生栽培

在生态条件相对稳定的自然环境中，根据中药材生长发育习性和对环境条件的要求，遵循自然法则和生物规律，模仿中药材野生环境和自然生长状态，再现植物与外界环境的良好生态关系，实现品质优良的中药材生态培育模式。

（十四）批

同一产地且种植地、养殖地、野生抚育或者仿野生栽培地的生态环境条件基本一致，种子种苗或其他繁殖材料来源相同，生产周期相同，生产管理措施基本一致，采收期和产地加工方法基本一致，质量基本均一的中药材。

（十五）放　行

对一批物料或产品进行质量评价后，做出批准使用、投放市场或者其他决定的操作。

（十六）储　运

包括中药材的贮存、运输等。

（十七）发　运

指企业将产品发送到经销商或者用户的一系列操作，包括配货、运输等。

（十八）标准操作规程

也称标准作业程序，是依据技术规程将某一操作的步骤和标准，以统一的格式描述出来，用以指导日常的生产工作。

第一百四十四条 本规范自发布之日起施行。

2022 年 3 月